JN096585

プログラマー脳

～優れたプログラマーになるための認知科学に基づくアプローチ

Felienne Hermans 著　水野 貴明 訳　水野 いずみ 監訳

注　意

1. 本書は内容において万全を期して制作しましたが、万一不備な点や誤り、記載漏れなどお気づきの点がございましたら、出版元まで書面にてご連絡ください。
2. 本書の内容の運用による結果の影響につきましては、上記にかかわらず責任を負いかねます。あらかじめご了承ください。
3. 本書の全部または一部について、出版元から文書による許諾を得ずに複製することは禁じられています。

商標等

・ 本書に登場するシステム名称、製品名等は一般に各社の商標または登録商標です。
・ 本書に登場するシステム名称、製品名等は一般的な呼称で表記している場合があります。
・ 本書では©、TM、®マークなどの表示を省略している場合があります。

序文

私はこれまで、プログラミングについて考えることに人生の多くの時間を費やしてきました。そして、本書を読んでいるということは、おそらくあなたも同じなのではないかと思います。しかし、私は「考える」ということを考えるためには、それほど多くの時間をかけてはいませんでした。我々の思考のプロセスと、我々が人としてどのようにコードと関わっているのかというコンセプトは私にとって重要なものでしたが、それについて科学的に考えてきたことはありませんでした。例を3つ挙げてみましょう。

私は「Noda Time」という.NETのプロジェクトの主要なコントリビュータの1人です。このプロジェクトでは、.NETの組み込みの日時のオブジェクトの代替となる機能を提供することを目的としています。このプロジェクトは、私にとっては、APIの設計、その中でも特にその命名について時間をかけることができる、素晴らしい環境でした。既存の値を変更するように見えて、実際には新しい値を返すような紛らわしい名前が付いた機能が引き起こす問題を目の当たりにしたことで、間違った使い方をしていると、コードを読み返したときに違和感を感じるような命名を心がけるようになったからです。たとえばLocalDate型には、AddDaysではなくPlusDaysメソッドを用意しました。それによって、次のようなコードがあったとき、ほとんどのC#開発者が違和感を覚えてくれることを期待しています。

```
date.PlusDays(1);
```

次のようなコードのほうが合理的な印象を受けるはずです。

```
tomorrow = today.PlusDays(1);
```

.NETのDateTime型のAddDaysメソッドと比較してみましょう。

```
date.AddDays(1);
```

このコードの場合、一番最初に示した例と同じように正しくないにもかかわらず、単にdateの値を変更しているだけに見え、問題があることに気付くことができません。

2つ目もNoda Timeでの例ですが、最初の例ほど具体的なものではありません。世の多くのライブラリは、それを利用する開発者があまり考えなくても済むように、面倒な作業をすべて肩代わりしようとします。しかし、Noda Timeでは、コードを書く前に日付と時刻についてユーザーが前もってよく考えておくことを望んでいます。ユーザーが本当に実現したいことを曖昧さを排除して考えてもらい、それをコードで明確に表現しやすくするという設計を心がけています。

最後に、JavaとC#で変数がどんな値を保持しているか、メソッドに引数を渡すと何が起きるかということを示す概念的な例を挙げましょう。私は、Javaにおいてオブジェクトが参照渡しされるという考え方に、人生の大半をかけて対抗しようとしてきたように感じています。計算してみたところ、実際にそうであるようです。もう25年くらい、他の開発者のメンタルモデルの微調整を手助けしているような気がします。

このように、プログラマーがどのように思考するかについては、私にとって長い間重要なことではありましたが、それについて科学的に考えたことはなく、ただ推測したり、苦労して得た経験を元にしていただけでした。そして本書は、そのような状況を変えるのに役立つものでした。私はまだ、スタート地点に立ったともいえないのかもしれませんが。

私が本書の著者であるフェリエンヌ・ヘルマンスに初めて出会ったのは、2017年にオスロで開催されたNDCカンファレンスで、そのとき彼女は『Programming Is Writing Is Programming』という講演を行っていました。そのときの私の反応は「I need a long time to let it all sink in. But wow. Wow.（すべてを受け入れるには長い時間が必要だね。でもすごい。すごい）」という、そのときの私のTwitterの投稿※が物語っています。私はフェリエンヌが同じテーマで講演するのを今まで少なくとも3回見てきましたが（もちろん、その内容は進化しています）、毎回何か新しい気付きを得ることができています。そしてそれは、私がやろうとしていたことを認知学的に説明してくれたり、私のアプローチを微調整するような驚きを与えてくれたりしました。

本書を読むと「ああ、なるほど！」と「ああ、それは思い付かなかった！」という2つの想いが交互に繰り返され、それが本書を読むよいリズムとなります。フラッシュカードの使い方など、すぐに実践できるようなことは別として、本書があなたに与えるインパクトは、もっと繊細なものであるでしょう。たとえば、コードに空白行を入れるタイミングについて、もう少し考えるようになるかもしれませんし、新メンバーに与えるタスクや、そのタイミングを変えることになるかもしれません。あるいは、Stack Overflowで説明をするときの書き方に影響を与えるかもしれません。

あなたにどんな影響を与えるにせよ、フェリエンヌが本書で提供しているのは、思考について、そして、ワーキングメモリで処理し、長期記憶に移動させることができる、アイデアの宝箱です。きっとあなたは、「考えることについて考えること」が止められなくなるでしょう！

Google
スタッフデベロッパーリレーションズエンジニア
ジョン・スキート

※ https://twitter.com/jonskeet/status/875623151412977665

まえがき

10年ほど前に子どもたちにプログラミングを教え始めたとき、私はすぐに、さまざまなこと、特にプログラミングをする際に、人がどのように脳を使っているのかをまったく知らないことに気付きました。大学ではプログラミングについてはたくさん学びましたが、コンピュータサイエンスの学部には、プログラミングそのものについて考えるという授業はまったくなかったのです。

私と同じようにコンピュータサイエンスのプログラムに沿って勉強した人も、独学でプログラミングを学んだ人も、ほとんどの人は脳の認知機能については学んでいないと思います。ですから、コードを読みやすく書きやすくするためには、どのように脳を改善すればよいのか、知らないでしょう。しかし私は、子どもたちにプログラミングを教えるうちに、認知についてもっと深く理解する必要があることに気付きました。そして、私たちがどのように考え、どのように学ぶのかについて、より深く学ぶことにしたのです。本書は、私がここ数年、学習や思考に関する本を読み、人と話し、講演やカンファレンスに参加した結果をまとめたものです。

脳の働きを理解することは、それ自体がもちろん興味深いことですが、プログラミングをする上でも重要なことです。プログラミングは、最も激しい認知活動の1つと考えられているからです。抽象的な方法で問題を解決すると同時に、プログラムを書く必要があり、それにはほとんどの人は自然には身に付けることのできないレベルの集中力が必要なのです。スペースを忘れるだけでエラーになります。配列のインデックスを作成する場所を間違えてしまっても、エラーになります。既存のコードの動作を正しく理解できてなくても、エラーになります。

プログラミングの最中に自分の足を自分で撃ってしまう方法は、とてもたくさんあります。そして本書で説明するように、あなたが犯す間違いの多くは、認知の問題によるものです。たとえば、スペースを抜かしてしまうのは、プログラミング言語の構文を十分に習得していないことを意味しているかもしれません。配列のインデックスを作成する場所を間違えてしまうのは、コードに対して間違った思い込みをしている可能性があります。既存のコードを誤解しているのは、コードの読み方に関するスキルが不足しているためかもしれません。

本書の目的は、まず脳がどのようにコードを処理するかを理解することです。職業プログラマーは頻繁に新しい情報に直面するため、新しい情報を提示されたときに脳がどう動くかを理解することで、よりよい仕事をすることができます。そして、さらにコードが脳に与える影響を解説した後では、コード処理能力を向上させるための方法について触れています。

フェリエンヌ・ヘルマンス

謝辞

自分の好きなテーマで本を完成させることができるということは、本当に幸運なことだと思います。私の人生には、正しいタイミングに正しいことが起こったと感じられることが数多くありました。それなしでは、私の人生はまったく違ったものになっていたでしょう。素晴らしい人々とのさまざまな出会いが、本書と私のキャリアを育ててくれました。そのいくつかをここに記しておきます。

Marlies Aldewereldは、私にプログラミングと言語学習の道を最初に示してくれました。Marileen Smitは、この本を書くために十分な心理学の知識を与えてくれました。Greg Wilsonはプログラミング教育というトピックに再び光を当ててくれました。Peter NabbeとRob Hoogerwoordは、偉大な教師であるためにはどうすればよいかという比類なき模範を示してくれました。Stefan Hanenbergは、私の研究の方向性を決める上でたくさんのアドバイスをくれました。Katja Mordauntは、史上初のコードリーディングクラブを立ち上げてくれました。 Llewellyn Falcoの公案に関する考え方は、私の学習に対する考え方に強く影響を与えました。そして、Rico Huijbersは、どんな辛い状況下であっても、私の道しるべとなってくれています。

もちろんこれらの人々に加えて、Manningのみなさん、Marjan Bace、Mike Stephens、Tricia Louvar、Bert Bates、Mihaela Batinić、Becky Reinhart、Melissa Ice、Jennifer Houle、Paul Wells、Jerry Kuch、Rachel Head、Sébastien Portebois、Candace Gillhoolley、Chris Kaufmann、Matko Hrvatin、Ivan Martinović、Branko Latincic、そして私のぼんやりとした本のアイディアを読みやすく、そして意味のあるものに仕上げてくれたAndrej Hofšusterにも感謝しなければなりません。

そして、私の本をレビューしてくださった皆さん。Adam Kaczmarek、Adriaan Beiertz、Alex Rios、Ariel Gamiño、Ben McNamara、Bill Mitchell、Billy O'Callaghan、Bruno Sonnino、Charles Lam、Claudia Maderthaner、Clifford Thurber、Daniela Zapata Riesco、Emanuele Origgi、George Onofrei 、George Thomas、Gilberto Taccari、Haim Raman、Jaume Lopez、Joseph Perenia、Kent Spillner、Kimberly Winston-Jackson、Manuel Gonzalez、Marcin Sęk、Mark Harris、Martin Knudsen、Mike Hewitson、Mike Taylor、Orlando Méndez Morales、Pedro Seromenho、Peter Morgan、Samantha Berk、Sebastian Felling、Sébastien Portebois、Simon Tschöke、Stefano Ongarello、Thomas Overby Hansen、Tim van Deurzen、Tuomo Kalliokoski、Unnikrishnan Kumar、Vasile Boris、Viktor Bek、Zachery Beyel、Zhijun Liu。皆さんのアドバイスが、本書をよりよいものに育ててくれました。

本書について

本書は、脳の働きをより深く理解することで、プログラマーとしてのスキルや習慣を向上させたいと願う、すべてのレベルのプログラマーのために書かれた書籍です。本書では、JavaScript、Python、Javaなどの言語で書かれたコード例が出てきます。しかし、見たことのない言語のソースコードを読むことに抵抗がなければ、それらの言語の深い知識は必要ありません。

チームでの開発経験や、大規模なソフトウェアシステムの構築に参画した経験、チームへの新人のオンボーディングをサポートした経験などがあると、本書がよりよく理解できるでしょう。なぜなら、本書ではこうした状況を想定した解説が多く出てくるからで、それらの解説を自分の経験と結び付けることで、より深い理解を得ることができます。新しい情報をあなたの持つ既存の知識や経験と結び付けることができれば、学習効果は高まります。

本書では認知科学の多くのトピックを紹介してはいますが、プログラマーのために書かれている書籍です。私たちは、本書の中で常に、プログラミングやプログラミング言語の研究から得られた結果を元に、脳の働きを説明しています。

本書の構成：ロードマップ

本書は13の章から構成されており、4つのパートに分かれています。各章は互いに関連しているので、順番に読むことをお勧めします。各章には、学習した内容をより深く理解するために役立つアプリケーションが紹介されており、演習も用意されています。場合によっては、あなたにとって最適な文脈で演習を行うために、適したコードを自分で探してもらうこともあります。

また、本書の内容は、日々の仕事の中で実践できるものです。本書を少しずつ読み進め、読んだこと、学んだことをプログラミングの実践に活かし、その後また続きを読み進めていくことをイメージしています。

- 第1章では、プログラミングを行う際に重要な3つの認知プロセスと、それぞれの認知プロセスがどのような混乱と関連するかを考察しています。
- 第2章では、コードを素早く読み、その仕組みを理解する方法について説明しています。
- 第3章では、プログラミングの構文や概念をよりよく、より簡単にきちんと学ぶ方法について説明しています。
- 第4章では、複雑なコードを読み解くためのテクニックを紹介しています。
- 第5章では、見慣れないコードをよりしっかりと理解するためのテクニックを紹介しています。
- 第6章では、プログラミングにおける問題解決のテクニックを紹介しています。
- 第7章では、コードや思考中のバグを回避するためのテクニックを紹介しています。

- 第8章では、特にコードベース全体において、明確な変数名を選択する方法について説明しています。
- 第9章では、コードの臭いとその背後にある認知科学的背景を取り上げています。
- 第10章では、複雑な問題を解決するための、より高度なテクニックについて説明しています。
- 第11章では、コーディングという行為そのものと、プログラミングにおけるさまざまなタスクについて説明しています。
- 第12章では、大規模なコードベースを改善する方法について説明しています。
- 第13章では、新しい開発者のオンボーディングプロセスの苦痛を軽減する方法を紹介しています。

本書では、ソースコードの例が多数紹介されており、それらは行番号付きのリスト、あるいは通常のテキストで書かれています。どちらの場合も、ソースコードは通常のテキストと区別するために、「`The Programmer's Brain`」のような固定幅のフォントを使って書かれています。また、一度出てきたコードに、変更が加えられて再掲された場合などには、変更された部分をわかりやすくするために、太字（**The Programmer's Brain**）で書かれている場合もあります。

本書においては、オリジナルが存在するソースコードを掲載する場合に、多くの場合は見やすさのためにフォーマットが変更されています。変更とは、書籍の幅に合わせて改行を追加したり、インデントを変更したりといったものです。その他に、ソースコードのコメントは、コードの解説が本文中でなされている場合は、削除されていることがあります。また、重要な部分をハイライトするために、ソースコードに注釈が付けられている場合が多くなっています。

ディスカッションフォーラム

本書を購入すると、マニング出版が運営するプライベートWebフォーラムに無料でアクセスでき、本書に関するコメントをしたり、技術的な質問をしたり、著者や他のユーザーからサポートを受けたりといったことができます。フォーラムにアクセスするには、https://livebook.manning.com/#!/book/the-programmers-brain/discussionにアクセスしてください。また、マニングのフォーラムと行動規則については、https://livebook.manning.com/#!/discussionを参照してください。

マニングが読者の皆さんに提供するのは、読者の皆さんの間や読者と著者の間で有意義な議論が行われる場です。著者側のフォーラムへの参加は任意（無報酬）であり、どれくらい参加するのかを保証するものではありません。著者の興味が失われないように、著者の興味をそそる質問をしてみることをお勧めします。このフォーラムと過去のディスカッションのアーカイブは、本が出版されている限り、出版社のWebサイトからアクセスできます。

著者について

フェリエンヌ・ヘルマンス博士はオランダのライデン大学の准教授で、プログラミング教育やプログラミング言語について研究しています。また、アムステルダム自由大学教師アカデミーでコンピュータサイエンスの教授法を専門とする教師・教育者であり、ロッテルダムのリセウム・クラリンゲン高校で教鞭をとっています。

フェリエンヌはまた、初心者プログラマー向けのプログラミング言語「Hedy」の開発者でもあり、ソフトウェアに関するウェブ上最大のポッドキャストの1つである「Software Engineering Radio」のホストも務めています。

表紙のイラストについて

本書の表紙を飾る人物には、「femme Sauvage du Canada」（カナダ先住民の女性）というキャプションが付けられています。このイラストは、1788年にフランスで出版されたジャック・グラッセ・ド・サン=ソーヴール（1757～1810）の各国衣装集『Costumes civils actuels de tous les peuples connus』から引用されています。この衣装集では、図版はすべて手書きで描かれ、彩色されています。グラッセ・ド・サン=ソーヴールのコレクションはバラエティに富んでおり、わずか200年前の世界の町や地域がいかに文化的に隔絶していたかをまざまざと思い知らされます。人々は互いに孤立し、異なる方言や言語を話していました。街角や田舎では、服装だけでどこに住んでいるのか、どんな職業に就いているのか、どんな地位にいるのかを簡単に見分けることができたのです。

その後、服装は変化し、当時豊かだった地域ごとの多様性は薄れました。今では、町や地域、国はおろか、異なる地域の住民を見分けることも難しくなっています。私たちは、文化の多様性と引き換えに、より多様な個人生活、より多様で高速な技術生活を手に入れたのかもしれません。

マニングは、コンピュータ書籍の見分けがつかない時代に、コンピュータビジネスの創意工夫を、2世紀前の豊かな地域生活をモチーフにしたブックカバーとグラッセ・ド・サン=ソヴールの絵で甦らせています。

日本語版のためのまえがき

親愛なる日本の読者の皆さまへ

3年近く前に本書のことを考え始めたとき、まさか自分が外国向けの翻訳版のための序文を書くことになるとは思いもしませんでした。私にとって本書の執筆作業は素晴らしい経験であり、世界中の人々が本書を母国語で読むことができるようになったことに、私は心から感謝しています。

人々が母国語で学んだりプログラミングしたりするということに関しては、当初『プログラマー脳』に取り組んでいたときにはあまり考えていなかったテーマでした。しかし、それから状況は変化しており、気付けば私は「Hedy」という日本語を含む39言語に対応した子供向けのプログラミング言語に取り組んでいます。

私の母国語であるオランダ語は英語にかなり近いので、英語以外の言語でプログラミングをすることの難しさについてきちんと考えたことはありませんでした。しかし、ラテン語を祖先としない、あるいは英語とは異なる方向に向かった言語を母国語とする人たちが、アルファベットという見慣れぬ文字を使っていとも簡単にプログラミングを行なっていることに、私は大変驚きました。本書でも紹介しているように、プログラミングは脳に多くのストレス、認知的負荷を与えますが、見慣れない文字はそれに拍車をかけるからです。

もし本書の改訂版を書くとしたら、その中に非英語圏のプログラミングの課題についての章を必ず入れようと思っています。しかし、その章がまだ存在しない現在の状態であっても、本書が世界中のプログラマーに価値をもたらすことを願っています。

2022年12月　アムステルダムにて

フェリエンヌ・ヘルマンス

訳者まえがき

本書はプログラミングに関する話題を扱っていますが、認知科学的な観点からプログラミングを理解し、それをよりよいプログラミング体験や、品質の高いコードを書くことに役立てようという、かなりユニークな内容です。

その内容は非常に示唆に富んでいます。私は、普段、本書でいうところの「職業プログラマー」として日々コードを書いていますが、これまで何となく感覚的にはわかっていたことが、科学的な裏付けとともに明快に解説されていることも多く、翻訳を通して非常にたくさんの学びを得ることができました。

私はまた、自分でコードを書くだけでなく、リーダーとしてチームメンバーのスキルの向上に責任を持ち、書いたコードをレビューしたり、新しいメンバーのオンボーディングを行ったりといったことにも携わっています。本書で書かれている内容は、メンバーとどのように接し、どのようにフィードバックを行い、どのように議論を行っていけばよいかということにもさまざまな示唆を与えてくれ、自分のこれからの行動に大きな影響を与えてくれました。

また、私事になりますが、本書の校正作業は、2023年の元旦に、監訳者である妻の水野いずみと、息子と3人で、自宅近くのファミリーレストランで行いました。1つの仕事を家族で力を合わせて行うという体験を与えてくれた本書の翻訳の作業は、非常に楽しいものでした。

そんな本書が、皆さんにも多くの示唆を与えてくれることを願っています。

2023年1月
水野貴明

訳者・監訳者について

◉訳　者——

水野 貴明（みずの たかあき）

ソフトウェア開発者／技術投資家。Baidu、DeNAなどでソフトウエア開発やマネジメントを経験したのち、現在は英AI企業Nexus FrontierTechのCTO／Co-Founderとして、多国籍開発チームを率いている。また、その傍ら、スタートアップを中心に開発支援や開発チーム構築などの支援や、書籍の執筆、翻訳なども行っている。主な訳書に『JavaScript: The Good Parts』（オライリー・ジャパン）、『サードパーティ JavaScript』（KADOKAWA／アスキー・メディアワークス）、著書に『Web API: The Good Parts』（オライリー・ジャパン）などがある。

◉監訳者——

水野 いずみ（みずの いずみ）

実践女子大学生活科学部生活文化学科（生活心理専攻・幼児保育専攻）准教授（専門分野：社会心理学）。

目　次

Chapter 6 プログラミングに関する問題をよりうまく解決するには

Chapter 7 誤認識：思考に潜むバグ

Part 3 よりよいコードを書くために

Chapter 8 よりよい命名を行う方法

Chapter 9 汚いコードとそれによる認知的負荷を避けるための2つのフレームワーク

Chapter 10 複雑な問題をより上手に解決するために

Part 4 コーディングにおける共同作業

Chapter 11 コードを書くという行為

Chapter 12 より大きなシステムの設計と改善

Chapter 13 新しい開発者のオンボーディング

Part 1 コードをよりよく読むために

コードを読むことはプログラミングの中核を成すものですが、プロの開発者として「コードの読み方」を知らない人も多いでしょう。なぜなら、コードを正しく読むことは、教えられることもなく、実践もされることも多くはないからです。そして、コードを理解することは、混乱を招きやすい作業でもあり、多くの場合は大変な作業です。本書の最初の章では、コードを読むことがなぜ難しいのか、コードの読み方を改善するために何ができるのかを理解していきます。

Chapter 1

コーディング中の混乱を紐解く

本章の内容

- コーディング中に混乱が生じる可能性のあるさまざまな状況を整理する
- コーディングの際に役割を果たす3つの異なる認知プロセスを比較する
- それぞれの認知プロセスが、どのように互いに補完し合っているかについて理解する

混乱は、プログラミングにおいて避けては通れないものです。新しいプログラミング言語や概念、フレームワークを学ぶとき、新しい考え方について恐怖を覚えるかもしれません。見慣れないコードや昔に書いたコードを読むと、そのコードが何をするものなのか、なぜそのように書かれているのか、理解できないかもしれません。新しいビジネス領域で仕事を始めた際には、新しい用語や専門用語が理解できなくてパニックを起こすこともあるでしょう。

もちろん、新しいことを始めてしばらくの間は、混乱が生じることは仕方ありません。しかし、必要以上に長く混乱が続くのは避けたいものです。本章では、混乱した状態を認識し、それを紐解く方法について述べています。みなさんは、これまで、そうした混乱について考えたことがないかもしれません。ここでいう混乱とは、さまざまな状態を含んだ言葉です。あるビジネス領域における概念が理解できないという混乱と、複雑なアルゴリズムを少しずつ理解するときに発生する混乱は、種類が異なります。

異なる種類の混乱は、異なる種類の認知プロセスに関連して発生します。本章では、さまざまなコード例を用いて、異なる3種類の混乱を詳しく解説し、あなたの頭の中で何が起こっているのかを説明します。

本章を読み終えると、コードが混乱を引き起こすさまざまなパターンを認識し、それぞれの場合に脳内で生じる認知プロセスを理解することができるようになります。次に述べる3つの異なる種類の混乱と、それに関連する3つの認知プロセスを学んだ後で、その後の章では、これらの認知プロセスを改善する方法について学ぶことになります。

1.1 コードにおけるさまざまな種類の混乱

慣れないコードを読む際には、どんな場合でもある程度の混乱が引き起こされます。しかし、すべてのコードが同じような混乱を引き起こすわけではありません。そのことを3つの異なるコードの例で説明していきます。3つの例はすべて、与えられた数値Nまたはnを二進数表現に変換するものです。最初のプログラムはAPLで、2番目はJavaで、3番目はBASICで書かれています。

まずは数分間、これらのプログラムをじっくりと読んでみてください。これらのプログラムを読む際に、あなたはどのような知識を利用したでしょうか？　そして、3つのプログラムにはどのような違いがあるのでしょうか？　これらのプログラムを読んでいるとき、脳内で何が起こっているかを表現する言葉は、今のところはまだ思いつかないかもしれません。それでも、それぞれのコードに対して、違った印象を受けていることでしょう。この章を読み終える頃には、コードを読むときに起こるさまざまな認知プロセスについての議論で用いる単語を学んでいることでしょう。

リスト1.1の例は、APLで数nを二進数表現に変換するプログラムです。ここで生じる混乱は、Tが何を意味するのかわからないことでしょう。1960年代の数学者でもない限り、APLというプログラミング言語を使ったことはないはずだからです。APLは数学的操作のために特別に設計されたプログラミング言語で、今日ではほとんど使われていないものです。

リスト1.1　APLでの二進数表現変換コード

```
2 2 2 2 2 ⊤ n
```

2つ目のコード例は、Javaで変数nを二進数表現に変換するプログラムです。ここでは、toBinaryString()の内部で行われる処理の内容を知らないために、混乱が生じます。

リスト1.2　Javaでの二進数表現変換コード

```
public class BinaryCalculator {
    public static void mian(Integer n) {
       System.out.println(Integer.toBinaryString(n));
    }
}
```

最後の例は、BASICで数値Nを二進数に変換するプログラムです。このプログラムは、実行されるそれぞれのステップを一度に把握することができないため、混乱が生じてしまいます。

リスト1.3 BASICでの数値の二進数表現変換コード

```
1 LET N2 = ABS ( INT( N ) )
2 LET B$ = ""
3 FOR N1 = N2 TO 0 STEP 0
4   LET N2 = INT ( N1 / 2 )
5   LET B$ = STR$ (N1-N2*2) + B$
6   LET N1 = N2
7  NEXT N1
8  PRINT B$
9  RETURN
```

1.1.1 混乱のタイプ その1：知識不足

それでは、これらの3つのプログラムを読んだときに、一体何が起こっていたのかを詳しく見ていくことにしましょう。まずはAPLのプログラムです。APLでは、どのように数値nを二進数表現に変換しているのでしょうか。ここで発生する混乱は、おそらく、あなたがTが何を意味するのかがわからないことに起因しています。

リスト1.4 APLでの二進数表現変換コード

```
2 2 2 2 2 ⊤ n
```

ここでは、本書の読者がAPLにそれほど詳しくなく、演算子Tの意味を知らないと仮定して話を進めます。その仮定に基づくと、ここで生じる混乱は、知識不足に基づくものです。

1.1.2 混乱のタイプ その2：情報不足

2つ目のJavaのプログラムについては、混乱の原因が異なっています。Javaの専門家でなくても、ある程度プログラミングに慣れ親しんでいれば、Javaのプログラムでどのような処理が行われているかは、何となく理解できるでしょう。これは、Javaで数値nを二進数表現に変換するプログラムを示しています。ここで発生する混乱は、toBinaryString()の内部でどういう処理が行われているかがわからないことによるものです。

リスト1.5 Javaでの二進数表現変換コード

```
public class BinaryCalculator {
        public static void mian(Integer n) {
            System.out.println(Integer.toBinaryString(n));
        }
}
```

メソッドの名前から、どのような機能なのかを推測することはできるでしょう。しかし、このコードが実際に行っている処理がどういうものなのかを深く理解するには、コードの別の場所にあるtoBinaryString()の定義を見付け出し、それも読んでみる必要があります。つまり、ここでの問題は情報不足です。toBinaryString()が正確にどのように機能するかという情報をすぐには得ることができず、コードのどこか他の場所で見付ける必要があります。

1.1.3 混乱のタイプ その3：処理能力の不足

3番目のプログラムでは、変数名と処理内容から、このコードが何をするものなのかを推測することはできます。しかし、本当に処理内容をきちんと理解しようとすると、実行される処理のすべてを脳内で追いかけることはできないはずです。BASICで数字Nを二進数に変換するプログラムは、実行されているそれぞれの処理ステップを一度に見渡すことができないため、混乱が生じてしまうのです。もしすべてのステップをきちんと理解しようとする場合には、図1.1に示すように、変数の中間値を書き留めておくなどの作業が必要になるでしょう。

```
1  LET N2 =  ABS (INT (N))  ——→ 7
2  LET B$ = ""
3  FOR N1 = N2 TO 0 STEP 0
4      LET N2 =  INT (N1 / 2) ——→ 3
5      LET B$ =  STR$ (N1 - N2 * 2) + B$  ——→ "1"
6      LET N1 = N2
7  NEXT N1
8  PRINT B$
9  RETURN
```

図1.1 BASICでの二進数表現

ここでの混乱は、処理能力の不足に起因しています。変数に記録される処理途中の値と、それに対する処理内容をすべて頭の中に記憶しながら読み進めるのは、とても難易度の高い作業です。もし、本当にこのプログラムが何をするのかを追いかけたいと思うなら、紙とペンを用意して、途中の値をメモしたり、図1.1のようにコードスニペットの脇に書き留める必要があるでしょう。

ここで紹介した3つのプログラムを読んだときに発生する混乱は、どれも厄介で不愉快なものではありますが、それぞれに異なる原因で発生していることがわかったのではないでしょうか。初めの例は、プログラミング言語、アルゴリズム、あるいは自分が持ち合わせているビジネス領域に関する知識の不足によるものです。2つ目は、コードを理解するために必要なすべての情報へのアクセスができない場合です。特に、近年のコードは、さまざまなライブラリ、モジュール、パッケージなどを読み込んで利用することが多いため、コードの処理内容を完全に理解するには、最初の目的をきちんと頭の中に留めつつ、新しい情報を収集していくという、かなり広範囲に及ぶ作業が必要になることがあります。そして最後は、コードが脳の処理能力を超えるほど複雑である場合、処理能力の不足から混乱が生じる場合です。

では、この3つのタイプの混乱にそれぞれ関連する、それぞれ異なる認知プロセスを掘り下げていくことにしましょう。

1.2 コーディングに影響を与えるさまざまな認知プロセス

ここで、それぞれのプログラムを読むときに脳内で起こる、3つの異なる認知プロセスに注目してみましょう。すでに述べたとおり、それぞれに異なる種類の混乱は異なる認知プロセスの問題に関連しており、そして、それらはすべて記憶に関連しています。この章では、ここからそれらの認知プロセスについて詳しく見ていくことにします。

知識不足というのは、**長期記憶**（LTM：Long-Term Memory）に、関連する情報が十分に存在しないことを意味します。長期記憶というのは、あなたの記憶がすべて永続的に保持されている場所のことです。一方、情報不足は、**短期記憶**（STM：Short-Term Memory）に関する問題です。収集された情報は、一時的に短期記憶に保持されますが、たくさんの異なる事柄をいろいろな場所から探し出さなければならないような場合には、以前に獲得した情報を忘れてしまう可能性があります。そして最後に、一度に多くの情報を処理しなければならないような場合は、思考が生じる場所である**ワーキングメモリ**（working memory）に負荷がかかってしまいます。

3つの種類の混乱がそれぞれ異なるどの認知プロセスと関係しているのかを簡単にまとめてみました。

- 知識不足＝長期記憶の問題
- 情報不足＝短期記憶の問題
- 処理能力の不足＝ワーキングメモリの問題

これらの3つの認知プロセスは、コードを読むときだけではなく、プログラミングの文脈だけを考えても、コードを書く、システムのアーキテクチャを設計する、ドキュメントを書くなど、すべての認知的活動に関係しています。

1.2.1 長期記憶とプログラミング

プログラミング中に使われる認知プロセスとして、まず始めに紹介するのは、長期記憶です。長期記憶では、非常に長い期間、記憶を保持できます。たいていの人は、何年も、あるいは何十年も前に起こった出来事であっても思い出すことができます。そして、長期記憶は、あなたが行うすべての行動に関係しています。靴ひもを結ぶとき、筋肉は何をすべきかを記憶しており、ほとんど自動的に動かすことができます。あるいは、二分木検索の処理を書くときには、抽象化されたアルゴリズムやプログラミング言語の構文、キーボードでのタイプ方法をすぐに思い出すことができるはずです。第3章では、異なる形式の記憶や、長期記憶を強化する方法など、長期記憶についてさらに詳しく説明していくことにします。

さらに、長期記憶は、ほかにもさまざまなプログラミングに関係する情報を保存しています。たとえば、何らかの技術を採用してうまく行ったときの記憶、Javaのキーワードの意味、英語の単語の意味、Javaの`maxint`が2147483647であることなどが格納されているわけです。

長期記憶は、情報を長期間保持することができるという意味で、コンピュータのハードディスクに例えることができるでしょう。

●APLプログラム：長期記憶

例で示したAPLのプログラムを読む際に、最も利用するのは長期記憶です。もしAPLのキーワードTの意味を知っていれば、このプログラムを読んだときに、その情報を長期記憶から取り出すことになります。

APLのプログラム例は、関連する構文の知識の重要性をも示しています。あなたがAPLにおけるTの意味を知らなければ、このプログラムを理解するのは非常に困難でしょう。一方、これがダイアドエンコード関数（値を別の数値表現に変換する関数）を意味するといると知っていれば、このプログラムを読むのは非常に簡単になります。それ以外の単語を理解する必要はありませんし、コードを1ステップずつ読み進める必要もありません。

1.2.2 短期記憶とプログラミング

プログラミングに関連する2つ目の認知プロセスは、短期記憶です。短期記憶は入ってきた情報を一時的に保持するために使われます。たとえば、誰かが電話で電話番号を読み上げたとき、その番号はすぐに長期記憶に入るわけではありません。電話番号はまず短期記憶に保管されます。そして短期記憶に記録できる情報の量は限られています。短期記憶に留めておける情報の個数はたった数個であり、1ダース以上は記憶できないというのが、科学者の主な見解です。

たとえば、プログラムを読んでいるときには、出現したキーワード、変数名、利用されているデータ構造などが一時的に短期記憶に格納されます。

●Javaプログラム：短期記憶

Javaのプログラムにおいて、最もよく利用される認知プロセスは短期記憶です。リスト1.6を読み始めたとき、まず初めに1行目を読み、この関数の入力パラメータであるnは整数値であると認識したはずです。この時点では、この関数が一体どんな処理をするのかはわかっていませんが、nが数値であることを記憶に留めながら読み進めることができます。nが整数値であるという知識は、あなたの短期記憶に一時的に保存されます。そして、2行目に読み進めると、この関数が返す値が、toBinaryString()で指定されていることがわかります。しかし、この関数のことを、翌日、あるいは1時間後には忘れているかもしれません。なぜなら、脳は、目の前の問題（この場合は、この関数を理解すること）を解決すると、短期記憶を消去してしまうからです。

リスト1.6 Javaで数値nを二進数表現に変換するプログラム

```
public static void mian(Int n) {
        System.out.println(Integer.toBinaryString(n));
}
```

ここで、toBinaryString()の内部で何が行われているかを知らないために、混乱が生じる場合があります。

このプログラムを理解するためには短期記憶が大きな役割を果たしますが、長期記憶もプログラムの理解に寄与しています。実際には、長期記憶は我々の行うすべての行動に関係しているのです。したがって、Javaのプログラムを読む際にも、長期記憶も使われています。

たとえば、ほとんどの読者がそうだと思いますが、Javaに慣れている人なら、public classやpublic static void mainというキーワードは、その関数が何をするか説明する際には、無視して構わないことを知っているでしょう。この関数の名前が、mainではなくmianになっていることも、気付かなかったかもしれません。

なぜなら、あなたの脳は、2つの認知プロセスを同時に使い、そこに存在するであろう名前を推測しているからです。ここでは、あなたが実際に目にして、短期記憶に格納した本当の名前よりも、長期記憶に過去の経験から格納されている情報を元に、mainという名前であると脳が決定を下しているのです。これは、すなわち、2つの認知プロセスがお互いに別々に存在しているのではないことを示しています。

長期記憶があなたの脳内におけるハードディスクドライブとして、記憶を永続的に留めるものであるのに対し、短期記憶は一時的に値を保持するためのコンピュータにおけるRAMやキャッシュのようなものだと考えることができるでしょう。

1.2.3 ワーキングメモリとプログラミング

プログラミングに関わる3つ目の認知プロセスは、ワーキングメモリです。短期記憶と長期記憶は、ほぼ記憶装置であるといえます。つまり、これらは読み聞きした情報を、短期記憶は一時的に、そして長期記憶は長期に渡って、保持する働きをします。しかしながら、実際の思考は、長期記憶でも短期記憶でもなく、ワーキングメモリで行われます。このワーキングメモリにおいて、新しい考えやアイデア、問題の解決方法が形成されるのです。長期記憶をハードディスクドライブ、短期記憶をRAMと考えると、ワーキングメモリは脳のプロセッサであると例えるのが最も適切でしょう。

●BASICプログラム：ワーキングメモリ

BASICプログラムを読み進める際、LETやEXITのようなキーワードの意味は長期記憶に記録されます。また、B$に初期値として空文字列が代入されているといった、遭遇した情報の一部を記憶するために短期記憶を使用します。

しかし、BASICプログラムを読んでいる間、あなたの脳はもっと多くのことを行っています。どのような処理が行われているのかを理解するために、脳内でコードを実行しようとしているのです。このプロセスを**トレース**と呼びますが、これは、脳内でコードをコンパイルし、実行することを意味します。トレースやその他の認知的に複雑な作業を行う脳の部分は、ワーキングメモリと呼ばれています。これは、コンピュータにおけるプロセッサが計算を行うのに例えることができます。

非常に複雑なプログラムをトレースしようとした場合、変数の値をコード内に、あるいは別途表を用意するなどして、メモする必要性を感じるかもしれません。

脳が情報を外部に記録する必要を感じているということは、すなわち、ワーキングメモリの容量がいっぱいになってしまい、それ以上情報を処理できなくなったというサインであるかもしれません。このような情報過多と、脳への過負荷を防ぐ方法については、第4章で取り上げます。

1.3 それぞれの認知プロセスが協調的に動作する仕組み

前節では、プログラミングに関わる重要な3つの認知プロセスについて解説しました。もう一度まとめると、長期記憶は長期間覚えておきたい情報を保持し、短期記憶は読み聞きしたばかりの情報を一時的に保持し、ワーキングメモリはそうした情報を処理して、新しい思考を形作る場として機能します。ここまでは、それぞれを別の認知プロセスとして説明してきましたが、これらの認知プロセスはお互いに強く関連しあっています。ここからは、それらにどのような関係があるのか、見ていくことにしましょう。

1.3.1 認知プロセスの相互作用の概要

図1.2で示すように、何かの思考をする際には、これらの3つの認知プロセスすべてが状況に応じて活性化されます。本章で紹介したJavaのコード(リスト1.2)を読む際に、あなたは3つの認知プロセスすべてが動作していることを認識したかもしれません。そこに書かれた情報の一部、たとえばnが整数値であるといった情報が短期記憶に保持されます。そして同時に、あなたの脳は、整数値(integer)の意味を長期記憶から探しているはずです。そして、あなたの脳はさらに、ワーキングメモリを使って、そのプログムの意味を考えています。

ここまで本章では、コードを読むときに起こる認知プロセスに焦点を当ててきました。しかし、この3つの認知プロセスは、それ以外にも、プログラミングに関連する他の多くの作業にも関与しています。

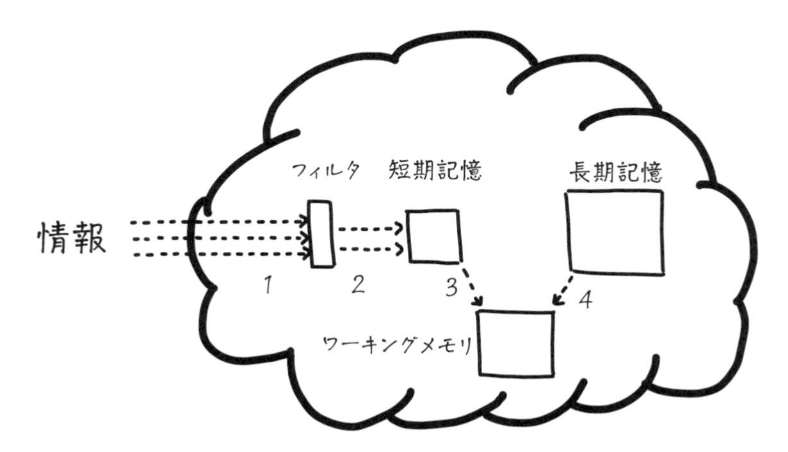

図1.2 本書が扱っている3つの認知プロセス、短期記憶、長期記憶、ワーキングメモリ
矢印1は脳に入ってくる情報を、矢印2は短期記憶に保持される情報の流れを、矢印3は短期記憶からワーキングメモリへの情報の流れを表しており、そこで長期記憶からの情報と組み合わされることになる(矢印4)。ワーキングメモリは、あなたが何かを考える際に、情報が処理される場所である

1.3.2 プログラミング作業に関係する認知プロセス

たとえば、クライアントから送られてきたバグの報告を見るときのことを考えてみましょう。そのバグの原因は、off-by-oneエラー、つまり、ループの回数が1回ずれていることのようです。このバグレポートは、あなたの感覚器官、すなわち、それを読んだのであれば目から、スクリーンリーダーを使っていたのであれれば耳から、あなたの脳に取り込まれます。そして、バグを修正するには、あなたは数カ月前に自分で書いたコードを読まなければなりません。コードを読んでいる間、読んだ内容は短期記憶に読み込まれています。その間に、長期記憶から、数カ月前にどのような実装をしたか、たとえばアクターモデルを使ったことなどを思い出します。さらに、長期記憶は、経験の記憶だけでなく、たとえばoff-by-oneエラーをどのように修正すればよいかといったような事実に関する情報をもたらします。バグレポートの情報な

どの短期記憶からもたらされる新しい情報、長期記憶からもたらされる経験に基づく個人的な記憶と、似通ったバグの修正方法など関連する事実は、目の前の問題について考えるための場所であるワーキングメモリに渡されます。

演習1.1

プログラミングに関連する3つの認知プロセスについて、新たに理解したことについてさらに理解を深めるため、3つのプログラムを用意しました。これらのプログラムは、一体何をするものなのかについての説明は書かれていません。それゆえ、あなたはそれらのプログラムを読み、どのような処理が書かれているかを自分で理解する必要があります。プログラムは前回と同様に、APLとJava、BASICで記述されています。しかし、それぞれのプログラムは異なる処理を行うものなので、最初のプログラムの内容が理解できたからといって、ほかのプログラムの処理内容を知ることはできません。

プログラムをよく読んで、何をするものなのかを分析してみてください。その際、自分がどのようにそれを理解したかを考えてみてください。そして、次の表の質問を参考にして、自己分析をしてみてください。

	コードスニペット1	コードスニペット2	コードスニペット3
長期記憶の知識を用いましたか？			
長期記憶の情報を用いたとしたら、それは何でしたか？			
情報を短期記憶に保持しましたか？			
どのような情報を保持しましたか？			
不要なものとして無視した情報はなんですか？			
ワーキングメモリが特に、プログラムのある一部で多くの処理を必要としましたか？			
ワーキングメモリを特に必要としたのはどの部分ですか？			
どうしてその部分が特にワーキングメモリを必要としたのかがわかりましたか？			

コードスニペット1：APLのプログラム

```
f • {ω≤1:ω ◇ (∇ ω-1)+∇ ω-2}
```

このコードは一体何をするもの何でしょうか。そして、どの認知プロセスを必要とするでしょうか？

コードスニペット2：Javaのプログラム

```
public class Luhn {
    public static void main(String[] args) {
        System.out.println(luhnTest("49927398716"));
    }

    public static boolean luhnTest(String number){
      int s1 = 0, s2 = 0;
      String reverse = new StringBuffer(number).reverse().toString();
      for(int i = 0 ;i < reverse.length();i++){
        int digit = Character.digit(reverse.charAt(i), 10);
        if(i % 2 == 0){
            //this is for odd digits
            s1 += digit;
        }else{  //add 2 * digit for 0-4, add 2 * digit - 9 for 5-9
            s2 += 2 * digit;
            if(digit >= 5){
              s2 -= 9;
            }
        }
        return (s1 + s2) % 10 == 0;
    }
}
```

このコードは一体何をするもの何でしょうか。そして、どの認知プロセスを必要とするでしょうか？

コードスニペット3：BASICプログラム

```
100 INPUT PROMPT "String: ":TX$
120 LET RES$=""
130 FOR I=LEN(TX$) TO 1 STEP-1
140   LET RES$=RES$&TX$(I)
150 NEXT
160 PRINT RES$
```

このコードは一体何をするもの何でしょうか。そして、どの認知プロセスを必要とするでしょうか？

本章のまとめ

- コーディング中の混乱は、知識不足、アクセス可能な情報の不足、脳の処理能力の不足という3つの問題によって引き起こされる可能性があります。
- コードを読み書きする際には、3つの認知プロセスが関与しています。
- 最初の認知プロセスは、長期記憶から情報を取得する作業で、たとえば長期記憶キーワードの意味などが保持されています。
- 第二の認知プロセスは、今向き合っているプログラムに関する情報を保持する短期記憶で、メソッドや変数の名前といった情報を一時的に保持するために用いられています。
- 最後の認知プロセスはワーキングメモリです。ここではコードが何をやっているのかを処理し、たとえばループ処理のインデックスが小さ過ぎるなどの判断を行います。
- コードを読んでいるときは、3つの認知プロセスがすべて働いており、それぞれが互いに補完し合っています。たとえば短期記憶がnという名前の変数を見付けたとき、あなたの脳は長期記憶を検索して過去に読んだ関連するプログラムの記憶を探します。そして、意味の曖昧な単語をコード中に見付けた際には、ワーキングメモリが活性化し、その文脈から正しい意味を読み取ろうとします。

Chapter 2

コードを速読する

本章の内容

- 経験豊富な開発者でもコードを速く読むことが難しい理由を分析する
- 脳が新しい情報を認識可能なパーツに分割する仕組みを解明する
- 言葉やコードのような情報を分析する際の、長期記憶と短期記憶の連携の仕方の発見
- コードを処理する際のアイコニックメモリの役割を検証する
- コードをどのように記憶しているかが、コーディングレベルの（自己）診断のために利用できることの説明
- 他の人が読みやすいコードを書く練習

第1章では、プログラミングやコードを読むときなどに利用される3つの認知プロセスについて解説しました。最初に取り上げた認知プロセスは長期記憶で、これは記憶や事実を保存するハードディスクのようなものだと考えることができます。2つ目の認知プロセスは短期記憶で、これはRAM、すなわちランダムアクセスメモリのようなもので、脳に入ってきた情報を一時的に記憶するものです。最後の認知プロセスはワーキングメモリで、これはプロセッサに似た役割を果たし、長期記憶と短期記憶から取り出した情報を処理して、思考を行います。

そして本章では、コードを読むことに焦点を当てます。コードを読むことは、あなたが思っている以上に、プログラマーの仕事上の大きな部分を占めています。ある調査によると、プログラマーの時間のほぼ60%は、コードを**書く**ことよりも**理解する**ことに費やされています[※1]。したがって、コードを正確に速く読むための技術を向上させることは、プログラミングそのもののスキルを大幅に向上させることになるのです。

前章で、コードを読むときに最初に情報が格納される場所が短期記憶であることを学びました。本章ではまず、コードに書かれているたくさんの情報を処理するのがなぜ難しいのかを理解していくことにしましょう。コードをざっと読んでいるときに脳内で何が起こっているかを知ることができれば、あなたはより簡単に自分の理解に対して自らモニタできるようになります。続いて、たとえば、コードスニペットを速読する練習をするなどのコーディングスキルを改善するための方法をいくつか紹介します。本章を読み終える頃には、コードを読むことがなぜ難しいのかが理解できるようになっているでしょう。また、コードをより速く読む方法を理解し、コードを読むスキルを継続的に向上させるためのテクニックについて理解できているはずです。

2.1 コードの速読法

ハロルド・アベルソン（Harold Abelson）とジェラルド・ジェイ・サスマン（Gerald Jay Sussman）、ジュリー・サスマン（Julie Sussman）によって書かれた『Structure and Interpretation of Computer Programs』[※2]（1996年、MIT Press）という書籍に、「プログラムは人間が読むために書かれ、機械が実行するのは、そのついでででなければならない」というよく知られた一文が書かれています。それは確かにそうかもしれませんが、現実には、プログラマーはコードを読む練習よりもコードを書く練習ばかりしています。

これは、プログラムを学ぶ初期段階から始まっています。つまり、プログラミングを学ぶとき、多くの場合、コードを書くことに焦点を当てているのです。たとえば、あなたが、大学や企業、ブートキャンプなどでプログラミングを学んだときにも、おそらくコードを書くことに強く注目していたのではないでしょうか。そこで行った演習問題でも、どのようにコードを書いて問題を解決するかといったことが中心だったはずです。コードを読む演習は、皆無だったのではないでしょうか。それに起因する練習不足から、コードを読むことが本来の難易度よりも難しくなっている場合が多いのです。そこで本章では、コードを読むスキルを向上させるために役立つ情報を提供していきます。

コードは、さまざまな理由で読む必要が生じます。機能を追加するためであったり、バグを探すためであったり、あるいは巨大なシステムへの理解を深めるためであったりします。とはいえ、そうしたさまざまなコードを読む状況において共通しているのは、コード中に存在する

※1 Xin Xiaほか『Measuring Program Comprehension: A Large-Scale Field Study with Professionals』（2017）。https://ieeexplore.ieee.org/abstract/document/7997917

※2 SICPという略称で知られている。邦訳は『計算機プログラムの構造と解釈　第2版』（和田 英一 訳／翔泳社／ISBN978-4-7981-3598-4）。

特定の情報を見付ける必要があるということです。たとえば、新しい機能を実装するのであれば、それに適した場所や不具合が発生している場所、最後にコードを修正した場所などです。また、特定のメソッドがどのように実装されているかを見るために、その場所を探す場合もあるでしょう。

関連する情報を素早く見付ける能力を高めることで、コードに立ち戻る回数を減らすことができます。また、コードを読むスキルが高ければ、追加情報を探すためにコード内の別の場所に移動する頻度も減らすことができます。コードの検索にかかる時間を短くできれば、バグの修正や新機能の追加にもっと時間を費やすことができ、より効率的な仕事をするプログラマーになることができます。

前章では、3つの異なるプログラミング言語のプログラムを読み、脳の3つの異なる部位が働いていることを実感しました。短期記憶の役割をより深く理解するために、次のJavaプログラムを読んでみてください。これは、挿入ソートアルゴリズムを実装したものです。このプログラムは3分以内で読むようにしてください。時計やストップウォッチを使って時間を測り、3分経ったら紙か手で覆ってコードを隠してください。

そして、元のコードを見ずに、できるだけ正確にそのコードを再現してみてください。

リスト2.1 挿入ソートを実装したJavaプログラム

```
public class InsertionSort {
  public static void main (String [] args) {
    int [] array = {45,12,85,32,89,39,69,44,42,1,6,8};
    int temp;
    for (int i = 1; i < array.length; i++) {
      for (int j = i; j > 0; j--) {
        if (array[j] < array [j - 1]) {
          temp = array[j];
          array[j] = array[j - 1];
          array[j - 1] = temp;
        }
      }
    }
    for (int i = 0; i < array.length; i++) {
      System.out.println(array[i]);
    }
  }
}
```

2.1.1 今、あなたの脳内で何が起きたのでしょうか？

挿入ソートのJavaプログラムを再現するにあたって、あなたは短期記憶と長期記憶の両方を使っています。その仕組みを図2.1に示します。

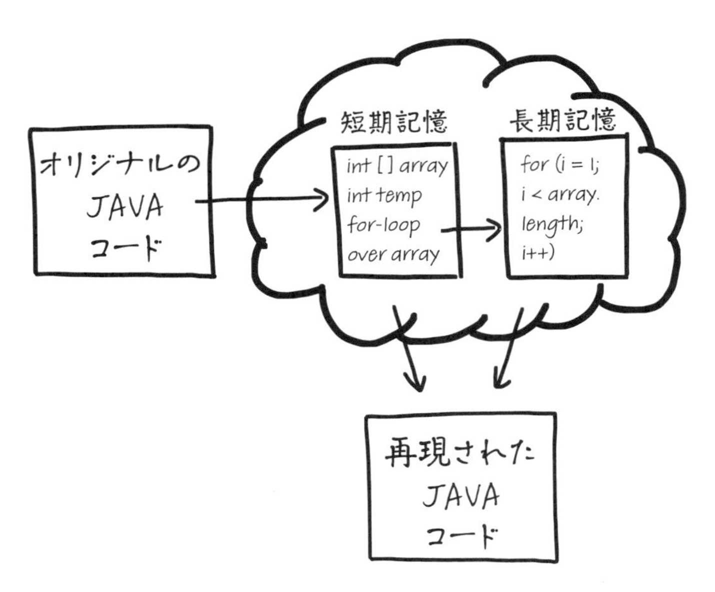

図2.1　コードを記憶するときの認知プロセスの説明図。変数名や変数の値などのコードの一部は短期記憶に保持される。また、for-loopの構文など、コードの他の部分については、長期記憶に保持されている知識を利用している。

短期記憶は、今読んだばかりの情報を記憶に留めるために利用されます。それに対して、長期記憶は2つの方向から知識を追加していきます。1つ目は Javaの構文に関する知識です。おそらく、「`for(int i = 0; i < array.length; i++)`」が配列のループを回す処理であることを覚えていたと思います。さらに、「`for(i=0;i<array.length;i++) {System.out.println(array[i])}`」が、配列のすべての要素を出力するコードであることも覚えていたでしょう。

次に、あなたはこのコードが挿入ソートを実装していることを知っており、そのことも利用しています。その知識のおかげで、正確には覚えていなかったプログラムの記述を埋めることができたかもしれません。たとえば、配列の2つの値を入れ替える処理が書かれていたかどうかを、コードを読んだけでは覚えていなかったとしても、挿入ソートをすでに知っていたおかげで、どこかでそれを行う必要があるとわかり、再現できたかもしれません。

2.1.2 再現したコードを見直しましょう

あなたがどのような認知プロセスを用いたかを詳しく見る前に、再現したコードをもう一度見てみましょう。そして、コードのどの部分が短期記憶から直接来たもので、どの部分が長期記憶に由来したものであるかを考えて、印を付けてみてください。図2.2に、それらの印を付けた再現コードの例を示します。

```
public class InsertionSort {
  public static void main (String [] args) {
    int [] array = {45,12,…};
    int temp;
    for (int i = 1; i < array.length; i++) {
      for (int j = i; j > 0; j--) {
        if (array[j] < array [j - 1]) {
          // JとJ-1を交換する
          temp = array[j];
          array[j] = array[j - 1];
          array[j - 1] = temp;
        }
      }
    }
    // 配列を出力する
    for (int i = 0; i < array.length; i++) {
      System.out.println(array[i]);
    }
  }
}
```

図2.2 経験あるJavaプログラマーが、リスト2.1のコードを再現したものに、利用された認知プロセスを書き込んだ例。暗い色で塗られている部分が短期記憶に保持されていた部分、明るめの色で塗られている部分が長期記憶に由来した部分を示している。再現されたコードが、元々のコードよりも長くなっている点に注目してほしい。たとえば、元々のコードにはなかったコメントなどが追加されている。

もちろん、長期記憶からどのような情報を取り出すかは、あなたが長期記憶に何を保持していたかによって変わってきます。Javaの経験が浅い開発者が長期記憶から取り出すことのできる情報は、もっと少なくなるでしょう。したがって、あなたが今目にしている、あなたの再現結果とこの例（図2.2）は、まったく違うものになっている可能性があります。また、このコードにはオリジナルのJavaのコードには存在していなかったコメントが書かれている点にも注目してください。プログラマーにコードを再現してもらう実験の中で筆者が発見したのは、プログラマーが記憶を呼び起こすために、再現中のコードにコメントを付けることがあるという事実です。たとえば「配列を出力」というコメントをまず書き、それに続いて実際の実装を行うという具合です。あなたの場合は、どうでしたか？

コード中のコメントは、通常はすでに書かれたコードに説明を加えるために利用されるものですが、この例でわかるように、他にもさまざまな使い方があり、将来書く必要があるコードのために、記憶の補助として使うこともできるわけです。コメントの使い方については、後の章で詳しく説明します。

●Javaコードの記憶に再挑戦

第1章では、コードを読むときに、長期記憶と短期記憶がどのように連携しているかを説明しました。そして、あなたは、長期記憶に格納された情報からJavaの挿入ソートプログラムの一部を再現する経験を通して、この連携をより深く体験することができたはずです。

コードを読み解く際、どれだけ多くのことを長期記憶に頼っているのかを理解するために、演習をもう1つやってみることにしましょう。方法は、前回と同じです。最大3分間コードを読み、それを隠して絶対に見ないようにしながら、コードを再現してみてください。

さあ、次に示すコードが、この演習のためのコードです。3分間しっかり読んで、ベストな状態で再現できるようにしてみてください。

リスト2.2　演習用のJavaコード

```
void execute(int x[]){
  int b = x.length;
    for (int v = b / 2 - 1; v >= 0; v--)
      func(x, b, v);

    // 要素を1つずつ取り出す
    for (int l = b-1; l > 0; l--)
    {
      // 現在の要素を最後に移動する
      int temp = x[0];
      x[0] = x[l];
      x[l] = temp;

      func (x, l, 0);
  }
}
```

2.1.3 2回目のコード再現の振り返り

どんなにJavaの経験があったとしても、今回のプログラムを記憶することは、前回よりもずっと大変だったに違いありません。それには、いくつかの理由があります。1つ目の理由は、このプログラムが何をするものなのかという知識をあらかじめ持っていなかったことです。そのため、覚えきれなかった部分を長期記憶に保持している情報で補完するのが難しくなっています。

2つ目は、私がこのコードに意図的に**ヘンテコな**変数名を使ったことです。たとえば、`for`ループのイテレータとして`b`と`l`を使っています。馴染みのない名前は、ぱっと眺めた際にパターンを検知して認識し、覚えることを難しくします。しかも、ループのイテレータに使われている`l`は数字の1と似ているため、さらに混乱を招きやすくなっています。

2.1.4 なぜ馴染みのないコードを読むのは難しいのか？

例で示したように、コードを読んだ後にそのコードを再現するという作業は、簡単ではありません。なぜコードを記憶するのは難しいのでしょうか。その最大の理由は、短期記憶の容量が限られていることです。

目で見たコードを処理するために、そこに書かれているコードの一字一句を短期記憶に保持することは物理的に不可能です。第1章でも解説したように、短期記憶は読み聞きした情報を短期間に保持します。この「短期間」というのは本当に短期間で、研究によれば短期記憶は30秒以上記憶を保持できないともいわれています。30秒を過ぎると、その情報は長期記憶に移動されるか、そうでない場合には永遠に失われてしまうのです。誰かが電話越しに電話番号を読み上げているのに、書き留める術がない状況を想像してみてください。すぐにどこかに書き留める方法（物理的なキャッシュですね）を見付けない限り、その番号を覚えておくことは難しいでしょう。

短期記憶に存在する制約は、記憶を保持できる時間だけではありません。第2の制約は、その容量です。

コンピュータの場合と同じく、あなたの脳内でも、長期記憶装置は短期記憶装置よりもずっと大きな容量が用意されています。とはいっても、コンピュータのRAMのサイズは数ギガバイトが確保されているかもしれませんが、人間の脳の短期記憶装置はずっと小さい容量しかありません。あなたの短期記憶には、情報を記憶するスロットがたった数個あるだけです。20世紀の最も影響力のある認知科学研究者の1人であるジョージ・ミラー（George Miller）は、1956年の論文「The Magical Number Seven, Plus or Minus Two: Some Limits on Our Capacity for Processing Information（マジカルナンバー7プラスマイナス2：我々の情報処理における記憶容量の制約）」で、この現象について言及しています。

より新しい研究では、実際には短期記憶の容量はさらに小さく、2から6つしかないと見積もられています。この容量の限界は、ほとんどすべての人に当てはまり、今のところ、科学者は短期記憶のサイズを大きくする確実な方法を見付けられていません。人間が1バイト以下の記憶容量でさまざまなことを行うことができるのは、奇跡といってもよいのではないでしょうか。

このような制約を対処するために、短期記憶は長期記憶とともに働き、あなたが読んだり記憶したりしていることを理解できるようにしているのです。次の節では、短期記憶がサイズ制限を克服するために、どのように協調しているのかを詳しく説明していきます。

2.2 記憶のサイズ制限を克服する

前節では、短期記憶の容量の制約について学びました。そして例示したコードを記憶してみることで、その限界を実際に体験してみました。しかし、あなたは示されたコードスニペットを6文字以上記憶できていたはずです。これは、情報を記憶できるスロットが最大で6つしかないことと矛盾しているのではないでしょうか。

短期記憶が物事を6つしか記憶できないのは、コードを読むときだけではなく、どんな認知タスクにも当てはまります。では、そのような限られた記憶容量で、どうやって人間はさまざまな作業を行えているのでしょうか。たとえば、この文章をあなたはどうして読めているのでしょうか。

ミラーの理論に則れば、人間は、6文字ほど読んだら、最初に読んだ文字を忘れ始めるはずではないのでしょうか。しかし我々は、明らかに6文字以上の文字を記憶し、処理できています。どうしてそんなことが可能なのでしょうか。見慣れないコードを読むのがなぜ難しいのかを理解するために、チェスを使って行われたある重要な実験を紹介して、短期記憶についてさらに詳しく学んでいくことにしましょう。

2.2.1 チャンキングの威力

チャンクは、オランダの数学者アドリアーン・デ・フロート（Adriaan de Groot。ちなみにこのフロートの発音は、「ブーツ」や「トゥース（歯）」のような発音ではなく「growth」に近い発音です）によって初めて使われた言葉です。デ・フロートは、数学の博士課程に在籍し、熱心なチェスプレイヤーでもありました。彼は、多くの人たちが生涯にわたって「そこそこの実力の」チェスプレイヤーにしかなれないのに対し、偉大なプレイヤーとなる人物も現れることがあるのはなぜかという疑問に深く興味を抱きました。このチェスの能力に関する問題を調べるため、デ・フロートは2種類の実験を行いました。

図2.3に示す1つ目の実験では、デ・フロートは、あるチェスの局面をチェスプレイヤーに数秒間見せました。その後、盤面を隠し、プレイヤーにそれを再現してもらいました。実は、このデ・フロートの実験は、我々が本章の最初にソースコードを用いて行った実験とよく似ています。デ・フロートは、駒の位置を記憶する能力に特に興味があったわけではありません。彼は、その結果を2つのグループで比較しています。1つ目は平均的なレベルのチェスプレイヤーのグループ、そしてもう一方は熟練したチェスプレイヤー（チェスの達人）のグループです。その2つのグループでの結果を比較したところ、デ・フロートは、達人たちのグループのほうが、平均的なレベルのグループと比較して、チェスの局面の再現を遥かに正確に行うことができることを発見しました。

図2.3 デ・フロートの最初の実験では、平均的なレベルのチェスプレイヤーのグループと熟練したチェスプレイヤーのグループが、それぞれチェスの盤面を記憶するように指示された。熟練したプレイヤーは、平均的なレベルのプレイヤーよりも遥かに上手に盤面を再現できた。

この実験から得られたデ・フロートの結論は、熟練したプレイヤーが平均的なプレイヤーよりも優れていたのは、熟練したプレイヤーが平均的なプレイヤーよりも大きな容量の短期記憶を持っていたからであるというものでした。また、デ・フロートは、熟練したプレイヤーがエキスパートになれたのは、そもそも短期記憶の容量が大きかったため、結果として、より多くのチェスの駒の位置を記憶することができ、うまく勝負を運ぶことができるからなのではないかという仮説も立てています。

しかし、デ・フロートはこの実験に完全に納得していたわけではなかったので、別の実験も行いました。2回目の実験も、最初の実験と同じように、平均的なレベルのプレイヤーと熟練したプレイヤーにチェスの盤面を短時間見てもらい、それを再現してもらうというものです。最初の実験との違いは、駒の配置にありました。最初の実験では、実際のチェスの局面を見せたのに対して、2回目はランダムに配置された盤面を見せたのです。しかも、その盤面はまったくのランダムではなく、なるべく非現実的になるように配置されていました。そして、デ・フロートは再び、熟練したプレイヤーと平均的なプレイヤーの結果を比較してみました。その結果は1回目の実験とは異なり、どちらのプレイヤーも等しく悪い結果となったのです！

この2つの実験の結果を元に、デ・フロートは、両グループのチェスプレイヤーが局面を具体的にどのよう記憶しているのかを深く掘り下げてみました。その結果、どちらの実験でも、平均的なプレイヤーは駒の配置を1つずつ覚えていることがほとんどであることが判明しました。そして、「A7にルーク、B5にポーン、C8にキング……」といったように、駒の配置を1つずつを思い出そうとするのです。

ところが、1回目の実験では、チェスの達人たちは、別の戦略をとっていたのです。彼らは、長期記憶に保持された情報を多用していました。たとえば「シシリアンディフェンスのオープニングだが、ナイトが2マス左にいる」というように記憶していたわけです。このように駒の配置を記憶するには、当然ながらシシリアンディフェンスのオープニングでどのようなコマが使われているかという情報が長期記憶に記憶されていて、初めて可能になります。このように駒の配置を記憶するのであれば、ワーキングメモリでは4つの情報を処理すれば済むことになります（シシリアンディフェンスのオープニング、ナイト、2、左）。ご存知のように、短期記憶は2～6個の情報を記憶できるとされているので、4つであれば十分に覚えることができそうです。

また、熟練したプレイヤーの中には、駒の配置を自分が過去にプレーしたゲームや、見たり読んだりした過去のゲームと結び付けることができる人もいました。「3月の雨の土曜日、ベッツィーと対戦したときのゲームと同じ配置だが、左にキャスリングがあった」といったような方法で記憶していたのです。この場合も、長期記憶に保持されていた情報を利用しています。過去の経験を利用して駒の配置を記憶した場合にも、短期記憶は数スロットしか使わずに済みます。

ところが、平均的なプレイヤーは、駒の配置を1つずつ個別に覚えようとして、すぐに短期記憶の容量が足りなくなってしまいます。彼らは熟練したプレイヤーのように、情報を論理的にまとめることができないからです。このことは、平均的なプレイヤーが、熟練者に比べて実験の結果が悪いことを説明しています。短期記憶がいっぱいになると、それ以上のことを覚えることができなくなってしまうのです。

デ・フロートは、人々が情報を組み合わせるまとまりを「チャンク（塊）」と呼びました。たとえば、「シシリアンディフェンスのオープニング」は1つのチャンクであり、短期記憶の1つのスロットに収まると考えたのです。チャンクの理論は、2回目の実験で両方のタイプのプレイヤーが同じような結果を出した理由も適切に説明しています。このようなランダムな駒の配置の場合、熟練したプレイヤーであっても、長期記憶の中にある盤面のリポジトリを利用して、より大きなまとまりに素早く整理することは、もはや不可能なのです。

演習2.1

デ・フロートの実験で納得はできたかもしれませんが、自分でチャンキングを体験してみると、さらに理解が深まるでしょう。

では、次の文章を5秒間見て、できる限り、その内容を覚えてみてください。

どれくらい覚えることができたでしょうか？

演習2.2

続いて、次の文章を5秒間見て、覚えてみてください。

abk mrtpi gbar

2つ目は、1つ目の文章よりも簡単だったと思います。というのも、2つ目の文章は、あなたが知っている文字で構成されているからです。信じられないかもしれませんが、この2つの文は同じ長さで構成されています。どちらも3つの単語、12文字、9種類の文字を含んでいます。

演習2.3

もう一度やってみましょう。この文も3つの単語と9種類の文字から構成されています。この文章を5秒間見て、覚えてみてください。

cat loves cake

3つ目の文章は、前の2つよりもずっと簡単だったのではないでしょうか。この文章は、とても簡単に思い出すことができます。それは、3つ目の文に登場する文字を単語にチャンクすることができるからです。そして、「cat」「loves」「cake」の3つのチャンクだけで覚えることができるのです。これは、すなわち短期記憶の容量内で文章全体を覚えることができることを意味します。しかし、最初の2つの例では、要素の数が短期記憶の限界を超えてしまう可能性が高くなっています。

● コードにおけるチャンク化

これまで本章では、特定のトピックについて記憶している情報が多いほど、情報を効果的にチャンクに分割できるということを見てきました。熟練したチェスプレイヤーは、長期記憶に多くの異なる駒の配置を保持しているので、盤面をより上手に記憶することができるわけです。先ほどの、字形、文字、そして単語の順に覚えてもらう練習では、知らない文字よりも既知の単語のほうが楽に思い出せました。単語が覚えやすいのは、長期記憶からその意味を取り出すことができるからです。

長期記憶に多くの知識があると記憶がしやすいという発見は、プログラミングにおいても同じように考えることができます。本章の残りの部分では、プログラミングとチャンク化に関する研究結果をさらに具体的に見ていきます。その後、チャンク化の練習方法とチャンク化しやすいコードの書き方に踏み込んでいくことにしましょう。

2.2.2 熟練プログラマーは初心者よりもコードをよりも上手に記憶できる

デ・フロートの研究は、認知科学に広く影響を与えました。また、彼の実験は、コンピュータサイエンスの研究者に、プログラミングでも同様の結果が得られるかどうかを研究する動機を与えたのです。

たとえば、1981年に、ベル研究所のキャサリン・マッケイテン（Katherine McKeithen）は、プログラマーを対象として、デ・フロートと同様の実験を行いました[※3]。彼女と同僚たちは、30行の小さなALGOLプログラムをいくつか、初心者、平均的、熟練のそれぞれのレベルのプログラマー53人に読んでもらいました。デ・フロートが行った1回目の実験で実際のゲーム中のチェスの駒の配置を利用したことにヒントを得て、使用したプログラムのうちのいくつかは、実際に動作するプログラムが使われました。そのほかのプログラムは、デ・フロートが2回目の実験でランダムな駒の配置を用いたのと同様に、コードの並びを入れ替えてありました。被験者たちは、そのALGOLのプログラムを2分間読み、その後自分の力でそれを再現しなければなりませんでした。

マッケイテンの実験の結果は、デ・フロートの結果と非常によく似ていました。図2.4に示したように、順番が入れ替えられていないプログラムでは、熟練したプログラマーは平均的なプログラマーよりもよい結果を出しました。そして、平均的なプログラマーは、プログラム初心者よりもよい結果を出したのです。順番が入れ替えられたプログラムでは、それぞれのレベルのプログラマーの出した結果に、ほとんど違いがありませんでした。

この研究から得られる最大の知見は、初心者は熟練者よりもはるかに少ないコードしか処理できないということです。このことを知っていると、新しいチームメンバーのオンボーディングのとき、あるいは、あなた自身が新しいプログラミング言語を学ぶときに、非常に役に立つはずです。

※3 Katherine B. McKeithenほか『Knowledge Organization and Skill Differences in Computer Programmers』(1981)。https://mng.bz/YA5a.

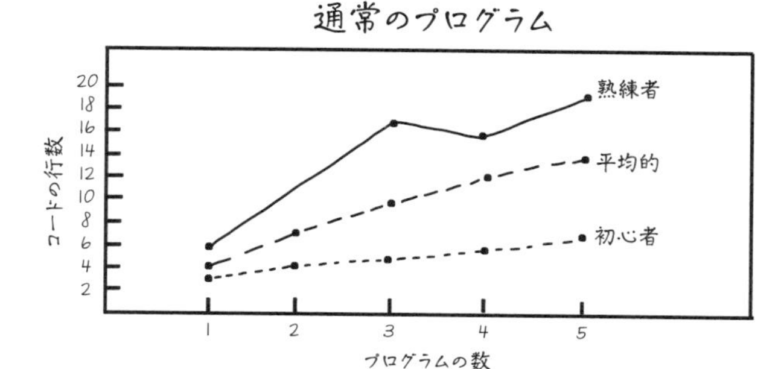

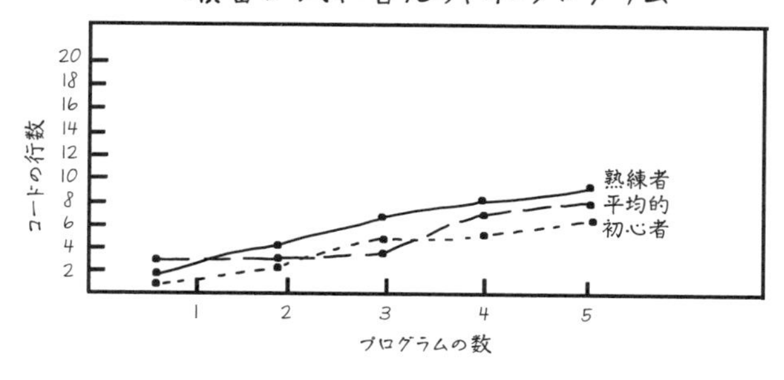

図2.4　マッケイテンの実験において、初心者、平均的、熟練のそれぞれのレベルのプログラマーがそれぞれ再現できたコードの行数。上の図は通常のプログラムにおける成績で、熟練者が明らかによい成績を出している。下の図は順番が入れ替えられた無意味なコードでの結果で、初心者、平均的、熟練者のそれぞれのレベルのプログラマーの成績は、どれも似通っている。

さまざまなプログラミング言語や文脈でうまくプログラムを書くことができる頭のよいプログラマーでも、長期記憶にまだ保存されていないような、不慣れなキーワード、構造、ドメインの概念を扱う際には苦労します。次章では、こうした新しい情報を素早く確実に学んでいくための戦略を見ていくことにします。

2.3 読めるコードよりも見えるコードのほうが多い

短期記憶の詳細について見ていく前に、情報が脳に取り込まれる際にどういうことが起こるのかについて、少し見ておくことにしましょう。情報が短期記憶に到達する前には、**感覚記憶**と呼ばれる場所を通過します。

コンピュータにたとえると、感覚記憶はマウスやキーボードなどの入力装置と通信を行うI/Oバッファのようなものだと考えることができます。周辺機器から送られてきた情報は、I/Oバッファに一時的に格納されます。これは、人間の感覚記憶も同じです。視覚、聴覚、触覚からの入力は、ここに一時的に保持されます。視覚、聴覚、味覚、嗅覚、触覚の5つの感覚はそれぞれに、感覚記憶の領域を持っています。プログラミングの文脈で議論するに際して、そのすべてを見ていく必要はないので、本章では視覚に関する感覚記憶に限定して説明していくことにします。その感覚記憶は、アイコニックメモリと呼ばれます。

2.3.1 アイコニックメモリ

情報が短期記憶に届く前に、情報はまず感覚器を通じて感覚記憶に入ってきます。コードを読む際には、情報はあなたの目を通して入ってきて、その後、一時的にアイコニックメモリに保持されます。

アイコニックメモリについて理解するためのおもしろいたとえを1つ紹介しましょう。大晦日の夜、あなたは線香花火を持っています。あなたが線香花火を素早く動かすと、空中に絵を描くことができます。なぜそんなことができるのかは、考えたことはないかもしれません。しかし、光の中にパターンを見ることができるのは、アイコニックメモリのおかげなのです。アイコニックメモリは、見たばかりの映像から生まれる視覚刺激を、少しの間だけ記憶するようにできています。別の体験も試してみましょう。この文章を読んだ後に目を閉じると、ほんの少しの間、ページの形を「見」続けることができるはずです。これもまた、アイコニックメモリのおかげなのです。

コードを読む際にアイコニックメモリがどのように使われているかを見ていく前に、それについて知られていることについて紹介します。アイコニックメモリの研究の先駆者の1人は、1960年代に感覚記憶についての研究を行っていた、アメリカの認知心理学者ジョージ・スパーリング（George Sperling）です。彼の最も有名な研究※4は、3人の被験者に、3×3または3×4文字のグリッドを見せるというものです。このグリッドは、視力検査で使われるようなものですが、図2.5に示したように、すべての文字が同じサイズで書かれていました。

被験者は20分の1秒（0.05秒あるいは50ミリ秒）の間、画像を見せられ、その後、グリッドの一番上の行や左の列などを、ランダムに選んで思い出すように指示されました。

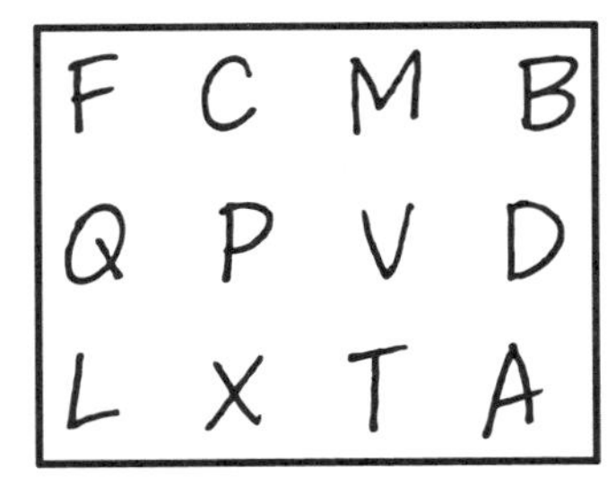

●図2.5　スパーリングの文字グリッドの実験の例。被験者はこれを記憶することが求められた。

人間は、50ミリ秒では文字を読むことは不可能です。なぜなら、人間の目の反応速度はおよそ200ミリ秒（5分の1秒）で、これは決して遅くはありませんが、この実験においては十分な速さではありません。しかし、この実験においては、被験者は約75%の確率で、グリッドからランダムに選んだ行や列の文字をすべて記憶できていました。この実験では、被験者にランダムな行を思い出してもらっているため、75%の正答率が得られたということは、被験者は約75%の確率で、グリッドにある9個または12個の文字のほとんど、あるいはすべてを

※4　George Sperling『The Information Available in Brief Visual Presentations』（1960）。https://mng.bz/Olao

記憶できていたことになり、これは短期記憶に記憶できるよりも多い数です。

これは、3人の被験者がとりわけ優れた記憶力を有していたというわけではありません。彼らは、グリッドに書かれたすべての文字を再現することを求められると、一部分だけを思い出すことを求められたときに比べて、ずっと悪い結果しか出せませんでした。この実験では、被験者は半分程度の文字しか思い出すことができないのが一般的なのです。この2番目の発見は、短期記憶に関して我々がすでに知っている知識と一致します。そして、スペリングが行った実験で得られた、短期記憶には最大6個の情報を保持できるという知見とも一致します。しかし、多くの被験者が、3つか4つだけの文字だけを尋ねられたときに、そのすべてを記憶できていたという事実は、文字のグリッド全体が、どこかに記憶されていたことを示しています。そして、その「どこか」は、容量が限られている短期記憶とは異なる場所のはずです。スパーリングは、視覚から入ってくる情報の記憶される場所を**アイコニックメモリ**と呼びました。彼の実験からわかるように、アイコニックメモリに格納された情報のすべてが、短期記憶によって処理されるわけではないのです。

●アイコニックメモリとコード

たった今見たように、あなたが見たものは、最初にアイコニックメモリに記憶されます。しかし、アイコニックメモリに記憶されたものすべてが短期記憶で処理されるわけではありません。したがって、コードを読み進める際には、あなたは何を処理するのかを選択する必要があります。しかし、この選択は意識的に行われるものではなく、コードの特定の部分を意図せず見逃してしまうこともあります。つまり、理論的には、あなたは短期記憶で処理できる以上のコードに関する情報を記憶できていることになります。

この知識を用いて、あなたはコードをより効率的に読むことができます。つまり、まず短期間コードを見て、何を見たのかを振り返ることができるのです。この「コードをざっと眺める」練習は、コードの最初のイメージをつかむのに役立ちます。

演習2.4

あなたが見慣れているコードを用意してください。あなたがこれまでに書いたコードを持ってきてもよいですし、GitHubから簡単なコードを選んできても構いません。どんなコードでも、どんなプログラミング言語でも構いません。紙の半分くらいを占める分量がよいでしょう。可能なら、紙に実際に印刷することをお勧めします。

そしてコードを数秒間読み、その後、目を逸らしてから次の質問に答えてください。

- そのコードの構造はどのようになっていましたか？
  - 深い入れ子構造を持っていましたか、それとももっとフラットな構造でしたか？
  - 何か特に目立つ行はありましたか？

- 空白をどのように用いてコードを整形していましたか？
  - コードに空白行はありましたか？
  - 大きなコードのブロックが存在していましたか？

2.3.2 何を覚えているのかではなく、どのように覚えたか

読んだばかりのコードを再現した際に、再現できたコードの各行を調べることは、自分自身の（誤った）理解を把握するための素晴らしい診断ツールになりえます。しかし、記憶できた**内容**そのものだけではなく、どのようにコードを記憶したのかという**順序**も理解のために使うことができます。

デ・フロートのチェスでの研究をALGOLプログラムを使って再現した研究者たちは、チャンク化について、より深い洞察を与える別の実験も行いました※5。2番目の実験では、初級、中級、上級のプログラマーに、IF、TRUE、ENDなど、21のALGOLキーワードを記憶するように訓練しました。

この研究で使われたキーワードを図2.6に示します。もしよければ、あなたも自分ですべてのキーワードを覚えてみてください。

STRING CASE OR NULL ELSE STEP DO

FOR WHILE TRUE IS REAL THEN OF

FALSE BITS LONG AND SHORT IF END

図2.6 マッケイテンらが研究で使用した21個のALGOLキーワード。初級者、中級者、上級者が21個のキーワードをすべて学習する訓練を行った。

21個のキーワードすべてを思い出すことができた被験者に、研究者はすべてのキーワードをリストアップしてもらいました。あなたもすべて暗記できているのであれば、今すぐすべてを書き出してみてください。そうすれば、自分自身と被験者たちの結果を比較することができるでしょう。

被験者が書き出したキーワードの順番から、マッケイテンらはキーワード間のつながりを考察することができたのです。その結果、初級者と上級者とは異なる方法でALGOLのキーワードをグループ化していることがわかりました。たとえば、初級者は「TRUE IS REAL THEN FALSE」のように、記憶の補助として文章を使うことが多かった一方で、上級者は、TRUEとFALSE、IF、THEN、ELSEを組み合わせるなど、プログラミングに関する予備知識を駆

※5 この結果は、Katherine B. McKeithenらによる同様の論文『Knowledge Organization and Skill Differences in Computer Programmers』で報告された。

使してキーワードをグルーピングしていました。この研究から、上級者は初級者とでは異なる方法でコードについて考えていることが改めて確認されました。

●チャンク化しやすいコードを書く方法

先ほどの「覚えてチャンク化する」練習を何度か繰り返すと、どのようなコードがチャンクにしやすいかが直感的にわかるようになります。デ・フロートのチェスプレイヤーに関する研究から、有名なオープニングのような一般的、あるいは予測可能な状況では、容易にチャンク化を行えることが判明しています。それゆえ、覚えやすいチェスのコマの配置を作ることが目的なら、よく知られたオープニングを使えばよいわけです。では、コードの場合には、どうすれば読みやすくなるのでしょうか。そうした、チャンク化しやすい、つまり処理しやすいコードの書き方について研究している研究者もいます。

●デザインパターンを利用する

チャンク化しやすいコードを書きたいなら、デザインパターンを活用しましょう。これは、ドイツのカールスルーエ工科大学でコンピュータサイエンスを教えるウォルター・ティヒー（Walter Tichy）教授の研究結果です。ティヒー教授は、コードのチャンク化についての調査を行ったことがありますが、いわば偶然に行われたことでした。彼は、コードの記憶のされ方を調べていたわけではなく、デザインパターンについての調査を行っていたのです。彼は、プログラマーがコードのメンテナンス（新機能の追加やバグの修正）を行う際に、デザインパターンが役に立つのかという問題に特に興味を持っていました。

ティヒー教授はまず、学生グループにデザインパターンの情報を与えることで、コードを理解できるようになるかどうかを試すという小さな実験から調査を開始しました[※6]。彼は学生を2つのグループに分け、1つのグループにはデザインパターンに関するドキュメント付きのコードを配布しました。もう1つのグループにも同じコードを配布しましたが、ドキュメントは配布しませんでした。この研究からわかったことは、プログラマーがコードにどんなデザインパターンが適用されているかをあらかじめ知っていた場合には、コードにデザインパターンを適用していることが保守作業を行う上で有効であるということでした。

ティヒー教授は、類似した実験を職業プログラマーでも行いました[※7]。その実験では、参加者は、まずコードの修正を行い、それに続いてデザインパターンに関するコースを受講しました。コースを修了後、彼らは、デザインパターンを利用しているコード、および利用していないコードの修正を再び行いました。専門家を被験者として、この実験を行った結果を図2.7に示

※6 Lutz Prechelt、Barbara Unger、Walter Tichy『Two Controlled Experiments Assessing the Usefulness of Design Pattern Information During Program Maintenance』（1998）を参照。https://mng.bz/YA9K

※7 Marek Vokáčč、Walter Tichy, Dag I. K. Sjøberg、Erik Arisholm、Magne Aldrin『A Controlled Experiment Comparing the Maintainability of Programs Designed with and without Design Patterns A Replication in a Real Programming Environment』（2004）。https://mng.bz/G6oR

します。注意すべき点は、被験者たちはコースを受講する前と後で、異なるコードに対して修正作業を行なっているということです。この実験では、AとBという2種類のコードを利用し、コース受講前にAのコードを読んだ被験者は、コース受講後にはBのコードを、コース受講前にコードBを読んだ被験者は、コース受講後にはコードAを用いて修正を行っています。

この図は、ティヒー教授の研究結果を箱ひげ図※8によって示したものです。デザインパターンに関するコースを受講した後（「コース受講後」と書かれた右側のグラフ）に被験者がコードを修正するのに要する時間は、パターンの存在するコードを修正したグループでは短縮されていますが、パターンの存在しないコードを修正したグループでは変化していないことがわかります。この結果から、デザインパターンに関する知識を得ることで、おそらくチャンク化の能力が向上するため、コードをより早く処理できるようになることが示唆されました。また、このグラフからは、デザインパターンによって効果に差があることもわかります。Observerパターンでは、Decoratorパターンよりも多く時間が短縮されているのです。

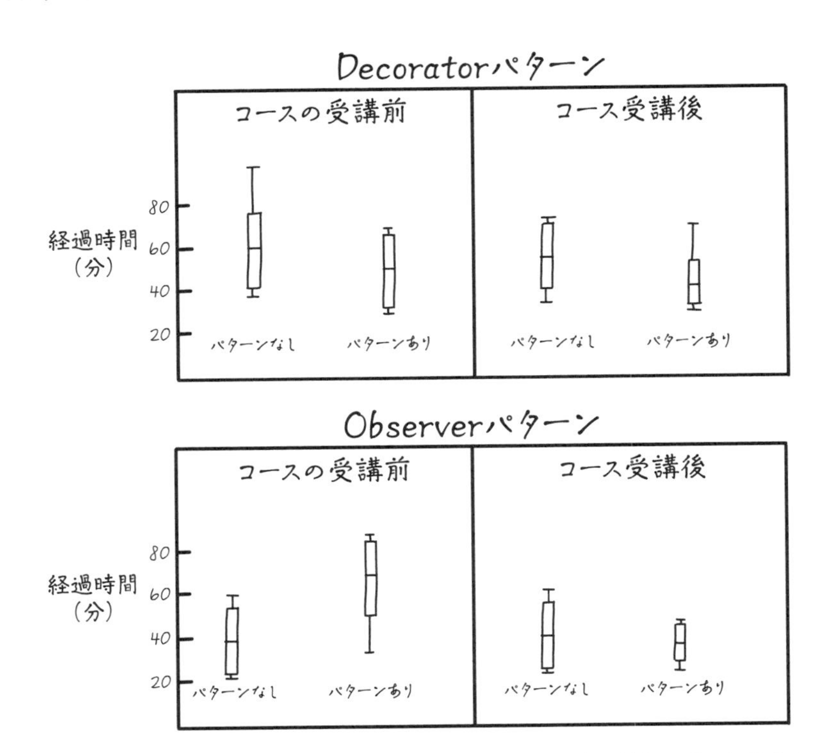

図2.7　これらのグラフは、ウォルター・ティヒー教授が専門家を対象に行ったデザインパターンに関する研究の結果を示している。「パターンなし」は、参加者がデザインパターンを含まないオリジナルのコードを修正するのにかかった時間を示し、「パターンあり」は、デザインパターンを含むコードの修正ににかかった時間を示している。「コース受講前」はデザインパターンに関するコースの受講前の作業でかかった時間で、「コース受講後」はデザインパターンに関するコースの受講後にかかった時間である。この結果から、コース終了後、デザインパターンを含むコードのメンテナンス時間が有意に短縮されることがわかる。

※8　「箱」はデータの中央にある50%を表し、箱の上の線は第3四分位、箱の下の線は第1四分位、箱の中の線は中央値を表している。上下の「ひげ」は、それぞれ最大値と最小値を示している。

●コメントを書く

コメントを書くべきか、それとも「コードそのものがドキュメントである」ようにすべきなのかは、プログラマーの間でしばしば議論を巻き起こす問題です。研究者たちもこの問題を研究しており、その中でいくつかの興味深い方向性が見出されています。

研究によると、コードにコメントが含まれていると、プログラマーはより多くの時間をかけてコードを読むようになるようです。コメントを読む分、コードを読み進める速度が遅くなるのだから、これはよくないことだと考えてしまうかもしれませんが、実際には、プログラマーがコードを読む際にきちんとコメントを読んでいるという証拠でもあるのです。少なくとも、あなたが書いたコメントが何の意味もないわけではないということはわかります。ハワイ大学の研究者であるマーサ・エリザベス・クロスビー（Martha Elizabeth Crosby）は、プログラマーがどのようにコードを読み、それが彼らの行動にどのような影響を与えているかを調査しました[※9]。クロスビーの研究によれば、初心者は経験豊富なプログラマーよりも遥かにコメントを重視することがわかっています。本書の第4部では、経験の浅い同僚をチームに参画させるための方法について詳しく見ていきますが、クロスビーの研究からわかることは、コメントを書くことは、新人のプログラマーがあなたのコードを理解しやすくするためのよい方法であることを示唆しています。

さらに、コメントは、初心者のプログラマーをサポートするだけではなく、開発者がコードをどのようにチャンク化するかという点においても重要な役割を担っています。メリーランド大学のチーイン・ファン（Quiyin Fan）の2010年の学位論文「The Effects of Beacons, Comments, and Tasks on Program Comprehension Process in Software Maintenance（ソフトウェア保守のプログラム理解プロセスにおける、ビーコン、コメント、タスクの及ぼす効果）」では、開発者がコードを読む際に、コメントに大きく依存していることが示されています。特に、「与えられた二分木を順に表示する関数」というような概要を記述したコメントは、プログラマーがコードを大まかなまとまりごとに区分けする際に効果を発揮します。一方で、もっと具体的な、たとえばi++;という行の後に「iを1ずつ繰り上げる」といったコメントをしても、チャンク化のプロセスを面倒にするだけです。

●ビーコンを残す

コードのチャンク化を容易にするために利用できる最後の方法は、**ビーコン**を含めることです。ビーコンとは、プログラマーがコードの内容を理解するのに役立つプログラムの部分のことを指します。つまり、ビーコンとは、コードを眺めたときに目に留まり、「ああ、なるほど」と思わせるようなコードの行、あるいは行の一部のことです。

※9 Martha E. Crosby、Jan Stelovsky『How Do We Read Algorithms? A Case Study』。https://ieeexplore.ieee.org/document/48797

ビーコンは、通常、特定のデータ構造、アルゴリズム、アプローチを含んでいることを示すコードの一部です。ビーコンの例として、次のような、二分木を探索するPythonのコードを考えてみましょう。

リスト2.3 Pythonによる順次木探索

```
# 木のノードを表すクラス
class Node:
    def __init__(self, key):
        self.left = None
        self.right = None
        self.val = key

# 順次木探索を行う関数
def print_in_order(root):
    if root:

        # 左の子ノードで最初の再帰を行う
        print_in_order(root.left)

        # ノードのデータを出力する
        print(root.val)

        # 続いて右の子ノードでの再帰を行う
        print_in_order(root.right)

print("この木の内容:")
print_in_order(tree)
```

このPythonのコードにはいくつかのビーコンが含まれており、そこから、このコードがデータ構造として二分木を使用していることを推測できるのです。

- コメントにおいて「木」という言葉が使われている
- 変数名に「root」と「tree」という言葉が使われている
- 「left（左）」と「right（右）」という言葉がフィールド名に使われている
- 文字列にも「木」という言葉が使われている（「この木の内容」）

ビーコンは、プログラマーがコードに関する仮説を確認したり反論したりするためのトリガーとして機能することが多く、プログラマーがコードを理解する過程において、重要なシグナルとなります。たとえば、前述のPythonコードを読み始めたとき、最初はこのコードが何をしているのか見当がつかないかもしれません。しかし、最初のコメントとNodeクラスを読むと、このコードが木に関係していることがわかります。「left（左）」と「right（右）」というフィールド名は、このコードが二分木上で動作することを示し、あなたはコードの処理に関する仮説の範囲をさらに狭めることができます。

一般に、ビーコンは、**単純なビーコン**と**複合的ビーコン**の2種類に分けることができます。

単純なビーコンとは、意味のある変数名など、それ自身だけですぐに意味が説明できる構文的なコード要素です。前述のPythonのコードでは、`root`と`tree`という変数名が、単純なビーコンです。コードによっては、+、>、&&などの演算子や、`if`、`else`などの制御構造も、読み手がコードの処理内容を解き明かす上で役立つシンプルな処理という意味で、単純なビーコンと見なすことができます。

複合的ビーコンは、単純なビーコンから構成されるよりも大きなコードの構造のことを意味します。この複合的ビーコンは、単純なビーコンが一緒に実行する関数に意味付けを行います。リスト2.3のPythonコードでは、`self.left`と`self.right`という2つのプロパティが複合ビーコンを形成しています。これらを別々に読んだとしてもコードの意味をあまり理解できませんが、まとめて見ることで理解できるようになるわけです。コード要素も、複合的ビーコンとして機能することがあります。たとえば、`for-loop`は、変数、初期値、増分値、境界値を含むので、複合的ビーコンになることがあります。

ビーコンにはいろいろな形があります。変数名やクラス名がビーコンになることはすでに見ましたが、メソッド名などの他の識別子もビーコンになりえます。また、名前だけではなく、変数のスワップや空リストへの初期化など、特定のプログラミングを構成する要素もビーコンになることがあります。

ビーコンはチャンクと関連していますが、多くの研究者は、これらを異なる概念としてとらえています。ビーコンは、一般に、チャンクよりも小さなコードの部分と見なされます。先に紹介した、コメントの使用に関する研究をしているクロスビーも、ビーコンの役割を研究しています。クロスビーは、コードを読んで理解する際に、初心者はあまりビーコンを使わず、熟練プログラマーはビーコンを多用することを発見しました※10。では、ここで、有用なビーコンを認識するのに役立つ演習を行ってみましょう。

演習 2.5

コード中で使用されるビーコンの種類を適切に選択するには、少し練習をする必要があります。この演習では、ビーコンをコード中で意図的に使用する練習を行います。

ステップ1：コードを選択する

この演習では、見慣れていないコードを選んで利用しますが、あなたがよく知っているプログラミング言語のコードを選ぶようにしてください。可能であれば、そのコードの内

※10 Martha E. Crosby、Jean Scholtz、Susan Wiedenbeck『The Roles Beacons Play in Comprehension for Novice and Expert Programmers』を参照。https://mng.bz/zGKX

容について詳しい知り合いがいる状況で演習を行うとよいでしょう。そうすれば、その人があなたの理解度を判断してくれるからです。そして、そのコードの中から、メソッドや関数を1つ選んでください。

ステップ2：コードを学習する

選択したコードを学習し、コードの意味を要約してみてください。

ステップ3：利用したビーコンを探す

コードを読んでいる間に、コードの機能を理解して「あっ」と思った瞬間があったら、そこで一旦読むのを止めて、そう思うに至った理由を書き留めてください。コメント、変数名、メソッド名、中間値など、すべてが手がかりになりえます。

ステップ4：振り返る

コードを完全に理解し、ビーコンのリストができたら、次の質問を使って振り返りを行ってください。

- どんなビーコンを集めることができましたか？
- それらはコードの一部ですか？　あるいは自然言語で書かれた部分ですか？
- それらのビーコンは、どんな知識を表していますか？
- それらはコードのビジネス領域の知識を表していますか？
- それらはコードの機能を表していますか？

ステップ5：コードに反映させる（可能なら）

可能であれば、選択したビーコンを改善または拡張できるかもしれません。あるいは、まだコードにないビーコンを追加することができるかもしれません。これは、新しいビーコンや改良されたビーコンで、コードを読みやすく充実させる絶好の機会だといえるでしょう。この演習の前には、あなたはそのコードを全然知らなかったので、今回の経験を通じて、将来別の誰かを助けるために、よいアイデアを見付けることができるはずです。

ステップ6：誰か他の人と比べてみる（可能なら）

同僚や友人でビーコン利用の技術を改善したいと思っている人がいたら、一緒にこの演習を行うこともできるでしょう。コードの再現性に関して、2人の違いを調べてみるのもおもしろいかもしれません。初心者と熟練者の間には大きな差があることがわかっているので、この演習は、自分のプログラミング言語のスキルのレベルを他の人と比較して理解するのにも役立つかもしれません。

2.3.3 チャンク化の練習

本章で紹介した研究において、経験豊富な人は、チェスの駒や単語やコードの行をより多く記憶できることが示されました。より多くのプログラミングの概念を知ることも経験によってもたらされますが、意図的にコードをチャンク化する練習を行い、技術を高めるためにできることもあります。

本書では、「意図的な練習」という言葉を多くの場所で使っています。意図的な練習とは、あるスキルを向上させるために小さな練習を継続することを意味します。腕立て伏せは腕の筋肉を鍛えるための意図的な練習であり、トーンラダーは音楽家のための意図的な練習、単語の綴りは読み書きのための意図的な練習といえます。プログラミングでは、さまざまな理由から、意図的な練習はそれほど一般的ではありません。多くの人は、主にたくさんプログラムを書くことによって、その方法を学んできました。それはそれで有効なのですが、効果的な方法ではないかもしれません。意図的な練習としてチャンク化を効率的に行うために、積極的にコードを覚えようとすることは、とても効果的です。

演習 2.6

この演習では、コードリーディングでの記憶力を試すことで、あなたにとってどのような概念が理解しやすく、どのような概念が難しいかを認識できます。それは、これまでの実験からわかるように、慣れ親しんだ概念は記憶しやすいということを前提としています。覚えていることは知っているということになるので、この演習はコードの知識の（自己）診断に使うこともできます。

ステップ1：コードを選択する

ある程度内容を把握しているコードを用意してください。あなたが主に触っているものではないけれど、定期的に利用する必要のあるものがよいでしょう。あなたが個人的に少し前に書いたコードなどでも構いません。そのコードで使われているプログラミング言語に、少なくとも多少の知識を持っている必要があります。また、そのコードの目的や処理の内容をある程度知っている必要があります。ただし、完全にコードを把握している必要はありません。チェスのプレイヤーが盤と駒に関する知識はあるものの、ある特定のセットアップは知らないという状況と同じ状態を作り出してください。

そしてそのコードから、メソッドや関数など、およそ半ページ、最大50行のまとまったコードを選んでください。

ステップ2：コードを学習する

選択したコードを最大2分間学習してください。時間を超過しないように、タイマーをセットしましょう。タイマーが切れたら、コードのファイルを閉じるか、何かで隠して見えなくしてください。

ステップ3：コードを再現する

紙を用意するか、IDEで新しいファイルを作成して、読んだコードをできる限り再現してください。

ステップ4：振り返る

可能な限り、コードを再現できたら、元のコードを開いて両者を比較してみてください。さらに次の質問を使って振り返りをしてください。

- コードのどの部分が簡単に正しく再現できましたか？
- コードの中できちんと表現できていた箇所はありましたか？
- まったく再現できなかった箇所はありましたか？
- なぜ、それらの箇所を再現できなかったのかわかりますか？
- 見逃した箇所には、馴染みのないプログラミングの概念が含まれていましたか？
- 見逃した箇所には、馴染みのないビジネス領域の概念が含まれていましたか？

ステップ5：誰か他の人と比べてみる（可能なら）

一緒にチャンク化の能力を向上させたい同僚がいるなら、この演習を一緒にすることができます。再現したコードの違いを振り返るのは、とても興味深いことでしょう。初心者と上級者の間には大きな差があることがわかっているので、この演習は、他の人と比べた際の自分のプログラミング言語のスキルレベルを把握するのにも役立つかもしれません。

本章のまとめ

- 短期記憶は、2～6個の要素を保持できます。
- この容量制限を克服するために、短期記憶は長期記憶と協調して情報を保持しています。
- 新しい情報を覚える際、脳は情報をチャンクと呼ばれる認識可能な塊に分割しようとします。
- 長期記憶に十分な知識がない場合、文字やキーワードなどの単純な情報に頼らなければならなくなります。その場合、すぐに短期記憶の容量が足りなくなってしまいます。
- 長期記憶に十分な関連情報があれば、文字やキーワードなどの単純な情報ではなく、「Javaにおけるfor-loop」や「Pythonにおける選択ソート」のような抽象的な概念として記憶できるため、必要な短期記憶の容量も少なくて済みます。
- コードを読んだとき、まず情報はアイコニックメモリに記憶されます。その後に、コードのほんの一部だけが、短期記憶に送られます。
- コードを覚える作業は、自分の知識の（自己）診断ツールとして利用できます。なぜなら、すでに知っていることのほうが簡単に記憶できるので、記憶している内容から、慣れ親しんでいるデザインパターンやプログラムの構造、ビジネス領域の概念などを明確にできます。
- コードには、デザインパターンやコメント、ビーコンなど、記憶する作業を容易にする特徴が含まれることがあります。

Chapter 3 プログラミング言語の文法を素早く習得する方法

本章の内容

- なぜプログラミング言語の文法知識が重要なのかを検証する
- プログラミング言語の文法を記憶するための技術を選ぶ
- 文法を忘れないためにどんなことができるのかを整理する
- 最も効果的に文法とプログラミングの概念を学習するタイミングを割り出す
- 記憶を強化し、プログラミングの概念をよりよく覚えるための練習をする

本章では、人がどのように物事を記憶するのかに焦点を当てます。本章を読めば、なぜ人の記憶に特定の知識がきちんと定着し、他の知識が失われてしまうのかを理解することができるでしょう。たとえば、System.out.print()はJavaで出力を行うメソッドであることを学んだことを、あなたは多分覚えているでしょう。しかし、Javaのすべてのメソッドを記憶はしていないはずです。そのために、特定の文法を調べる必要性を感じたことがあるのではないでしょうか。たとえば、DateTimeの日付を1日進めたいときに、addDays()、addTimespan()、plusDays()のどれを使えばいいのかがすぐにわかるでしょうか。

あなたは、どれだけの文法を頭で記憶しているかどうかを気にしてはいないでしょう。なぜなら、我々はそうした情報をインターネットで調べることができるわけですから。しかし、前章で見たように、何を記憶しているかということは、コードをどれだけ効果的に処理できるかということに影響を与えます。したがって、プログラミング言語の文法や概念、データ構造を記憶することで、コードを処理する速度を上げることができるのです。

本章では、プログラミングの概念を、よりよく、より簡単に記憶するための4つの重要なテクニックを紹介します。それらのテクニックを利用すると、プログラミングの概念をよりしっかりと長期記憶に留めることができるようになり、うまくチャンク化を行い、コードをうまく読み進められるようになります。あなたがこれまで、CSSのFlexboxの文法やmatplotlibのboxplot()の引数の順序、JavaScriptの無名関数の書き方などを覚えられなくて苦労したことがあるなら、本章が役に立つでしょう。

3.1 文法を覚えるためのテクニック

これまでの章で、コードを1行ずつ覚えていくのが大変であるということを見てきました。コードを書く際に利用するプログラムの文法を覚えることも、同様に大変な作業です。たとえば、次のようなコードを、記憶だけを頼りに書くことができるでしょうか。

- hello.txtファイルを読み込み、コマンドライン上にすべての行を出力する
- 日付を「日-月-年」の形式で出力する
- 「s」あるいは「season」で始まる単語にマッチする正規表現

あなたが職業プログラマーであったとしても、これらのコードを記述するために文法を調べる必要があるかもしれません。本章では、正しい文法を覚えるのがなぜ難しいことなのか、そしてどうすればもっとうまく覚えることができるのかについて考えていきます。しかし、まずは文法を覚えることがなぜ重要なのかということについて掘り下げてみましょう。

多くのプログラマーは、文法を完璧に覚えていなくても、インターネットで調べればいいだけなので、文法の知識はそれほど重要ではないと考えています。しかし「調べればいいだけ」というのは、あまりよい解決策ではありません。それには理由が2つあります。1つ目の理由は、第2章で説明したように、記憶している知識が、いかに効率よくコードを読み、理解できるかに大きく影響するからです。プログラミングに関する概念、データ構造、文法を知っていればいるほど、より多くのコードを簡単にチャンク化でき、その結果、より多くの情報を記憶し、処理することができるようになります。

3.1.1 割り込みがワークフローを混乱させる

2つ目の理由は、割り込みによる作業の中断が、思った以上に作業の妨げになるという点です。情報を検索するためにWebブラウザを開くと、メールをチェックしたり、ちょっとしたニュースを読んだりといった、今やっている仕事とは関係ない作業をしてしまうかもしれません。また、情報を探している最中に、プログラミング関連サイトでの議論ややりとりを見て、それに夢中になってしまう可能性もあります。

ノースカロライナ州立大学のクリス・パーニン（Chris Parnin）教授は、プログラマーが仕事中に何かに作業を邪魔されたときにどういったことが起こるかについて、広範囲にわたって研究しています※1。パーニン教授は、85人のプログラマーによる1万回のプログラミングセッションを録画しました。そして、プログラマーが、送られてくるメールや同僚に割り込まれ、どれくらい頻繁に作業を邪魔されるか（彼らはものすごく頻繁に邪魔されていたのです！）、そして邪魔された結果として何が起こるのかを調べました。パーニン教授は、このような作業の中断は、当然のことながら、生産性を著しく低下させると結論づけました。この調査によると、割り込みが発生した後、コードを再度書き始めるには、通常およそ15分かかることがわかりました。また、メソッドの修正中に割り込みにあった場合、プログラマーが1分以内に作業を再開できたケースは、わずか10%に過ぎませんでした。

パーニン教授の研究結果は、プログラマーがコードから意識が離れている間に、作業中のコードに関する重要な情報を忘れてしまうことが多いというものでした。あなたにも、検索作業を終えてコード書く作業を再開したときに、「あれ、何してたっけ」と思った経験がきっとあるはずです。パーニン教授の研究でも、プログラマーが作業中の文脈を再度取り戻すために、意識的な努力を必要としたケースがよく観察されました。たとえば、プログラミングを再開するために、コードの複数の箇所を読み直して作業の詳細を思い出すといった行動をとっていたのです。

さて、文法を覚えることがなぜ重要であるかがわかったところで、次に文法を素早く覚える方法を見ていきましょう。

3.2 フラッシュカードを使って文法を素早く覚える

プログラミング言語の文法を含めて、何かを素早く学ぶのに最適な方法は、フラッシュカードを使用することです。フラッシュカードとは、普通の紙のカードか、付箋紙のことをいいます。その片面には、あなたが学びたいことのタイトルを書いておきます。そして、もう一方の面には、覚えたい内容が書かれています。

プログラミングにフラッシュカードを使う場合には、片方に説明文を、もう片方に対応するコードを書きます。Pythonのリスト内包表記を覚えるためのフラッシュカードは、次のようなものになるでしょう。

1. 基礎的なリスト内包表記 ↔ numbers = [x for x in numbers]
2. フィルタを使ったリスト内包表記 ↔ odd_numbers = [x for x in numbers if x % 2 == 1]
3. 計算を含むリスト内包表記 ↔ [x*x for x in numbers]
4. フィルタと計算の両方を使ったリスト内包表記 ↔ squares = [x*x for x in numbers ifx>25]

※1 Chris Parnin、Spencer Rugaber『Resumption Strategies for Interrupted Programming Tasks』(2011) を参照。https://mng.bz/0rpl

フラッシュカードは、カードの説明文が書かれた側を読み、対応するプログラムを覚えるというように利用します。コードは、別の紙に書くかエディタで入力して、書き終えたらカードを裏返し、あなたの書いたコードと比較して、正しく書くことができたかを確認します。

フラッシュカードは外国語の学習でよく使われるもので、非常に有用です。しかし、フラッシュカードを使ってフランス語を学習するのは、単語が多過ぎるがゆえに、大変な作業になります。しかし、プログラミング言語の場合は、C++のような仕様の多いものでさえ、人間の使う自然言語に比べれば遥かに少ない量で済みます。つまり、プログラミング言語の基本的な文法の大部分を、比較的少ない労力で学習することが可能なのです。

演習3.1

あなたがいつも覚えるのに苦労しているプログラミングの概念のトップ10を思い浮かべてください。

それぞれの概念ごとにフラッシュカードを作り、使ってみましょう。1人で行うのではなく、グループやチームで協力して行うこともできます。それによって、ある概念で苦労しているのは自分だけではないことがわかるかもしれません。

3.2.1 フラッシュカードを利用するタイミング

文法を学ぶコツは、フラッシュカードを繰り返し使って練習することです。Cerego、Anki、Quizletなど、自分でデジタルフラッシュカードを作成できるアプリもたくさん公開されているので、そういったものを利用することもできます。これらのアプリの利点は、練習するタイミングを通知する機能がついていることです。紙のフラッシュカードやこうしたアプリを定期的に使っていれば、数週間後には、あなたの文法の知識は飛躍的に向上しているはずです。その結果、Googleでの検索に費やす時間を大幅に削減することができ、他のことに気を取られる心配も減って、チャンク化をより効率的に行うことができるようになるでしょう。

3.2.2 フラッシュカードのセットを拡張する

フラッシュカードのセットにカードを追加するのは、どんなタイミングがよいでしょうか。まず考えられるのは、新しいプログラミング言語やフレームワーク、ライブラリを学び始めた際に、新しい概念に出会うたびにカードを追加する方法です。たとえば、リスト内包表記の文法を学び始めたときに、すぐに対応するカードを作成するといった具合です。

もう1つのカードのセットに新たなカードを追加する最適なタイミングは、ある概念を検索しようとしたときです。なぜなら、あなたがまだその概念を完全に記憶できていないことを意味しているからです。カードの片面に調べようと思った概念、もう片面に見付けたコードを書くとよいでしょう。

もちろん、何をカードとして追加するかは、あなたが決めることです。モダンなプログラミング言語、ライブラリ、そしてAPIは非常に大規模で、その文法すべてを暗記する必要はないでしょう。あまり重要ではない文法や概念について、オンラインで検索を行うことはまったく問題ありません。

3.2.3 フラッシュカードのセットについて考える

フラッシュカードを繰り返し利用していると、すでに完全に覚えてしまったカードが出てくるようになります。そんな場合には、それらのカードをセットから外してもよいでしょう。図3.1のように、それぞれのカードに正解と不正解を記録しておくと、自分がそのカードをどの程度理解しているのかがわかります。

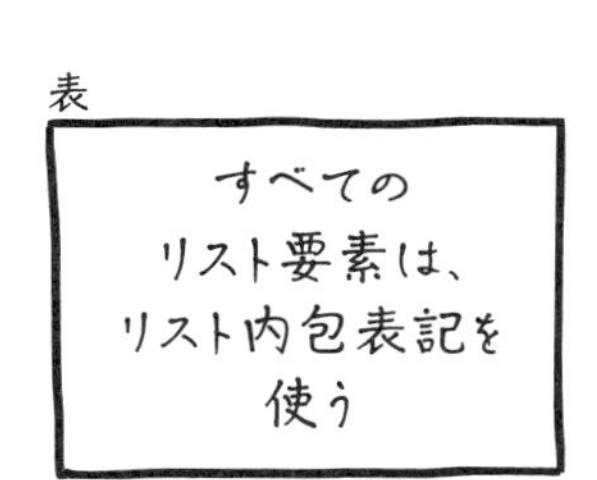

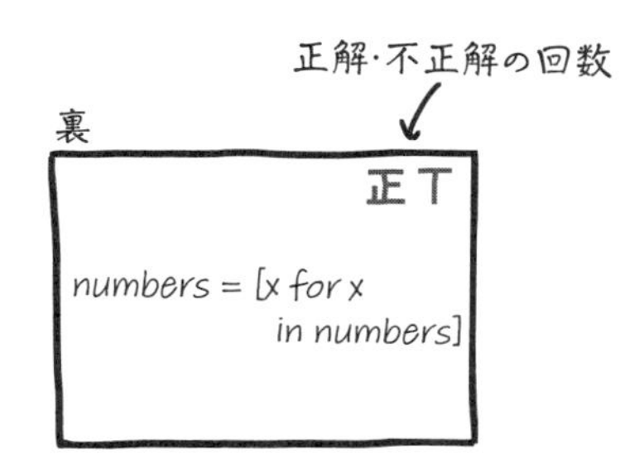

図 3.1　正解・不正解の数を書き込んだフラッシュカードの例。正解した回数を書いておくことで、どの知識が長期記憶にきちんと記憶されているのかを把握できる。

何度も連続して正解したカードは、セットから取り除いて構いません。その知識を忘れてしまったと感じたら、いつでもカードを戻せばよいわけです。フラッシュカードのアプリは、すでに覚えているカードを非表示にする機能を備えているのが一般的です。

3.3 物忘れを防ぐには

前節では、フラッシュカードを使ってプログラムの文法を、素早く簡単に記憶する方法を紹介しました。しかし、どれくらいの期間これを実行すれば十分なのでしょうか。いつになったらJava 8の全体像を理解できるようになるのでしょうか。この節では、あなたの記憶が完璧になるまでに、どれくらいの頻度で知識を再確認する必要があるのかに光を当てていきます。

物忘れを防ぐ方法を考える前に、人はなぜ物事を忘れるのか、そのメカニズムについて考えてみましょう。あなたはすでに短期記憶の限界について理解しています。一度にたくさんの情報を記憶することはできませんし、記憶した情報はあまり長くは保持できません。やはり長期記憶にも限界がありますが、短期記憶とはまた異なるものです。

長期記憶の大きな問題は、特別な練習をしない限り、長期間にわたって物事を保持することができないという点です。何かを読んだり、聞いたり、見たりした後、その情報は短期記憶から長期記憶に転送されますが、長期記憶に永遠に保持されるわけではありません。その意味で、人間の長期記憶は、比較的安全かつ永続的に情報が保存されるコンピュータのハードディスクとは大きく異なっています。

長期記憶に保持された記憶の減衰は、短期記憶のように数秒という短い期間ではありませんが、それでもあなたが考えているよりも、ずっと短いものです。その忘却曲線を図3.2に示します。これを見てわかるように、一般的には1時間後には読んだ内容の半分がすでに失われてしまいます。2日後には、学んだことのわずか25%しか残りません。しかし、これは、すべてのケースに当てはまるわけではありません。図3.2のグラフは、その情報をまったく再利用しなかった場合に、どれだけ記憶し続けられるかを表したものだからです。

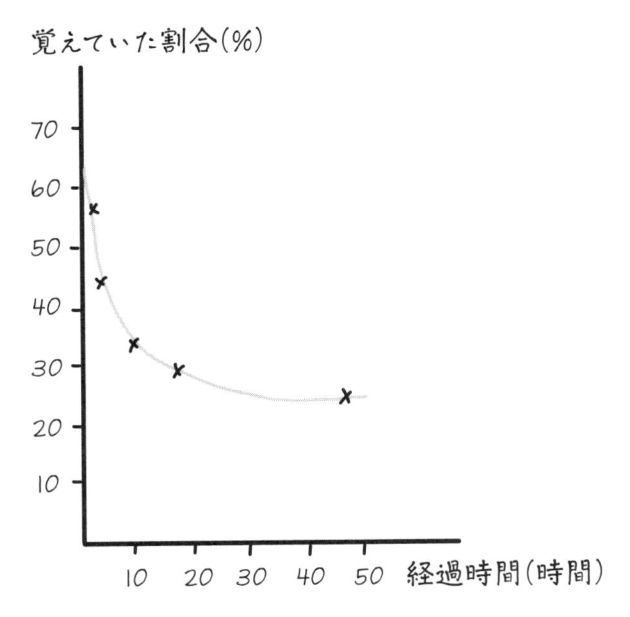

図3.2　情報を見聞きした後、その情報をどれだけ覚えていられるかを示すグラフ。2日後、長期記憶に残っている情報はわずか25%になってしまう。

3.3.1 なぜ我々の記憶は失われてしまうのか？

なぜ、ある種の記憶がすぐに忘れ去られてしまうのかを理解するためには、長期記憶の仕組みを深く理解する必要があります。

脳内での記憶の保存は、0と1で行われているわけではありませんが、私たちが情報をディスクに保存する方法と同じ**エンコーディング**という名前が付けられています。しかし、認知科学者がエンコーディングについて語るとき、この言葉は正確には思考が記憶へと変換されるプロセスを意味してはいません。なぜなら、このプロセスの正確な仕組みはまだほとんど解明されていないからです。この場合の意味はむしろ、記憶がニューロンによって形成されるときに脳内で起こる変化のことを指しています。

●階層構造とネットワーク

本書では長期記憶をハードディスクにたとえていますが、脳の中の記憶は階層構造にはなっていません。つまり、ファイルがフォルダの中のサブフォルダに整理されているのと同じように、機能しているのではないのです。図3.3で示すように、脳内の記憶は、むしろネットワーク構造で構成されています。これは、事実が他の数多くの事実と結び付いているためです。このような異なる事実や記憶のつながりを意識することは、次に述べる「なぜ人は情報を忘れてしまうのか」を理解する上で重要なことです。

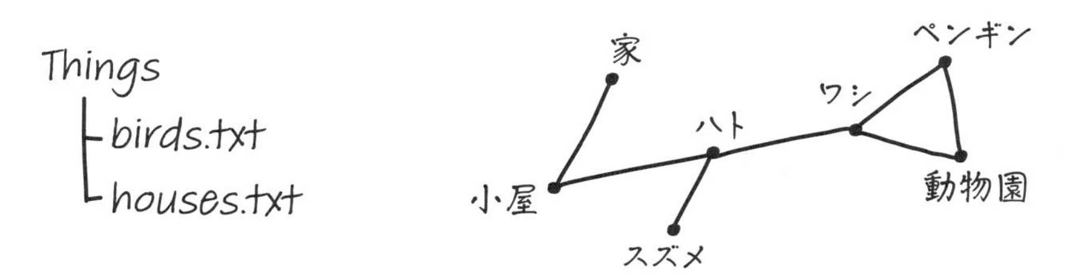

⊗図3.3　データを整理する2つの方法。左側は階層構造を利用したファイルシステム、右側はネットワーク構造を利用した記憶。

●忘却曲線

ヘルマン・エビングハウス（Hermann Ebbinghaus）は、ドイツの哲学者、心理学者で、1870年代に人間の心の能力の研究に関心を持つようになりました。当時、人の心の能力を測定するという考えは、あまり知られていないものでした。

エビングハウスは、自分自身の記憶を実験台にして、人間の記憶の限界を理解しようとしました。彼は、可能な限り、自分を追い込もうとして、既知の単語や概念を覚えようとすることは、真のテストにはならないと気付きました。というのも、記憶というのは、互いに関連付けられた状態で保存されるからです。たとえば、リスト内包表記の文法を覚えようとするとき、for-loopの文法を知っていることが助けになるでしょう。

エビングハウスは、より公平な評価を行うために、wix、maf、kel、josといった短いナンセンスな単語を大量に作成しました。そして、自分自身を被験者として、さまざまな実験を行いました。彼は何年間もかけて、この無意味な言葉のリストをメトロノームを使って音読し、完璧に思い出せるようになるためにどれだけ練習をすればよいかを調べました。

約十年が経過した1880年代には、彼は1,000時間近くの練習を行い、1分間に150回暗唱できるようになったそうです。エビングハウスは、さまざまな間隔で自分自身の記憶をテストすることにより、自分の記憶の持続時間を推定することができるようになりました。彼は、その成果を1885年に出版した『Memory: A Contribution to Experimental Psychology』※2

※2　邦訳は『記憶について―実験心理学への貢献』（宇津木 保 訳、望月 衛 閲／誠信書房）。

(Über das Gedächtnis)にまとめています。彼の著書には、忘却曲線の概念の基礎となる、図3.4に示す忘却の公式が掲載されています。

$$b = 100 \times \frac{1.84}{(\log_{10} t)^{1.25} + 1.84}$$

⊗図3.4　記憶の持続時間を推定するエビングハウスの公式

オランダのアムステルダム大学のヤープ・ムレ(Jaap Murre)教授による最近の研究では、エビングハウスの公式がほぼ正しいことが確認されています[※3]。

3.3.2 間隔をあけて繰り返す

さて、人間がいかにあっという間に物事を忘れてしまうのかがわかりました。しかし、matplotlibのboxplot()やPythonのリスト内包表記の文法を忘れないようにするためには、どうしたらよいのでしょうか。エビングハウスは、無意味な言葉を記憶する実験によって、物事を忘れるのにかかる時間を予測できただけでなく、物忘れを防ぐ方法についても光を当てました。エビングハウスは、12個の無意味な単語について、1日目に68回、翌日に7回(合計75回)繰り返して学習することで覚えられることを発見しました。それだけではなく、38回、つまり半分の学習時間だけを3日間に分けて覚えた場合でも同じように記憶できることを解き明かしました。

忘却曲線については、幼児を対象とした足し算などの簡単な算数から、高校生を対象とした生物学的事実に関する研究まで、広範な研究が行われています。オハイオ・ウェスリアン大学のハリー・バリック(Harry Bahrick)氏が行った研究によって、反復練習の最適な間隔が明らかになっています。バリック氏は、やはり自分自身を被験者としましたが、妻と2人の成人した子供たちも科学者であり、このテーマに関心を持っていました[※4]。

彼らは全員、300個の外国語の単語を覚えることを目標としました。彼の妻と娘たちはフランス語、バリック氏自身はドイツ語を勉強することにしたのです。彼らは、それらの単語を50語ずつ6つのグループに分け、それぞれのグループの反復練習を異なる間隔で行いました。各グループの単語を、2週間、4週間、8週間の一定の間隔で、13回、あるいは26回学習しました。そして、1年、2年、3年、5年後にそれぞれの定着度をテストしました。

学習期間終了から1年後、バリック氏とその家族は、最も長い間隔を置いて、最も多くの回数勉強したグループの50個の単語を最も覚えていることを発見しました。つまり、8週ごとに、

※3 Jaap Murre『Replication and Analysis of Ebbinghaus' Forgetting Curve』(2015)。https://journals.plos.org/plosone/article?id=10.1371/journal.pone.0120644

※4 Harry Bahrickほか『Maintenance of Foreign Language Vocabulary and the Spacing Effect』(1993)。https://www.gwern.net/docs/psychology/spaced-repetition/1993-bahrick.pdf

26回勉強したグループです。彼らは学習期間終了から1年後には、それらの単語の76%を覚えていました。一方、2週間の間隔で勉強した単語のグループでの定着率は56%にとどまりました。その後、時間経過とともに、記憶している単語の数はだんだんと減っていきましたが、最も長い間隔を置いて勉強したグループについては、一貫して高い再現率を保っていました。

この結果からわかるのは、長い期間をかけて勉強したほうが、記憶に残るということです。つまり、勉強時間を増やせばよいというわけではなく、より多くの間隔をあけて勉強すればよいということです。月に一度、フラッシュカードのセットを見直せば、長期的に見れば十分な記憶を保てますし、それくらいの間隔なら、比較的容易に実行が可能なはずです。これは、学期中に特定分野のすべての知識を詰め込もうとする学校教育や、3カ月で人を教育しようとするブートキャンプとはまったく対照的な方法です。つまり、学校教育やブートキャンプなどで学んだ知識は、その後も頻繁に繰り返さなければ定着しないということです。

ヒント

この節で学んだ最も重要なポイントは、現在の科学でわかっている範囲において、忘却を防ぐ最良の方法は、定期的な繰り返し練習だということです。繰り返しのたびに、記憶は強化されます。長い時間をかけて何度も繰り返せば、その知識は永遠に長期記憶にとどまるはずです。大学で学んだことの多くをなぜ忘れてしまったのか不思議に思っているとしたら、その背景には、このような理由があるというわけです。知識を再確認したり、無理矢理にでも考えたりしない限り、記憶はどんどん失われていきます。

3.4 文法を長く記憶に留めるには

ここまでで、プログラミング言語の文法を記憶することは、コードのチャンク化に役立ち、検索にかかる時間を大幅に短縮できるため、重要であることがわかってきたはずです。また、練習を繰り返す頻度についても説明しました。1日ですべてのフラッシュカードを暗記しようとしたりせず、長い期間をかけて勉強するようにしましょう。本章の残りの部分では、そのための練習方法について、もう少し見ていくことにします。特に、記憶を強化するための2つのテクニック、「想起練習（積極的に何かを思い出そうとする）」と「推敲（新しい知識を既存の記憶と積極的に結び付ける）」を取り上げます。

ここまでの解説で、フラッシュカードの両面を単に読むだけでよいとはいっていないことに気付いたでしょうか。これまでで述べたのは、文法を覚えるための「プロンプト」が書かれた面を読むようにということでした。

それは、積極的に思い出そうとすることで、記憶がより強固になるという研究結果が出ているからです。たとえ完全な答えを知らなくても、頻繁に思い出そうとした記憶は、簡単に見付かるようになるのです。ここからは、この発見についてより深く見ていくことで、プログラミングの学習に応用できるようにします。

3.4.1 情報を記憶する2つの形態

記憶の仕方によってどのように記憶が強化されるのかについて踏み込む前に、まずこの問題をより深く理解する必要があります。皆さんは、記憶は脳に蓄積されるか、されないかの2つの状態しかないと思うかもしれませんが、実際にはもう少し複雑です。カリフォルニア大学の心理学教授であるロバート・ビョーク（Robert Bjork）とエリザベス・ビョーク（Elizabeth Bjork）は、長期記憶から情報を取り出す際に、**貯蔵強度**と**検索強度**という2つの異なるメカニズムがあることを発見しました。

●貯蔵強度

貯蔵強度とは、特定の何かが長期記憶にどれだけきちんと保持されているかを示しています。その内容を勉強すればするほど、その記憶は強くなり、忘れることができないも同然になっていきます。4×3が12であることを忘れるなんて、想像できるでしょうか。しかし、脳に記憶された情報すべてが、九九表のように簡単に思い出せるわけではないのです。

●検索強度

検索強度とは、特定の何かを思い出すのがいかに簡単かを示しています。名前、曲、電話番号、JavaScriptの`filter()`関数の文法など、知っているはずなのに、なかなか思い出せない、答えは喉まででかかっているのに、そこにたどり着けない、そんな経験があるのではないでしょうか。このような情報は、貯蔵強度は高く、ようやく思い出したときには、それまで思い出せなかったことが信じられない気分になりますが、検索強度が低いために、思い出すのに時間がかかるのです。

一般に、貯蔵強度は増加する一方であり、最近の研究では、人は決して記憶を完全に忘れることはないとされています[※5]。しかし、年月が経つにつれて検索強度は低下していきます。ある情報を繰り返し学習することで、その情報の貯蔵強度は強化されます。また、自分が知っている事実を繰り返し思い出そうとすると、特に勉強し直したりしなくても、検索強度は向上します。

3.4.2 情報をただ見るだけでは不十分

特定の文法の一部を探しているとき、貯蔵強度ではなく、検索強度に問題があることが多いのです。たとえば、C++でリストを逆から読んでいく正しいコードを、次の選択肢から見付けることができるでしょうか。

※5 Jeffrey D. Johnson、Susan G. R. McDuff、Michael D. Rugg、Kenneth A. Norman『Recollection, Familiarity, and Cortical Reinstatement: A Multivoxel Pattern Analysis』（Neuron, vol.63, no.5, September 8, 2009）。

リスト3.1　リストの要素を1つ1つ処理をするC++のコードの6つの選択肢

```
1. rit = s.rbegin(); rit != s.rend(); rit++
2. rit = s.revbegin(); rit != s.end(); rit++
3. rit = s.beginr(); rit != s.endr(); rit++
4. rit = s.beginr(); rit != s.end(); rit++
5. rit = s.rbegin(); rit != s.end(); rit++
6. rit = s.revbeginr(); rit != s.revend(); rit++
```

これらの選択肢は互いに酷似しており、こうしたコードを何度も見たことがある経験豊富なC++プログラマーであっても、正しい選択肢を見付けるのが難しいかもしれません。ところが正解を告げられると、まるでそんなことは最初から知っていたかのように感じることでしょう。「そりゃ、rit = s.rbegin(); rit != s.rend(); rit++に決まってるだろう！」なんて声を上げてしまいたくなるかもしれません。

したがって、ここで問題になるのは、知識が長期記憶にいかにしっかり保存されているか（貯蔵強度）ではなく、それを見付けることの容易さ（検索強度）なのです。この例から、たとえコードを何十回も見たことがあったとしても、そのコードを単に目に入れるだけでは思い出すことができない可能性があることがわかります。その情報は長期記憶のどこかには保存されているのですが、必要なときにすぐに利用できないのです。

3.4.3 情報を覚えることで記憶が強化される

前節の演習で、長期記憶に情報を保存するだけでは不十分であることがわかりました。それに加えて、その情報を簡単に取り出せるようにする必要があるのです。人生における多くのことと同様に、情報の取り出しも、何度も繰り返し練習すれば簡単にできるようになります。文法などは本当に「覚えよう」としない限り、必要なときに思い出すのは難しいものです。何かを積極的に覚えようとすることで記憶が強化されることは、アリストテレスの時代から知られている手法です。

まず紹介する記憶を思い出す練習に関する研究は、フィリップ・ボスウッド・バラード（Philip Boswood Ballard）という学校の教師が行ったもので、彼は1913年に『忘却と追憶』（Obliviscence and Reminiscence）という論文を発表しています。バラードは『ヘスペラスの残骸』という、スキッパーという男が自身の自惚れゆえに彼の娘を死なせてしまうというストーリーの物語詩から16行を抜き出して、学生たちのグループに覚えてもらいました。そして、学生たちがそれをどれくらい思い出すことができるかを調べている際に、あるおもしろいことに気が付いたのです。まず彼は、学生たちに「後でもう一度同じテストをする」ということを伝えずに、2日後に再び覚えた詩を思い出してもらいました。学生たちは後でまたテストを行わなければならないことは知らなかったので、その詩について、それ以上学ぶことはしていませんでした。しかし2回目のテストでは、生徒たちは平均して10%多く、思い出すことができたのです。さらに2日後には、学生たちはさらに多くの内容を思い出せたのです。この結果に疑問を持ったバラードは、同様の実験を何度か繰り返しましたが、毎回同じような結果になりました。これは、特に追加で学習を行わなくても、情報を積極的に思い出そうとするだけで、学習した内容をより多く記憶することができるようになることを意味しています。

さて、ここまでで、忘却曲線と記憶を思い出す練習の効果について理解できたと思います。そして、なぜ知らない文法をその都度調べることがよくないのかという理由についても、よりはっきりわかったはずです。調べるのはとても簡単で、よくある作業なので、脳はその文法を覚える必要がないと感じてしまうのです。その結果、その文法に関する検索強度は低いままになってしまいます。

文法を覚えてないということは、もちろん悪循環を招きます。覚えていないから、毎回調べなければなりません。そして、覚えようとせずに調べ続けるから、プログラミングの概念の検索強度が向上せず、いつまでも調べ続けなければならなくなってしまうのです。

したがって、次に何かを検索によって調べようと思ったときは、積極的に文法を覚えてみようとするとよいでしょう。その時点ではうまくいかなくても、思い出そうとする行為で記憶が強化され、次にまた同じ文法を使おうとした際に役立つかもしれません。それがうまくいかないようなら、フラッシュカードを作って、より能動的に練習してみるとよいでしょう。

3.4.4 能動的に考えることで、記憶を強化する

前節では、記憶を検索することによって情報を積極的に記憶しようとすることで、その情報をより記憶に定着させることができることを学びました。また、長期間にわたって情報を記憶する練習を行うことが最も効果的であることもわかったはずです。しかし、記憶を強化する方法には、もう1つあります。その方法とは、積極的に情報を考え、振り返ることです。学んだばかりの情報について考えるプロセスのことを**精緻化**と呼びます。精緻化は、複雑なプログラミングの概念を学習する際に特に効果的です。

精緻化の過程と、それを使って新しいプログラミングの概念をより効果的に学ぶ方法について掘り下げていく前に、脳の中の記憶の仕組みについて詳しく見ておく必要があります。

● スキーマ

脳内の記憶は、他の記憶や事実との関係性を持った、ネットワークを形成した形で保存されていることがわかりました。このように思考とその関係が頭の中で整理されたものを**スキーマ**と呼びます。

新しい情報を学んだとき、あなたの脳内では、長期記憶に保持する前に、その情報を脳の中のスキーマに当てはめようとします。既存のスキーマにうまく適合する情報は、記憶しやすくなります。たとえば、「5、12、91、54、102、87の数字を覚えてください」といわれて、その後で「そのうちの3つを選んだら、それに応じて素敵な賞品を差し上げます」といわれたとしましょう。これは難しい作業です。なぜなら、これは情報をつなげる「フック」がないからです。

この数字のリストは「素敵な商品をもらうために覚えていること」という新しいスキーマに記憶されます。

しかし、覚える数字が、1、3、15、127、63、31だったらどうでしょうか。そのほうが簡単かもしれません。少し考えれば、これらの数字が「二進数表現に変換すると1のみで構成される数字」という分類に当てはまることがわかると思います。このような数字は覚えやすいだけではなく、感覚的に覚えられるので、数字を覚えようという気になるかもしれません。これらの数字における最大のビットの数を知っていれば、問題を解くのに役立つことはすぐにわかるでしょう。

ワーキングメモリが情報を処理するとき、関連する事実や記憶を長期記憶で検索することを思い出してください。記憶が互いに結び付いていると、記憶を見付けることも容易になります。つまり、検索強度は、他の記憶と関連する記憶に対して高くなるわけです。

何らかの記憶を保存する際に、その記憶は既存のスキーマに適応するように変化することさえあります。1930年代、英国の心理学者フレデリック・バートレット（Frederic Bartlett）は、『幽霊の戦争』と呼ばれるネイティブアメリカンの短い物語を被験者に覚えてもらい、数週間から数ヶ月後にその物語を思い出してもらう実験を行いました[※6]。その中でバートレットは、被験者が物語を自分の信念や知識に合わせて変化させていることを、彼らの説明から見て取ったのです。たとえば、一部の参加者は、彼らが無関係と思った細かい部分を省略しました。また、弓を銃に置き換えるなど、より「西洋的」な、自分たちの文化に沿った物語に変えてしまった被験者もいました。この実験から、人はただ言葉や事実だけを記憶しているのではなく、自分の記憶や信念に合うように記憶を修正していることがわかったのです。

記憶が保存されると同時に変化してしまうということには、欠点もあります。同じ状況に置かれた2人の人が、その後にまったく異なる記憶をする可能性があるからです。なぜなら、それぞれの人の考えや知識が、どのようにその記憶を保存するかに影響を与えるからです。しかし一方で、記憶が変化することを利用して、既知の情報と追加された情報を一緒に保存しておくことで、記憶の保存をしやすくなるという利点もあります。

●精緻化による新しいプログラミング概念の学習

本章で既に見たように、記憶は、検索強度（情報を思い出すことの容易さ）が十分でない場合に忘れられることがあります。バートレットの実験は、情報が長期記憶に初めて保持されるときでさえ、記憶の細部が変化したり、忘れられたりすることがあることを示しています。

たとえば、「ジェームズ・モンローは5代目の米国大統領だった」と教えられたとします。すると、モンローが元大統領であることは覚えていても、5代目であることは記憶する前に忘れてしまうかもしれません。その数字を覚えられなかったとしたら、その理由はたくさん考えられ

※6 『Remembering: A Study in Experimental and Social Psychology』（Cambridge University Press、1932）。邦訳は『想起の心理学—実験的社会的心理学における一研究』（宇津木 保、辻 正三 訳／誠信書房）。

ます。たとえば、無関係だと思ったとか、複雑過ぎたとか、気が散っていたなどです。記憶される量に影響を与える要因はたくさんあり、あなたの感情の状態も含まれます。たとえば、今日たった数分で修正した簡単なバグよりも、1年前に一晩中机に向かっていたバグのほうが記憶に残っている可能性が高いのです。

自分の感情の状態をコントロールすることはできませんが、新しい記憶をできるだけ多く保存するためにできることはたくさんあります。記憶の初期の符号化を強化するためにできることの1つに、「精緻化」と呼ばれるものがあります。精緻化とは、覚えたいことを考え、それを既存の記憶と関連付け、新しい記憶を長期記憶にすでに保存されているスキーマに適合させることをいいます。

バラードの研究において、生徒たちが時間をかけて詩の言葉を覚えていくことができた理由の1つにも、精緻化があったかもしれません。詩を繰り返し思い出す間に、生徒たちは足りない単語を補い、その都度、記憶を呼び起こすことができたのです。また、詩の一部と他の記憶とを結び付けることもできたようです。

新しい情報をよりよく記憶したい場合には、その情報を明示的に精緻化していくことが有効です。精緻化により、関連する記憶のネットワークが強化され、新しい記憶がより多くのつながりを持つようになって、それを取り出すことが容易になるのです。Pythonのリスト内包表記のような新しいプログラミングの概念を学んでいるときを想像してみましょう。リスト内包表記は、既存のリストを基に新しいリストを作成する方法です。たとえば、すでにnumbersというリストに格納されている数字をそれぞれ二乗した要素を持つ新しいリストを作りたい場合、このリスト内包表記を使うことで、次のように書くことができます。

```
squares = [x*x for x in numbers]
```

この概念を初めて学んでいると思ってみてください。この概念をよりうまく覚えたいのであれば、関連する概念を思い描いて意図的に精緻化することが非常に有効です。たとえば、他のプログラミング言語での関連した概念、Pythonや他のプログラミング言語での別の書き方、この概念が他のパラダイムとどのように関連しているかなどを考えてみるとよいでしょう。

演習3.2

次に新しいプログラミングの概念を学んだ際に、この演習に挑戦してみてください。次の質問に答えることで、新しい記憶の精密化と補強が可能になります。

- この新しい概念を学んだ際、あなたにどんな他の概念を思いだしましたか。関連する概念をすべて書き出してください。
- そして、書き出した関連する概念について、次の質問に答えてください。

- なぜこの新しい概念が、すでに知っているこの概念を思い起こさせたのでしょうか
    - 両者は同じ文法を使っていますか?
    - 同じような文脈で利用されるものでしょうか?
    - 新しく覚えた概念は、すでに知っている概念を代替するものですか?
- 同じ処理をするために、他にどのようなコードの書き方を知っていますか？　このコードのバリエーションをできるだけ多く作ってみてください。
- 他のプログラミング言語にも同様の概念は存在していますか？　他の言語で同じような処理を行う例を書いてみてください。それはこの概念と何か違いがあるでしょうか。
- この新しい概念は、特定のパラダイム、ビジネス領域、ライブラリ、フレームワークなどに適合しているでしょうか？

本章のまとめ

- 文法を記憶することでチャンク化が容易になるため、文法を多くを暗記しておくことは大切です。また、文法を調べることは作業の妨げになります。
- 片面に説明文、もう片面にコードを書いたフラッシュカードを、新しい文法を練習して覚えるために活用することができます。
- 記憶の衰えを防ぐには、その情報を定期的に練習することが大切です。
- 最もよい練習方法は、調べる前に情報をまずは頭の中で思い出そうとする記憶検索の練習です。
- 知識を最大限に記憶するためには、時間をかけて練習することが大切です。
- 長期記憶の情報は、関連する事実同士が接続されたネットワークとして保存されています。
- 新しい情報を積極的に精緻化することで、新しい記憶が接続される記憶のネットワークが強化され、記憶を思い出すのが容易になります。

Chapter

4 複雑なコードの読み方

本章の内容

- **複雑なコードを読んでワーキングメモリに負荷がかかると、どうなるかを解析する**
- **プログラムを書くときに発生する2種類のワーキングメモリの過負荷を比較する**
- **ワーキングメモリの過負荷を補うためのリーダビリティを向上させるコードのリファクタリング**
- **複雑なコードを読むときのワーキングメモリをサポートする状態表と依存関係グラフの作成**

第1章では、コードが引き起こすさまざまな混乱について紹介しました。そこでは、混乱は、短期記憶に送られて保持されているべき情報の不足によって、あるいは長期記憶に保持されているべき知識が不足していることによって引き起こされることを学びました。そして本章では、3つ目の混乱の原因である、脳の処理能力の不足を取り上げることにします。

ときおり、読んでいるコードがあまりにも複雑で、完全には理解できないことがあるでしょう。コードを読むという作業は、多くのプログラマーにとって頻繁に行う行為ではないので、理解できないコードを読んだときにどのように対処すればよいかという戦略を持っていないことに気付くかもしれません。一般的によく使われる「もう一度読む」とか「諦める」といった方法は役には立たないでしょう。

これまでの章では、コードをよりうまく読むためのテクニックを取り上げました。第2章ではコードをより効果的にチャンク化するためのテクニックについて学び、第3章ではコードを読むのに役立つ文法知識を長期記憶に多く蓄えるための方法を紹介しました。しかし、コードがあまりにも複雑な場合、文法知識がたくさんあっても、効率的なチャンク化の戦略を持っていても、読み下すのが大変な場合もあります。

本章では、一般にワーキングメモリと呼ばれる脳の処理能力の根底にある認知プロセスについて掘り下げていきます。本章では、ワーキングメモリとは何か、特にコードが複雑過ぎてワーキングメモリを過負荷を与えるのはなぜかを探ります。ワーキングメモリの基本についてまずは学んだあとは、複雑なコードを処理できるようにワーキングメモリをサポートするためのテクニックを3つ紹介します。

4.1 複雑なコードを理解するのが難しい理由

第1章では、処理が複雑で、コードを頭の中だけで処理しきれないようなBASICのプログラムを示しました。このような場合、図4.1のように、コードの横に処理の途中の値などを書き込んで対応することが多いかもしれません。

```
1  LET N2 =  ABS (INT (N))          → 7
2  LET B$ = ""
3  FOR N1 = N2 TO 0 STEP 0
4      LET N2 =  INT (N1 / 2)       → 3
5      LET B$ =  STR$ (N1 - N2 * 2) + B$    → "1"
6      LET N1 = N2
7  NEXT N1
8  PRINT B$
9  RETURN
```

図4.1 BASICで数字Nを二進数表現に変換するプログラム。このプログラムは、実行されている個々のステップをすべて把握することが難しいので、混乱を招いてしまう。すべてのステップを理解する必要がある場合は、変数の中間値を書き留めるなどの記憶補助を行う必要がある。

こんなことをする必要性を感じるということは、脳がコードを処理する能力が不足していることを意味します。このBASICのコードを第1章の2番目の例、整数nの二進数表現を計算するJavaのプログラムと比較してみましょう。このJavaのコードの解釈にも多少の精神力が必要かもしれませんし、toBinaryString()、メソッド内部の処理内容が不明なために混乱をきたす可能性はありますが、読みながら中間値などをメモする必要を感じることはまずないでしょう。

リスト4.1 nを二進数表現に変換するJavaのプログラム

```
public class BinaryCalculator {
    public static void main(Integer n) {
       System.out.println(Integer.toBinaryString(n));
    }
}
```

toBinaryString()内部で何が行われているかを把握できないと、わかりづらい可能性はあります。前の章では、複雑なコードを読むときに働く、短期記憶と長期記憶という2つの認知プロセスについて掘り下げました。なぜ情報を紙にメモする必要があるのかを理解するためには、ワーキングメモリという第1章で紹介した3番目の認知プロセスを理解する必要があります。ワーキングメモリは、脳の思考力、発想力、問題解決を担うものです。先に、短期記憶をコンピュータのRAMに、長期記憶をハードディスクに例えましたが、同じように例えるとすれば、ワーキングメモリは脳のプロセッサのようなものだといえます。

4.1.1 ワーキングメモリと短期記憶の違いは何か

ワーキングメモリを短期記憶の同義語として使う人もいますし、この2つの用語が同じように使われているのを見たことがあるかもしれません。しかし、この2つの概念を区別するケースもあり、本書でもそのように説明します。短期記憶の役割が情報を保持することである一方、ワーキングメモリの役割は、情報を処理することでなのです。本書では、この2つのプロセスは別物として扱うことにします。

> **定義**
>
> 今後、本書でいるワーキングメモリの定義は「問題の処理に用いられる短期記憶」です。

短期記憶とワークングメモリの違いの例を図4.2に示します。電話番号を記憶する場合は短期記憶を使用するのに対し、整数を加算する場合はワーキングメモリを使用します。

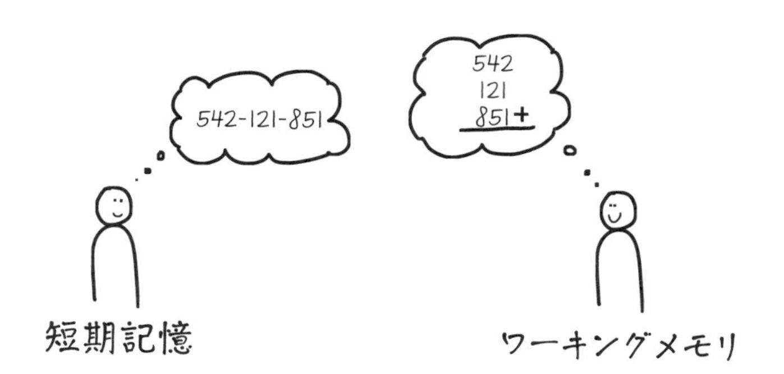

図4.2 短期記憶は情報（電話番号など、左の図を参照）を一時的に保存し、ワーキングメモリは情報（計算など、右の図を参照）を処理する。

第2章で見たように、短期記憶は一般的に一度に2～6個の要素しか保持できません。単語、チェスの駒、デザインパターンなど、認識可能なチャンクに分割された情報であれば、より多くの情報を処理することができるようになります。ワーキングメモリは短期記憶をある問題の処理に適用したものであるため、同様の制限があります。

短期記憶と同様に、ワーキングメモリは一度に2～6個の事柄を処理する能力しかありません。ワーキングメモリの文脈では、この容量を**認知的負荷**と呼びます。効率的にチャンクに分割できない多くの要素を含む問題を解決しようとすると、ワーキングメモリは「過負荷」になってしまいます。

4.1.2 プログラミングに関連する認知的負荷の種類

本章では、認知的負荷に体系的に対処するための手法について見ていきますが、その前に、認知的負荷のさまざまなタイプについて理解しておく必要があります。この認知的負荷の理論を最初に提唱した研究者は、オーストラリアのジョン・スウェラー（John Sweller）という大学教授です。スウェラー教授は、認知的負荷を課題内在性負荷、課題外在性負荷、学習関連負荷という3つのタイプに分類しました。その違いを簡単に表したものを表4.1に示します。

表4.1 認知的負荷のタイプ

負荷のタイプ	概要
課題内在性負荷	その問題自体がどのくらい複雑か
課題外在性負荷	その問題の妨げとなる外部要因
学習関連負荷	考えたことを長期記憶に保持する際に引き起こされる認知的負荷

まずは、最初の2つのタイプの認知的負荷に焦点を当ててみることにしましょう。

● コードを読む際に発生する課題内在性負荷

課題内在性負荷とは、問題が元々持っている特徴に起因する認知的負荷のことを指します。たとえば、図4.3に示すように三角形の斜辺の長さを計算しなければならない場合を考えてみましょう。

この計算を解くには、この計算問題が元々備えている特徴を理解している必要があります。たとえば、この問題を解くには、ピタゴラスの定理（$a^2 + b^2 = c^2$）を知っている必要があります。そして、まず8と6の二乗をそれぞれ計算し、その結果の和の平方根を計算できる必要があります。この問題は、他に解き方がなく、これらの手順を簡略化することもできないため、この問題を解く際の負荷は問題に内在しているのです。プログラミングでは、このような問題の本質的な特徴を表現するために「固有複雑性」という言葉を使うことがあります。認知科学では、これらの特徴が「『課題内在性負荷』を引き起こす」といいます。

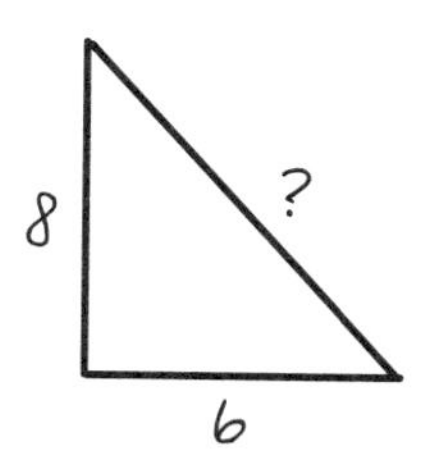

図4.3　三角形の2辺の長さが与えられ、残る1辺の長さを計算する幾何の問題。事前の知識の有無によっては、解きにくい問題になるかもしれない。しかし、問題そのものを変えるのでなければ、これ以上この問題を単純化することはできない。

●コードを読む際の課題外在性負荷

問題が脳に与える問題が「元から持つ内在的な負荷」に加えて、もう1つの認知的な負荷が存在します。それは、しばしば偶然に問題に加えられることになります。たとえば図4.4は、図4.3と同じく斜辺の長さを求めるという問題ですが、三角形の2辺の長さを認識するために、それぞれの変につけられたラベルと、それが示す数値を心の中でつなぎ合わせることが求められます。このような追加作業は「課題外在性負荷」を高めます。

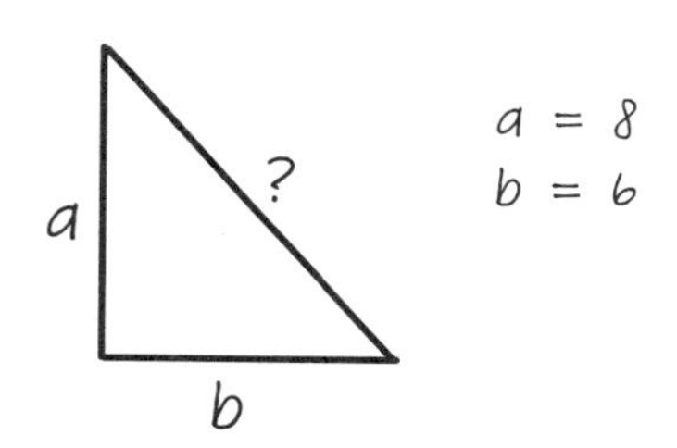

図4.4　このような形式で書かれた三角形の辺の長さを求める問題では、より高い課題外在性負荷が発生する。

この場合、問題を解く方法そのものは難しくなってはいません。図4.3と同様に、ピタゴラスの定理を思い出して、それを応用すればよいだけです。しかし aと8を関連付け、bと6を関連付けるという課題外在性の作業に、脳を働かせる必要があるのです。プログラミングの世界では、このような課題外在性負荷は、偶発的な複雑性の増加と似ていると考えられます。すなわち、プログラムの書き方によっては、問題が必要以上に複雑になってしまうということを意味します。

どのような書き方が課題外在性負荷となるかは、読み手のプログラマーによって異なります。ある特定の概念をプログラミング中に利用した経験が多ければ多いほど、その概念がもたらす認知的負荷は小さくなります。たとえば、次の2つのPythonのコードは、まったく同じ計算結果を得るためのものです。

リスト4.2 リストの中から10より大きい要素をすべて取得するPythonのプログラム

```
above_ten = [a for a in items if a > 10]
```

```
above_ten = []
for a in items:
    if a > 10: new_items.append(a)
```

この2つのコードスニペットはどちらも同じ問題を解決するものなので、課題内在性負荷は同じになります。しかし、課題外在性負荷は、読み手がすでに持っている知識によって異なります。リスト内包表記に慣れていないなら、最初の例における課題外在性負荷は、それに慣れている人に比べてずっと大きくなるでしょう。

演習4.1

見慣れないコードを次に読むときに、自分の認知的負荷を観察してみてください。コードを処理するのが難しく、メモを取ったり、1ステップずつ追いかけたりする必要があった場合は、高い認知的負荷がかかっている可能性があります。

高い認知的負荷が発生した場合、コードのどの部分が、どのタイプの認知的負荷を発生させているのかを調べてみることは有用です。その分析のために、次に示す表を使ってみるとよいでしょう。

コードの行番号	課題内在性負荷	課題外在性負荷

4.2 認知的負荷を軽減するテクニック

コードがワーキングメモリに過負荷を与えるさまざまなパターンを見たところで、ここからは認知的負荷を下げる方法に目を向けることにしましょう。本章では、これ以降、複雑なコードを読みやすくするための3つの方法を説明します。最初の方法は、文脈は違えど、すでに馴染みのある方法、すなわちリファクタリングです。

4.2.1 リファクタリング

リファクタリングとは、コードの外部動作は変更しないようにしつつ、コードの内部構造を改善するようなコードの修正を意味します。たとえば、あるコードのブロックが非常に長い場合には、そのロジックを複数の関数に分割したいと思うでしょうし、重複したコードが複数存在する場合には、それらのコードを1カ所に集めて再利用しやすくするなどのリファクタリングを行いたいと思うでしょう。たとえば、次のPythonのコードは、繰り返し行われている計算をメソッドとしてまとめることができます。

リスト4.3 同じ計算を二度繰り返すPythonコード

```
vat_1 = Vat(waterlevel = 10, radius = 1)
volume_vat_1 = math.pi * vat_1.radius **2 * vat_1. water_level
print(volume_vat_1)

vat_1 = Vat(waterlevel = 25, radius = 3)
volume_vat_2 = math.pi * vat_2. radius **2 * vat_2. water_level
print(volume_vat_2)
```

多くの場合、リファクタリングは、コードの保守性を高めるために行われます。たとえば、重複するコードを排除すれば、後でそのコードを変更したい場合に、1カ所だけの変更で済むことになります。

しかし、全体として保守性が高いコードが、必ずしも読みやすいとは限りません。たとえば、多くのメソッド呼び出しが行われ、その結果、ファイル内のさまざまな場所、あるいは複数のファイルに処理が分散しているプログラムを考えてみましょう。そのようなアーキテクチャでは、すべての処理はそれぞれのメソッドに分かれて書かれているので、保守性は高くなっているかもしれません。しかし、処理が分散しているコードは、読み進めるためにはあちこちに定義された関数をスクロールや検索で見付け出す必要があるため、ワーキングメモリには負担がかかる可能性があります。

そのため、長期的に保守性を高めるためではなく、その時点の自分にとって読みやすいコードにするために、リファクタリングを行いたい場合もあるでしょう。このようなリファクタリングを、ここでは**認知的リファクタリング**と定義することにします。認知的リファクタリングは、通常のリファクタリングと同様に、コードの外部動作を変更しないように、書き方を変更することです。ただし、認知的リファクタリングの目的は、コードの保守性を高めることではなく、コードを現時点の読者にとって読みやすくすることになります。

認知的リファクタリングは、時には保守性を低下させる、いわば逆リファクタリングを引き起こす場合があります。その例としては、インライン化、すなわち、メソッドとして定義されていた処理を、呼び出し元の関数に直接埋め込むようにすることなどが挙げられるでしょう。IDEによっては、このリファクタリングを自動的に行う機能を提供しています。コードのインライン化は、`calculate()`や`transform()`のようにメソッドの名前があまり明確でない場合に特に有効です。曖昧な名前のメソッドの呼び出しを読む際、そのメソッドが何をするのか理解するために、先にそちらを読んでおくことに時間を費やす必要があります。そして、そのメソッドが何をするものなのかが長期記憶に保存されるまでに、何度かそのメソッドの意味を再確認する必要があるでしょう。

メソッドをインライン化することで、余計な認知的負荷を減らし、メソッドを呼び出していたコードを理解するのに役立つかもしれません。さらに、メソッド自体のコードを理解することで、より深くコードの内容を理解できるかもしれません。もしかしたら、そのメソッドにより適した名前を思い付くことができるかもしれません。

また、コード内のメソッドの順番を並べ替えることもできます。たとえば、あるメソッドの定義がそのメソッドを呼び出すコードの近くにあれば、コードが読みやすくなります。もちろん、最近では多くのIDEがメソッドや関数の定義にジャンプするショートカットを備えていますが、このような機能を使用すると、ワーキングメモリを少し消費するため、余計な認知的負荷がかかる可能性があります。

認知的リファクタリングは、誰か特定の人のために行う場合がよくあります。それは、どういう状態のコードが最も理解しやすいのかは、個々人の予備知識に依存するためです。そして、多くの場合、認知的リファクタリングは、一時的なコードを理解するためだけのものであり、コードに対する理解が深まったらロールバックすることが可能です。

数年前までは、認知的リファクタリングの作業は非常に面倒だったかもしれませんが、現在ではバージョン管理システムがコードの管理に使用され、IDEに統合されていることがほとんどであるため、コードを理解するために必要な変更を行うために「理解用」ローカルブランチを作ることが簡単になりました。そして、もし行ったリファクタリングが理解を促す以外の価値もあることがわかったら、それを実際に利用するコードとしてマージすることも難しくありません。

4.2.2 使い慣れない言語構造の置き換え

これから、コードを読むときに起こりうる3つの混乱の原因（知識不足、情報不足、処理能力不足）に抗うためのテクニックを説明します。読んでいるコードに馴染みのないプログラミングの概念が含まれている場合、知識不足に対処することになります。そこで、まずは、このような知識不足の場合に役立つテクニックを紹介します。

自分のとって馴染みのない構造や不慣れな文法は、もっと身近な別の方法で表現できる場合があります。たとえば、最近のプログラミング言語（JavaやC#など）の多くは、**ラムダ**と呼ばれる**無名関数**をサポートしています。ラムダとは、名前を付ける必要のない関数のことです（そのため「匿名」とも呼ばれます）。他の例としては、Pythonのリスト内包表記も挙げられます。ラムダやリスト内包表記は、コードを短く、読みやすくするための素晴らしい記述方法ですが、これらの記法に慣れていないプログラマーも多く、そういう人はこれらの記法で書かれたコードを、`for`や`while`のループを使ったコードを読むのと同じようには、簡単に読めないのが現状です。

対象としているコードが非常にシンプルなものであれば、ラムダやリスト内包表記の利用は問題にはならないかもしれません。しかし、もっと複雑なコードを扱わないとならない場合は、高度な構造は作業記憶の過負荷の原因となる可能性があります。馴染みのない言語構造はワーキングメモリに余計な認知的負荷を与えるので、複雑なコードを読むときは、これらを処理しないほうがワーキングメモリに有利な場合があります。

もちろん、どのように置き換えるのかはコードの読み手の基礎知識に依存しますが、認知的負荷を軽減するためにコードを置き換える理由は、一般的に2つあります。1つは、これらの書き方がわかりにくいと知られているということ、そしてもう1つは、これらの書き方には、より基本的でわかりやすい等価表現があることです。この2つの理由は、ラムダとリスト内包表記のどちらにも当てはまるので、このテクニックを紹介する例としてぴったりです。コードが何を行っているのかが理解できるようになるまでは、こうしたわかりにくい表現をforループやwhileループにに変換すると読みやすくなります。その他には、三項演算子も、このようなリファクタリングを行うのに適しているといえるでしょう。

●ラムダ

次のリストで示すJavaのコードは、filter()関数のパラメータとして使用される無名関数の例です。ラムダの使い方に慣れていれば、このコードは簡単に理解できるはずです。

リスト4.4 無名関数を引数として受け取るfilter()関数

```
Optional<Product> product = productList.stream().
    filter(p -> p.getId() == id).
    findFirst();
```

しかし、これまでラムダを使ったことがない人がこのコードを読んだ場合には、課題外在性負荷がかかり過ぎるかもしれません。ラムダ式で苦労していると感じたら、次の例のように、通常の関数を使うようなコードに書き換えればよいわけです。

リスト4.5 従来型の関数を引数としてとるfilter()関数

```
public static class Toetsie implements Predicate <Product> {
    private int id;
    Toetsie(int id){
        this.id = id;
    }
    boolean test(Product p){
        return p.getIÐ() == this.id;
    }
}
```

```
Optional<Product> product = productList.stream().
      filter(new Toetsie(id)).
      findFirst();
```

●リスト内包表記

Pythonはリスト内包という構文構造をサポートしており、他のリストを元にして、新たなリストを作成できます。たとえば、次のコードを実行すれば、顧客のリストを元に、ファーストネームのリストを作成します。

リスト4.6 あるリストから別のリストに変換するPythonのリスト内包表記の例

```
customer_names = [c.first_name for c in customers]
```

リスト内包表記では、もう少し複雑なフィルタも利用できます。たとえば、次のコードは、50歳以上の顧客の名前のリストを作成する場合です。

リスト4.7 フィルタを使ったPythonのリスト内包表記

```
customer_names =
    [c.first_name for c in customers if c.age > 50]
```

リスト内包表記に慣れている人にとっては十分読みやすいコードであるかもしれませんが、そうでない人にとっては（あるいは、慣れている人であっても、コードが複雑に組み込まれている場合は）ワーキングメモリに過度の負担がかかる可能性があります。そんなときは、リスト内包をforループに変換して、理解しやすくできます。

リスト4.8 フィルタを使ってあるリストから別のリストに変換するPythonのforループの例

```
customer_names = []
for c in customers:
    if c.age > 50:
        customer_names.append(c.first_name)
```

●三項演算子

多くの言語が、if文の省略記法である三項演算子をサポートしています。一般に、三項演算子は、条件と、その条件が真の場合の結果、そして条件が偽の場合の結果の順で記述します。たとえば、リスト4.9は、三項演算子を使ってブール変数であるisMemberが真であるかどうかをチェックするJavaScriptのコードです。isMemberが真の場合に、この三項演算子は$2.00を返し、偽の場合は$10.00を返します。

リスト4.9　三項演算子を用いたJavaScriptのコード

```
isMember ? '$2.00' : '$10.00'
```

Pythonのなどのいくつかの言語では、三項演算の書き順が異なります。まず条件が真であるときの結果を最初に、次に条件を、そして条件が偽であれば結果を記述するという順番です。次の例は、三項演算子を使ってブール変数であるisMemberが真であるかどうかをチェックするPythonのコードです。JavaScriptの例と同様に、isMemberが真であれば三項演算子は$2.00を返し、真でなければ$10.00を返します。

リスト4.9　三項演算子を用いたPythonのコード

```
'$2.00' if is_member else '$10.00'
```

概念的には、三項演算子は難しくありません。職業プログラマーであれば、プログラム中での条件分岐には慣れているでしょう。しかし、この演算子は、すべてを1行で記述するという書き方や、引数の順序が従来のif文とは異なることなどから、大きな課題外在性負荷を与えてしまう可能性があります。

前説で説明したリファクタリングを奇妙に感じたり、間違っていると考える人もいるでしょう。ラムダや三項演算子を使ってコードを短くすることは、コードを読みやすくするため、常によいことであると信じている人もいるでしょうし、コードを悪い状態にリファクタリングするという考え方に違和感を覚えるかもしれません。しかし、本章や本書の序盤で見てきたように、どのような状態が「読みやすいかどうか」は、読む人によって本当にまったく異なるのです。チェスのオープニングをよく知っていれば、新しいオープニングを覚えるのは難しくありません。同様に、三項演算子をよく使っている人であれば、それを読むのは簡単です。何が読みやすいのかは、どんな予備知識を持っているのかに強く依存するのです。したがって、コードを自分が親しみやすい形に変換して理解することは、まったく恥ずかしいことではないのです。

しかし、状況次第では、コードの内容を理解できたと確信した時点で、読みやすさのために変更したコードを元に戻したくなることがあるかもしれません。あなたが新たにチームに参加したばかりで、自分だけがリスト内包表記に慣れていなかったとしたら、リファクタリングをロールバックして、元の状態に戻しておきたくなることでしょう。

4.2.3 同義で書き方の違うコードはフラッシュカードデッキの非常によい追加要素

コードの理解度を上げるために、一時的にそのコードを変更することは、恥ずかしいことではありません。しかし、これは、あなたの理解力の限界をも示しています。第3章では、プログラミングの学習や記憶を助けるために、片面にコード、もう片面にそのコードの説明文を記したフラッシュカードのデッキを作成することを学びました。たとえば、forループに関するカードの場合は、片面には「C++で0から10までの数値を表示するコード」と書き、もう片面には対応するC++コード（リスト4.11）を書くわけです。

リスト4.11　C++で0から10までの数値を表示するコード

```
for (int i = 0; i <= 10; i = i + 1) {
  cout << i << "\n";
}
```

たとえば、あなたがリスト内包表記が苦手だったとしたら、それに関するカードを1枚ではなく複数枚デッキに加えるといったこともできるでしょう。より高度なプログラミングの概念については、テキストによる説明よりも、フラッシュカードの両面にコードを表示するほうが効果的です。つまり、片面には三項演算子やラムダなどの高度な概念を使ったコードを、そしてもう片面にはそうした概念を使わずに書かれた同等のコードを掲載するといった具合です。

4.3 ワーキングメモリに負荷がかかっているときに使える記憶補助ツール

前節では、認知的リファクタリング、すなわちコードがもたらす認知的負荷を軽減するために、コードを馴染みのある書き方にリファクタリングする手法を紹介しました。しかし、コードの構造が複雑過ぎる場合など、リファクタリングされた状態であっても、ワーキングメモリに負荷がかかる場合もあります。複雑な構造を持つコードがワーキングメモリに過負荷をかけるパターンには2種類あります。

1つ目は、コードのどの部分を読むべきなのかが、正確にわからない場合です。そのため、必要以上にコードを読む必要が発生し、ワーキングメモリが処理しきれなくなってしまいます。

2つ目は、よく整理されたコードであっても、脳は、コードのそれぞれの行を理解することと、コードの構造を理解してどこまで読み進めるかを決めることという、同時に2つのことを行おうとしてしまう場合があることです。たとえば、正確な機能を知らないメソッド呼び出しに遭遇した場合、呼び出し元のコードを読み続ける前に、そのメソッドを探して読む必要が出てきたりするのが、このパターンです。

コード中の同じ部分を5回繰り返して読んでみても理解が進まない場合は、おそらくコードのどの部分に注目し、どのような順序で読めばよいのかを理解できていないはずです。1行1行は理解できても、全体像の把握が不十分なのかもしれません。そのようなワーキングメモリの限界に達したときに可能な対処方法として、コードの読むべき部分に集中するための記憶補助ツールが使用できます。

4.3.1 依存関係グラフを作成する

コードの依存関係グラフを作成することで、処理の流れを理解し、論理的な流れをきちんと追いながらコードを読むことができるようになります。この手法では、コードを印刷するか、PDFに変換してタブレットで開き、直接書き込みを入れられるようにすることをお勧めします。コードを読み進める際に記憶をサポートするため、次の手順に従って注釈を付けてみましょう。

●1. すべての変数を丸で囲む

コードに書き込みを行う準備ができたら、まずは図4.5のように、すべての変数を見付け、丸で囲みます。

```
from itertools import islice

digits = "0123456789abcdefghijklmnopqrstuvwxyz"

def baseN(num,b):
  if num == 0: return "0"
  result = ""
  while num != 0:
    num, d = divmod(num, b)
    result += digits[d]
  return result[::-1] # reverse

def pal2(num):
    if num == 0 or num == 1: return True
    based = bin(num)[2:]
    return based == based[::-1]

def pal_23():
    yield 0
    yield 1
    n = 1
    while True:
        n += 1
        b = baseN(n, 3)
        revb = b[::-1]
        #if len(b) > 12: break
        for trial in ('{0}{1}'.format(b, revb), '{0}0{1}'.format(b, revb),
                      '{0}1{1}'.format(b, revb), '{0}2{1}'.format(b, revb)):
            t = int(trial, 3)
            if pal2(t):
                yield t

for pal23 in islice(pal_23(), 6):
    print(pal23, baseN(pal23, 3), baseN(pal23, 2))
```

図4.5 理解しやすくするため、すべての変数を丸で囲んだコード

●2. 同じ、あるいは関連した変数を線でつなぐ

すべての変数を見付けて丸で囲んだら、図4.6のように同じ変数を線でつなぎます。こうすることで、同じ情報がプログラムのどこで利用されているのかがわかりやすくなります。コードによっては、同じ変数だけではなく、関連した変数をリンクさせることも有効です。たとえば、

customers[0]とcustomers[i]のように、リストの場合は別の要素へのアクセスの場合も線でつなぐことができます。

すべての変数を線でつないだら、他の出現場所を探す代わりに、つないだ線をたどるだけで済むようになり、より簡単にコードを読み進められるようになります。そのおかげで、認識的負荷が軽減され、ワーキングメモリが解放されて、コードの機能に集中できるようになります。

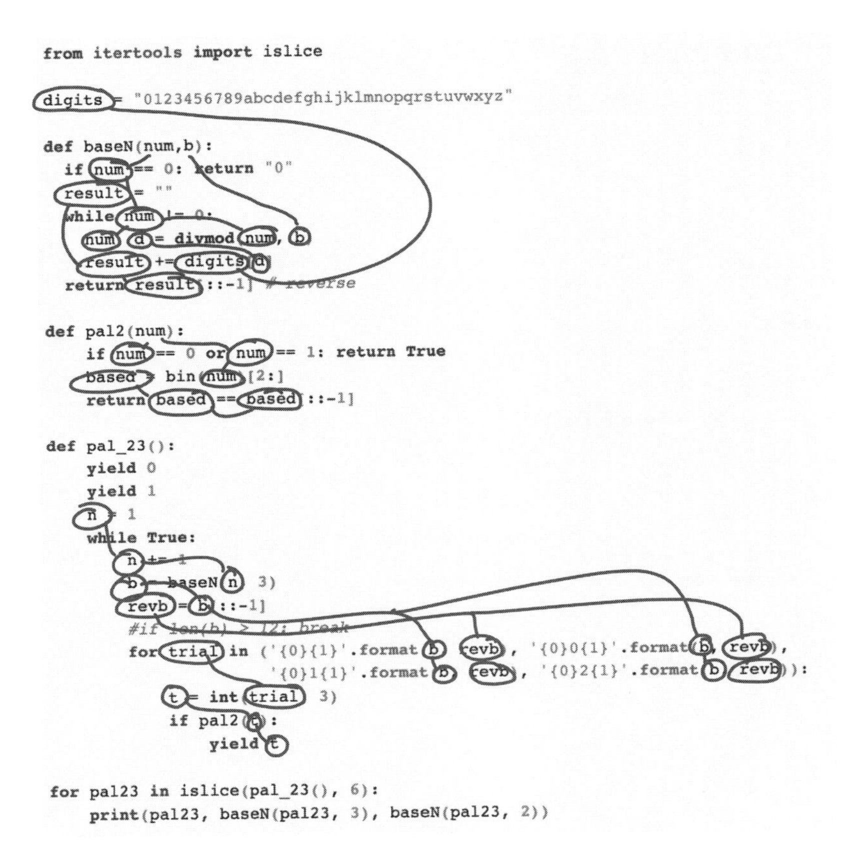

図4.6 理解しやすくするため、すべての変数を丸で囲み、同じ変数を線でつないだコード

●3. すべてのメソッド／関数の呼び出しを丸で囲む

変数の位置がすべて把握できたら、続いてメソッドや関数に注目します。それらを別の色の丸で囲みましょう。

●4. メソッド／関数呼び出しをその定義場所と線で繋ぐ

関数やメソッドの定義されている場所と、それらが呼び出される場所との間に線を引きます。1回しか呼び出されていないメソッドには、特に注意を払いましょう。なぜなら、本章ですでに述べたように、それらはリファクタリングによってインライン化できる可能性があるためです。

●5. クラスのインスタンスをすべて丸で囲む

変数と関数の位置が把握できたら、次はクラスに注目します。クラスのインスタンスをすべて丸で囲みます。3色目の別の色を使いましょう。

●6. クラス定義とそのインスタンスの間に線を引く

コードに書き込みを行う最後のステップとして、クラスのインスタンスを、その定義がコード中に存在する場合は、その定義と線でつなぎます。定義がコード中に存在しない場合は、同じクラスのインスタンス同士を線でつなぎましょう。

ここまでの6つのステップで作成された色で区別された書き込みは、コードの流れを示しており、コードを読む際の補助ツールとして使用できます。コードの構造に関する情報を参照できるようになったので、たとえば、コードの意味を読み解きながら定義を検索するなどの必要がなくなり、ワーキングメモリに負担をかけるような作業が軽減されます。そして、main()メソッドなどのコードのエントリポイントから読み始めることができます。メソッド呼び出しやクラスのインスタンス化に遭遇するたびに、引いた線をたどってすぐに正しい場所に読み進めることができるので、無駄にコード内を探し回ったり、必要以上にコードを読むようなことを回避できます。

4.3.2 状態遷移表の利用

コードを自分が知っている知識に最も合致していて読みやすい形にリファクタリングし、依存関係をすべて書き込んでも、まだまだコードがわかりにくい場合があります。その原因は、コードの構造ではなく、実際に行われている計算内容にあることもあります。これは、脳の処理能力の不足の問題です。

たとえば、第1章で紹介した、数Nを二進数に変換するBASICのコードをもう一度見てみましょう。このプログラムでは、変数が互いに大きく影響しあっているので、理解するためには、その値を把握し続ける必要があります。このような複雑な計算を行うコードでも、依存関係グラフは記憶を補うために利用できます。しかし、こうした計算の多いコードに役立つもう1つのツールとして、**状態遷移表**があります。

状態遷移表は、コードの構造ではなく、変数の値に注目します。状態遷移表では各列に変数の名前を記し、行にはコード中の処理の場所を書きます。次のBASICのプログラムを例に考えてみましょう。このプログラムは、途中の計算と、それが各変数に与える影響がわかりづらく、読みづらいプログラムになっています。

リスト4.12 BASICでの数値の二進数表現変換コード

```
1 LET N2 = ABS (INT (N))
2 LET B$ = ""
3 FOR N1 = N2 TO 0 STEP 0
4     LET N2 = INT(N1/2)
5     LET B$ = STR$(N1-N2*2) + B$
6     LET N1 = N2
7  NEXT N1
8  PRINT B$
9  RETURN
```

	N	N2	B$	N1
Init	7	7	—	7
Loop1		3	1	3
Loop2				

図4.7 数値の二進数表現変換を行うBASICプログラムの状態遷移表の一部

このように、多くの計算処理が相互に関連し合うようなコードを理解する必要がある場合には、図4.7に示すような状態遷移表を記憶補助ツールとして使うと便利です。

状態遷移表を作る手順を次に示します。

●1. すべての変数の一覧を作る

このプログラムにおいて、前節で解説した依存関係グラフをすでに作成している場合は、すべての変数を同じ色の丸で囲んでいるので、リストを作成するのは簡単でしょう。

●2. 表を作り、すべての変数の列を作成する

状態遷移表では、図4.7に示すように、各変数用の列をそれぞれ作り、そこに変数のそれぞれのタイミングでの値を記述できるようにします。

●3. コードの実行の区切りとなる部分ごとに表に行を追加する

複雑な計算を含むコードでは、計算に依存するループや、複雑なif文など、複雑なコードの各行間の依存関係も含まれる可能性が高いでしょう。状態遷移表の各行は、それぞれの依存関係のかたまりの部分を表します。たとえば、図4.7に示すように、初期化コードと、それに続くループの1回の繰り返しを1行ずつ記述できます。ほかにも、大規模なif文の条件分岐ごとに行を追加することもできるでしょうし、単に処理のまとまりをグループとして扱って行に追加することも可能でしょう。あるいは、コードが複雑で1行に多くの処理が詰め込まれているようなケースでは、コード1行ごとに表中の行を追加したほうがよい場合もあります。

●4. コードを頭の中で実行し、各変数が持つ値を状態遷移表のそれぞれの行に書き込む

状態遷移表の準備ができたら、コードを頭の中で実行し、それぞれの行での各変数の値を計算します。このように、頭の中でコードを実行するプロセスを**トレース**、あるいは**認知的コンパイル**と呼びます。状態遷移表を使用してコードをトレースする場合、いくつかの変数をスキップしてテーブルの一部だけを埋めたくなるかもしれません。しかし、その誘惑に負けないようにしましょう。きちんとすべての変数について作業することで、コードをより深く理解することができ、でき上がった状態遷移表は、ワーキングメモリの負荷を軽減してくれます。後でもう一度このプログラムを読むときには、この表を参考にすることで、詳細な計算処理よりもプログラム全体の処理の流れに集中することができるようになります。

ワーキングメモリの働きをサポートするアプリケーション

ワーキングメモリの負荷を軽減するために手動で可視化を行うことは、コードをまずは細かく見ていくことが必要であり、非常に価値の高い作業であるといえます。しかし、こうした可視化を自動化することも可能です。カリフォルニア大学サンディエゴ校の認知科学のフィリップ・グオ（Philip Guo）教授が作成した「PythonTutor」は、まさしくその目的のために開発された素晴らしいアプリケーションです。PythonTutorは、プログラムの実行内容を可視化することができ、Pythonだけでなく、その他多くのプログラミング言語で利用できるようになっています。たとえば、図4.8は、Pythonにおいて整数値とリストが異なる方法で保存されていることを可視化しています。整数値が値として保存されているのに対し、リストはポインタのような仕組みを用いて保存されています。

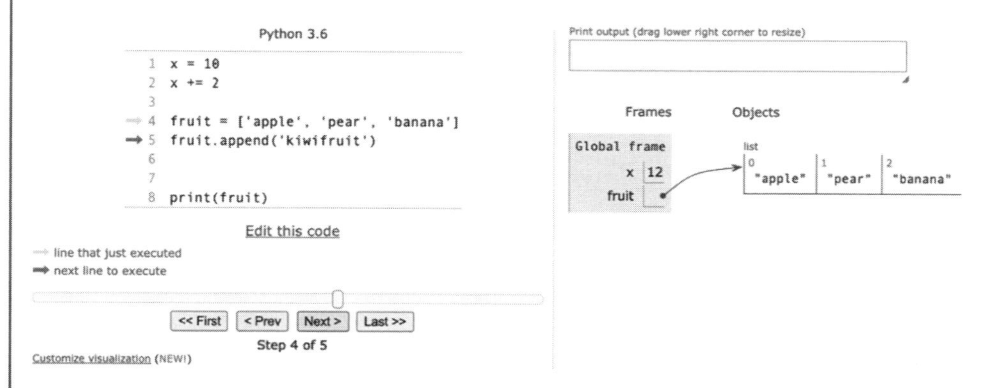

図4.8　PythonTutorは整数値を直接値として保存する変数xとリストをポインタとして保存する変数fruitの違いを可視化している。

教育現場でPythonTutorを利用した調査研究[※1]では、生徒がこのプログラムの使い方に慣れるまでにある程度の時間はかかるものの、このプログラムには利用効果があり、特にデバッグの際に発揮されることがわかっています。

4.3.3 依存関係グラフと状態遷移表を組み合わせる

本節では、コードの情報を紙に書き出し、コードを読むときのワーキングメモリの働きを助けるための2つのテクニック、すなわち依存関係グラフと状態遷移表について解説してきました。この2つのテクニックは、それぞれコードの異なる部分に注目しています。依存関係グラフはコードがどのように構成されているかに注目しており、状態遷移表はコードで実際に行われる計算の内容を追いかけています。初めて読むコードを理解する必要がある場合、この2つのテクニックを両方とも利用することで、コードの内部構造の全体像を把握することができ、作成作業後にはコードを読む際の記憶補助として利用できます。

演習4.2

本章で説明した手順に基づいて、次のJavaプログラムの依存関係グラフと状態遷移図を作成してください。

プログラム1

```
public class Calculations {
    public static void main(String[] args) {
        char[] chars = {'a', 'b', 'c', 'd'};
        // bbaを探す
        calculate(chars, 3, i -> i[0] == 1 && i[1] == 1 && i[2] == 0);
    }

    static void calculate(char[] a, int k, Predicate<int[]> decider) {
        int n = a.length;
        if (k < 1 || k > n)
                throw new IllegalArgumentException("Forbidden");

        int[] indexes = new int[n];
        int total = (int) Math.pow(n, k);

        while (total-- > 0) {
            for (int i = 0; i < n - (n - k); i++)
                System.out.print(a[indexes[i]]);
```

※1 Oscar Karnalim、Mewati Ayub『The Use of Python Tutor on Programming Laboratory Session:Student Perspectives』(2017)。https://kinetik.umm.ac.id/index.php/kinetik/article/view/442

```
            System.out.println();
            if (decider.test(indexes))
                break;
            for (int i = 0; i < n; i++) {
                if (indexes[i] >= n - 1) {
                    indexes[i] = 0;
                } else {
                    indexes[i]++;
                    break;
                }
            }
        }
    }
}
```

❸プログラム2

```
public class App {
    private static final int WIDTH = 81;
    private static final int HEIGHT = 5;
    private static char[][] lines;
    static {
        lines = new char[HEIGHT][WIDTH];
        for (int i = 0; i < HEIGHT; i++) {
            for (int j = 0; j < WIDTH; j++) {
                lines[i][j] = '*';
            }
        }
    }

    private static void show(int start, int len, int index) {
        int seg = len / 3;
        if (seg == 0) return;
        for (int i = index; i < HEIGHT; i++) {
            for (int j = start + seg; j < start + seg * 2; j++) {
                lines[i][j] = ' ';
            }
        }
        show(start, seg, index + 1);
        show(start + seg * 2, seg, index + 1);
    }

    public static void main(String[] args) {
        show(0, WIDTH, 1);
        for (int i = 0; i < HEIGHT; i++) {
```

```
                for (int j = 0; j < WIDTH; j++) {
                    System.out.print(lines[i][j]);
                }
                System.out.println();
            }
        }
    }
```

本章のまとめ

- 認知的負荷とは、ワーキングメモリが処理できる量に限界があるために発生します。認知的負荷が大きいと、コードを適切に処理することができなくなります。
- プログラミングに関連する認知的負荷には、2つのタイプがあります。課題内在性負荷はコード固有の複雑さによって生じ、課題外在性負荷は（コードの書き方などにより）偶発的に、あるいはコードを書いた人と読む人の間の知識のギャップによって生じるものです。
- リファクタリングは、コードを書き換えることで、事前知識との整合性を高め、課題外在性負荷を軽減する方法です。
- 依存関係グラフを作成することは、複雑で相互に関連したコードの理解するのに役立ちます。
- 変数の中間値を記録した状態遷移表を作成すると、複雑な計算処理が行われているコードを読み解くのに役立ちます。

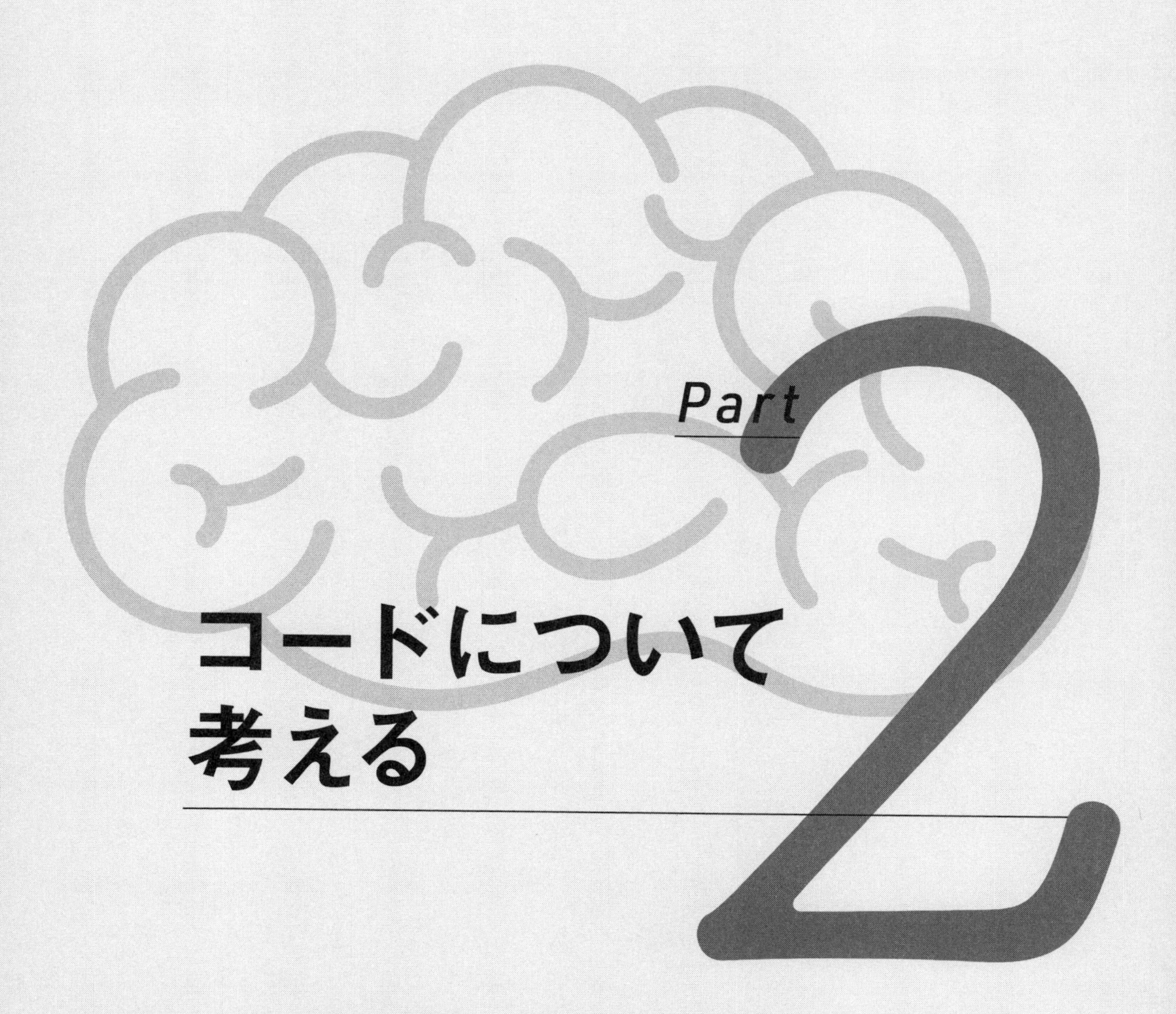

Part 2 コードについて考える

第1部では、コードを処理する際の際の短期記憶、長期記憶、ワーキングメモリの役割について紹介してきました。また、プログラマーがプログラミング言語の文法や概念の学習についてわかっていることや、コードを読むときにどのように脳をサポートすればよいかを学んできました。

第2部では、コードを読むことではなく、コードについて考えること、つまり、プログラムを深く理解し、思考のバグを回避する方法に焦点を当てます。

Chapter 5

コードの深い理解に到達する

本章の内容

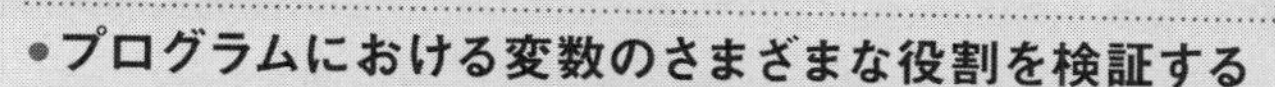

- プログラムにおける変数のさまざまな役割を検証する

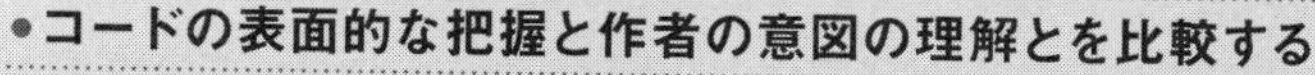

- コードの表面的な把握と作者の意図の理解とを比較する
- 自然言語の読解、学習とコードの読解、学習のとを比較する
- コードをより深く理解するためのさまざまな戦略

本書ではすでに、フラッシュカードとそれを使った反復練習によって構文を学習する手法を紹介し、変数とその関係に注目するなどの新しいコードにすばやく慣れるための戦略を取り上げました。構文を学び、変数間の関係を把握することは、コードを理解するための重要なステップですが、コードについてもう少し掘り下げていくと、さらに根深い問題が立ちはだかります。

見慣れないコードを読んだ際に、そのコードが何をしているのかがわからないということがあるでしょう。本書で紹介した認知科学用語でいえば、「見慣れないコードを読むときは認知的負荷が高い」と表現できます。そして、新しいプログラミング言語の構文やプログラミングの概念を学んだり、コードを自分にとって読みやすい形に書き換えたりすることで、認知的負荷が大幅に下がることを確認しました。

コード内でどんな処理が行われているのかがよくわかったら、次はそのコードについてより深く考えてみましょう。そのコードは、どのようにして書かれたコードなのでしょうか。新しい機能を追加するとしたら、どこに書く可能性があるのでしょうか。異なる設計によって組み立てるとしたら、どんな設計が考えられるのでしょうか。

これまでの章で、スキーマ、つまり「記憶が脳内でどのように構造化されているのか」について解説しました。その中で、記憶は、それぞれが別々に保存されるのではなく、他の記憶とリンクしているということを説明しました。長期記憶に保持された記憶は、ワーキングメモリにチャンクを作成するのに役立つため、コードについて考えるときには、このつながりを利用できます。

本章では、コードをより深く理解するために、コードについて考えることを取り上げます。そして、コードの作成者の発想、ものの考え方、意思決定のやり方を推論する方法など、コードについてより深いレベルで考察するための3つの戦略について説明します。まず、コードの持つ背景について考えるために役立つフレームワークについて検討します。次に、理解度のレベル分けと、より深くコードについて理解するためのいくつかのテクニックを説明します。最後に、自然言語を読むときの手法を応用した、コードを読むために役立ついくつかの戦略について掘り下げます。最近の研究では、コードを読むのに必要なスキルと、自然言語を読むのに使うスキルは強く関連していることが示されています。つまり、私たちプログラマーは、より深くコードを理解するために、自然言語を理解する手法から多くのことを学べるのです。

5.1 「変数の役割」フレームワーク

コードの背景を推論するにあたり、変数が中心的な役割を果たすことは間違いないでしょう。変数がどのような情報を保持しているかを理解することは、コードについての理解を促し、コードを修正するための重要な鍵となります。コード内の変数が何を表しているのかを理解できなければ、コードについて考えるための難易度はずっと高くなってしまいます。つまり、変数に適切な名前を付けることは、読んでいるコードをより深く理解するための道標の役割を果たすということです。

東フィンランド大学のヨルマ・サヤニエミ（Jorma Sajaniemi）教授は、変数が理解しにくいのは、ほとんどのプログラマーが変数と関連付けるよいスキーマを長期記憶の中に持っていないためだと述べています。サヤニエミ教授は、プログラマーが「変数」や「整数」のように範囲の広過ぎるチャンクや、「number_of_customers」といった特定の変数名のような小さ過ぎるチャンクを使う傾向があると主張しています。しかし、プログラマーは、本来的にはその中間に位置する粒度のチャンクを使うべきです。サヤニエミ教授は、このことを元に「変数の役割」フレームワークを設計しました。

5.1.1 違う変数は違う目的を持つ

変数が果たすさまざまな役割についての例として、次のようなPythonのプログラムを考えてみましょう。コード中のprime_factors(n)は、nを素因数分解した結果の数を返す関数です。

```
upperbound = int(input('Upper bound?'))
    max_prime_factors = 0
    for counter in range(upperbound):
        factors = prime_factors(counter)
        if factors > max_prime_factors:
            max_prime_factors = factors
```

このプログラムでは、upperbound、counter、factors、max_prime_factorsという4つの変数が使われています。しかし、プログラム中に変数が4つあるという情報だけでは、プログラムを理解する上ではあまり役に立たないでしょう。その理由は、変数の名前があまりにも抽象的過ぎるからです。変数名からは多少の情報が読み取れますが、それによってすべての説明がつくわけではありません。たとえば、counterという名称は、あまりにも一般的過ぎて、静的な数値なのか、プログラム内で変化する値なのかもわかりません。これらの4つの変数がプログラム中でどのような役割を果たしているのかを調べていけば、もう少し内容を理解できるはずです。

このプログラムを実行すると、値の入力が求められ、その値は変数upperboundに格納されます。この後、変数counterに格納された値が、upperboundに格納されている「上限」に到達するまでループ処理が実行されます。変数factorsは、counterの現在の値の素因数を一時的に保存するために使われています。そして、max_prime_factorsには、ループ実行中に見付かった最大の値が格納されています。

「変数の役割」フレームワークは、このような変数の挙動の違いをを捉えるためのものです。upperboundは「直近の値の保持者」です。すなわち、直近に上限に至った値が格納されています。一方、counterは「ステッパー」、すなわちループの中で繰り返しのために利用されます。max_prime_factorsは「最も重要な値の保持者」で、これは目的とした素因数分解した結果の数を格納するものです。factorsという変数も「直近の値の保持者」であり、こちらは直近の素因数分解数を格納しています。次節では、これらの変数の役割の意味とフレームワークの他の役割について、より詳しく説明していきます。

5.1.2 ほぼすべての変数をカバーできる11の役割

前節の例で示したように、変数が果たす役割は非常に似ています。多くのプログラマーは、「ステッパー」や「最も重要な値の保持者」となる変数を利用しています。実のところ、サヤニエミ教授は、ほとんどすべての変数は、たった11個の役割に分類できると主張しています。

- 固定値

初期化された後、値が変化しない変数は「固定値」の役割に分類できます。利用しているプログラミング言語が、変更できない変数を仕様として用意しているなら、それは定数として扱うことができ、そうでないなら、初期化された後、変更されない変数を利用することになります。固定値となる変数の例としては、円周率などの数学的な定数、ファイルやデータベースから読み込んだデータなどが挙げられます。

- ステッパー

　ループ処理を行う際に、ループのたびに値が変更（用意された値のリストをステップ）されていく変数があります。これを「ステッパー」と呼びます。ステッパーが取る値は、ループが開始されるタイミングで予測することができます。ステッパーは、forループで利用されるときに標準的に使われるiのような変数の場合もありますが、二分探索を行う際の「size = size / 2」のように、繰り返しごとに探索する配列のサイズを半分にするといった、より複雑なステッパーが利用される場合もあります。

- フラグ※1

　何かが発生したことを示したり、何かの情報が含まれていることなどを表す変数です。is_setやis_available、is_errorなどの名前がよく利用されます。フラグは真偽値であることが一般的ですが、整数値や文字列が使われる場合もあります。

- ウォーカー

　ウォーカーは、ステッパーと同様にデータ構造を走査するために利用されますが、データ構造を走査する方法が異なっています。ステッパーは常に、あらかじめわかっている値の一覧に対して反復処理を行います。たとえば、「for i in range(0, n)」で表されるPythonのforループの変数iなどが、それに当たります。それに対して「ウォーカー」は、ループ処理を開始する前には、どのように走査を行うのかが未知のケースで利用されます。プログラミング言語の仕様によって、ウォーカーは、ポインタ変数であったり、整数のインデックスであったりします。ウォーカーは二分探索のようにリストを走査することもできますが、スタックや木構造などのデータ構造を走査する場合のほうが一般的です。ウォーカーの例として、リンクリストを走査して新しい要素を追加する位置を探す変数や二分木の検索インデックスなどが挙げられます。

- 直近の値の保持者

　一連の値を順に処理していく際に、もっとも最新の値を保持する変数を「直近の値の保持者」と呼びます。たとえば、直近にファイルから読み込んだ行（line = file.readline()）や、ステッパーで最後に参照された配列要素のコピー（element = list[i]）などが、これに当たります。

- 最も重要な値の保持者

　ある特定の値を探すために、値の一覧に対して反復処理を行うのはごく一般的なことです。そして、目的となる値、あるいはこれまでに見付かった中で最も適切な値を保持す

※1　サヤニエミ教授のフレームワークでは、これは「一方向のフラグ」（one-way flag）と名付けられています。しかし、筆者としては、この名前は限定的過ぎると考えています。

る変数を「最も重要な値の保持者」と呼びます。最小値、最大値、あるいはある条件を満たす最初の値を保持する変数などが典型的な例でしょう。

▪ 収集者

データを集めて、1つの変数に集約させているとき、その変数を「収集者（ギャザラー）」と呼びます。次のように0から始まりループの中で値をまとめていくような変数が、収集者です。

```
sum = 0
for i in range(list):
    sum += list[i]
```

こうした値は関数型言語やある種の関数的な側面を持つ言語では、functional_total=sum(list)のように、直接計算することも可能です。

▪ コンテナ

「コンテナ」とは、複数の要素を内包し、追加や削除が可能なデータ構造のことです。コンテナの例としては、リスト、配列、スタック、ツリーなどが挙げられます。

▪ フォロワー

アルゴリズムによっては、前の値や次の値を保持して後から参照する必要な場合があります。このような値を保持する役割を持つ変数は「フォロワー」と呼ばれ、常に他の変数とセットで利用されます。フォロワー変数の例としては、リンクリストを走査する際に前の要素を指すポインタや、二分探索における下位インデックスなどが挙げられるでしょう。

▪ オーガナイザー

処理を進めるために変数を何らかの方法で変換する必要がでてくるのはよくあることです。たとえば、言語によっては、文字列を文字配列に変換しないと、文字列内の個々の文字にアクセスできない場合があります。また、あるリストを並べ直して保存したい場合もあるでしょう。こうした際に、「オーガナイザー」を利用します。オーガナイザーは値を並べ替えたり、異なる形式で保存するためだけに使われる変数のことです。オーガナイザーは、一般的にはテンポラリ変数でもあります。

▪ テンポラリ

テンポラリ変数は、短期間だけ使われる変数で、tempやtという名前をよく利用します。これらの変数は、変数の値を入れ替えたり、メソッドや関数内で何度も使われる計算結果を保持するために使われたりします。

図5.1にサヤニエミ教授の示した変数の11の役割の概要を示します。変数がどのような役割を果たすかを把握するのに役立つでしょう。

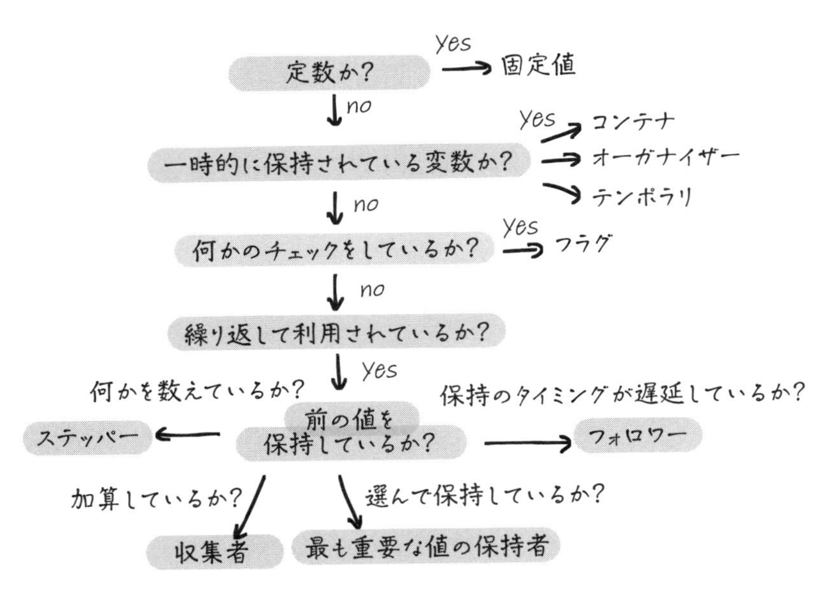

図5.1　このフローチャートを利用して、コード中の各変数の役割を決定できる。

5.2 役割とパラダイム

ここで述べている「役割」は、特定のプログラミングパラダイムに限定されるものではなく、どんなプログラムにおいても当てはまるものです。収集者の役割が関数型言語にも存在するという例は、すでに紹介しました。オブジェクト指向プログラミングにおいても、前節で紹介した「役割」を果たす変数を見ることができます。次のJavaのクラスの例を見てみましょう。

```
public class Dog {
  String name;
  int age;
  public Dog (String n) {
    name = n;
    age = 0;
  }
  public void birthday () {
    age++;
  }
}
```

Dogのインスタンスは、nameとageという2つのプロパティを持ちます。nameの値は初期化後に変化することはないので、これは固定値だといえます。ageの値は、前節で紹介したPythonのプログラムにおける変数counterと同じような役割を持ちます。すなわち、0から始まり、あらかじめ決められた方法で誕生日ごとにカウントアップされるので、この変数の役割はステッパーであることがわかります。

5.2.1 役割を見付けることの利点

サヤニエミ教授のフレームワークにおける変数の役割は、経験あるプログラマーにとっては、(もしかしたら他の名前で) 馴染みのあるものでしょう。この役割の一覧を紹介した目的は、新しい概念を示すことではなく、変数について議論するときに利用可能な新しい語彙を提供することです。特にチーム内で情報を共有する場合、このフレームワークはコードに関するお互いの理解とコミュニケーションの効率を向上させてくれる素晴らしいツールとなるでしょう。

これらの変数の役割をよく理解しておくことは、プログラミングの初心者にとっても利点があります。このフレームワークは、学生がソースコードを脳内で処理するのに役立ち、このフレームワークを使った学生は、使わない学生よりも優れた結果を出せるという研究結果があります※2。このフレームワークが有効である理由の1つは、役割を区別することによって、プログラムの特徴をつかむことができる場合があるからです。たとえば、検索プログラムは、ステッパーと最も重要な値の保持者を利用しています。

演習 5.1

「変数の役割」フレームワークを使ってみましょう。あまり読み込んでいないコードを見付けて、それぞれの変数について役割を調べてください。その際には、次のことに注目します。

- 変数の名前
- 変数の型
- その変数が特定の役割を担っている処理
- サヤニエミ教授の「変数の役割」フレームワークに基づいたその変数の役割

コード中で見付かった変数について、次の表を埋めてみましょう

変数名	変数型	処理内容	役割

表を記入し終えたら、各変数の役割にどのような役割を割り当てたのかをもう一度見直してみましょう。その役割をどうやって決めたのでしょうか。決めるにあたってどのような情報を参考にしたでしょうか。変数の名前、行われた処理内容、コード中に書かれていたコメント、あなたがそのコードに関わった経験などは影響を与えたでしょうか。

※2 Jorma Sajaniemi、Marja Kuittinen『An Experiment on Using Roles of Variables in Teaching Introductory Programming』(2007)。https://www.tandfonline.com/doi/full/10.1080/08993400500056563

●変数の役割を利用する際の実践的なヒント

まったく知らないコードを初めて読む際には、コードを紙に印刷するかPDFで保存して、メモを書き込むことが有効です。もしかしたら、IDE以外でコードを読むことに違和感を覚えるかもしれません。IDEを使わないと、検索などの便利な機能を使うことができなくなるのも事実です。しかし、メモを書き込むことで、コードに対する考えが深まり、異なるレベルでコードについて考えることができるようになります。

筆者は、これまでに多くの熟練したプログラマーと、紙に印刷したコードを使う演習を行いました。彼らは最初に覚えた違和感を振り払った後は、全員がこの方法に大きな価値を感じてくれました。もちろん、大きなプロジェクトでは、関連するすべてのソースコードを印刷することはできないかもしれませんが、クラスを1つ、あるいはプログラムのどこか一部を印刷するところから始めることはできるでしょう。サイズやその他の現実的な理由でコードを印刷することが不可能な場合は、メモを取る代わりにIDEでコメントを書き込むといったことでも実現できます。

練習問題5.1に取り組む際、コードを印刷して、図5.2のように各変数の役割を小さなアイコンでマークしておく方法が筆者のお気に入りです。

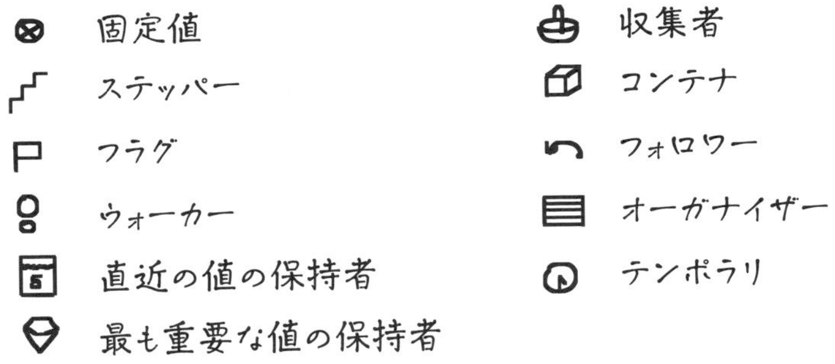

固定値
ステッパー
フラグ
ウォーカー
直近の値の保持者
最も重要な値の保持者
収集者
コンテナ
フォロワー
オーガナイザー
テンポラリ

図5.2　サヤニエミ教授のフレームワークにおける11の変数が果たす役割に対応するアイコンを作成し、読み慣れていないコードで変数の役割をマークするために使ってみよう。筆者が使っているアイコンを紹介する。

アイコンは、一度覚えてしまえば、とても強力な記憶補助ツールになります。アイコンを簡単に覚えるためには、フラッシュカードを作成することが有効です。

図5.3は、前述のPythonのコードに変数の役割をアイコンでメモ書きしたものです。

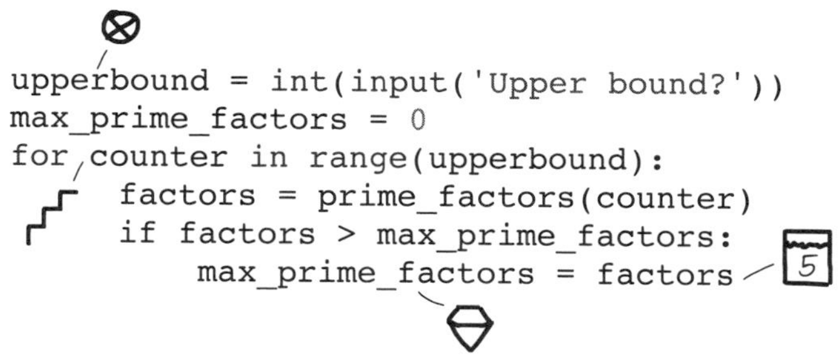

```
upperbound = int(input('Upper bound?'))
max_prime_factors = 0
for counter in range(upperbound):
    factors = prime_factors(counter)
    if factors > max_prime_factors:
        max_prime_factors = factors
```

図5.3　プログラム中の変数の役割を示すアイコンで書き込んだPythonのコードの例。upperbound変数には「直近の値の保持者」、counterには「ステッパー」、max_prime_factorsには「最も重要な値の保持者」のアイコンが書き込まれている。

コードを書くとき、特にそのコードを扱うすべての人が「変数の役割」フレームワークをよく理解していれば、役割の名前を変数名に入れることが非常に効果的です。変数名は長くなるかもしれませんが、重要な情報を伝えることができ、後でコードを読む人が自分で変数の役割を把握する手間を省くことができるからです。

5.2.2 ハンガリアン記法

変数の役割のフレームワークを見て、**ハンガリアン記法**と呼ばれる命名方法を思い出した人もいるかもしれません。たとえば、strNameは名前を表す文字列であることを意味し、lDistanceは距離を表す長整数を意味します。これは、型システムを持たない言語において、変数型を名前から見分けられるように生まれたものです。

ハンガリアン記法は、チャールズ・シモニー（Charles Simonyi）が1976年の博士論文『Meta-Programming: A Software Production Method』で解説したものです。ちなみに、この論文は、現在でも非常に読む価値があります。シモニー氏は、その後マイクロソフトに就職し、WordやExcelの開発を指揮しました。彼の命名法は、マイクロソフトが開発するソフトウェアの標準となり、後にVisual Basicなどのマイクロソフトが生み出した言語で開発されるソフトウェアにも適用されるようになりました。

ハンガリアン記法は、1970年代にC言語の先祖とされるBCPL（Basic Combined Programming Language）で初めて多用されました。IntelliSenseを備えたIDEがなかった時代、エディタ上で変数の型を確認することは簡単ではありませんでした。そこで、変数の型に関する情報を名前に付加することで、コードの可読性を向上させることに成功したのです。しかし、その代償として、名前が長くなるためにコードが読みづらくなり、さらにあとから変数の型を変更しなければならないときには、たくさんの場所を書き換えなければならず、大きな影響が及ぶことになってしまいました。現在では、ほとんどのエディタが変数の型を簡単に表示できるため、型のある言語では、ハンガリアン記法は変数名が長くなるだけで、あまり価値があるとは考えられていません。このように変数名に型を埋め込むことはすでに一般的ではなく、最近ではハンガリアン記法は使わないべきだという意見の方が多くなっています。

●アプリケーションハンガリアンとシステムハンガリアン

実は、シモニーが論文で提唱したのは、単に型を変数名に埋め込むことではありませんでした。しかし現在では、変数の型を変数名で表現することをハンガリアン記法と呼んでいます。

シモニーの提案は、それよりもずっと変数のセマンティクスに寄ったものでした。彼が提案した手法は、現在では**アプリケーションハンガリアン記法**と呼ばれています。アプリケーションハンガリアン記法では、接頭辞は単に変数の型を示すのではなく、より具体的な意味を持つものです。たとえばシモニーは、Xのインスタンスを数えるための変数はcXという名前に（つまり、UIの色の数を表す際にはcColorsを使う）、lCustomersのように配列の長さを表すためにlXを使うことを提案しています。この書き方をアプリケーションハンガリアン記法と呼ぶのは、シモニー氏がマイクロソフトでWordやExcelに携わっていたことに由来しています。Excelのコード中には、行を表すrwや列を表すcolという接頭辞を持つ変数が数多く存在しており、この規約が有効に活用されていることを意味しています。行と列の値はどちらも整数値ですが、名前を見るだけでどちらを意味しているのかがすぐにわかるというのは、読みやすさの点から非常に有用だといえるでしょう。

Windowsチームもこの表記法を採用しました。ところが、なぜかは不明ですが、接頭辞をデータ型についてのみに利用し、変数の持つ意味については利用しませんでした。Stack Overflowを設立する前にExcelで仕事をしていたジョエル・スポルスキー（Joel Sprosky）は、シモニーが接頭辞の役割を説明するのに「kind（種類）」ではなく「type（型）」という単語を使ったことが、人々がハンガリアン表記を誤って理解してしまう原因であると指摘しています[※3]。

しかし、もともとのシモニーの論文を読むと、「type（型）」の説明は、数を数えるためのcXのようなデータ型以外の具体例と同じページに記述されています。筆者は、少数の人たち、あるいはたった1人が間違った使い方をし始めたために、その使い方が広まってしまった可能性が高いと考えています。第10章で詳しく述べますが、人々は一度コードを書き始めると、そのときの書き方に固執してしまうことが多いものです。いずれにせよ、間違ったハンガリアン記法がWindowsの世界に広まったのは、チャールズ・ペゾルド（Charles Petzold）が記した非常に影響力のある書籍『Programming Windows』（1988年、Microsoft Press）[※4]によるものであり、その後、「ハンガリアン記法は、むしろ有害である」という人々が現れたということが歴史に刻まれたわけです。

しかし、筆者は、シモニーのアイデアには、まだ多くの価値があると考えています。アプリケーションハンガリアン記法が提唱しているいくつかの手法は、サヤニエミ教授のフレームワークの変数の役割と非常に似通っています。たとえば、一時的な値を格納する変数に対する接頭辞としてtを用いたり、配列の最小値や最大値を表す接頭辞として用いられるminや

※3 Joel Sprosky『Making Wrong Code Look Wrong』（2005年3月11日）。https://www.joelonsoftware.com/2005/05/11/making-wrong-code-look-wrong/

※4 現在は第6版が最新。邦訳『プログラミングWindows』（クイープ 訳／日経BP／上巻ISBN978-4-8222-9496-0：／下巻：ISBN978-4-8222-9818-0） maxは最も重要な値の保持者の典型的な使い方と同じです。変数の役割を見極めるための精心的努力が少なくて済むため、コードが読みやすくなるという、本来のハンガリアン記法の主な利点が、誤解が発生したせいで失われてしまったことは残念でなりません。

5.3 プログラムに関する知識を深める

本章では、ここまで、変数の役割を決定することが、コードの意味を理解するために役立つことを見てきました。第4章では、コードに関する知識を素早く得るための別のテクニックとして、変数を丸で囲み、それらの関係を線で結んで表す手法も紹介しました。これらの手法は非常に有効ですが、どちらかといえば**局所的**なもので、主にコードのそれぞれの部分を理解するのに役立つものでした。そこで、ここからは、コードの作成者は何を目指していたのか、何を達成しようとしたのか、その過程でどのような決断がなされたのかといった、コードの背景をより深く理解するための手法に焦点を当てます。

5.3.1 文章の理解と計画の理解

コロラド大学の心理学の教授であるナンシー・ペニントン（Nancy Pennington）が目指したのは、理解のレベルの違いをきちんと見分けることでした。彼女は、プログラマーがソースコードを理解するための2つの異なるレベル、すなわち**テキスト構造の理解**と**計画の理解**というモデルを作成しました。

ペニントン教授のモデルによると、テキスト構造の理解は、キーワードが何をすることを意味するのか、変数の役割は何かといったプログラムの一部分に関する表面的な理解に関連するものです。一方、計画の理解は、プログラマーがそのプログラムを作るときに何を計画していたのか、何を目指していたのかといったことを理解することを表しています。そのコードを書いたプログラマーの目的は、変数やその役割に隠されているだけではなく、コードがどのように構成され、どのように関連付けられているかを調べることによって、より明確になります。次節では、コードの意図をより深く掘り下げる方法について見ていきましょう。

5.3.2 プログラムの理解に関するさまざまな段階

あるプログラムにおける計画の理解を得るということは、コードのそれぞれの部分が他の部分とどのように関連しているかを理解することを意味します。この節の目標は、コードの理解の後ろにある理論を詳しく解説し、また、処理の流れを素早く読み解く練習をするための演習を提案することです。

ブリガム・ヤング大学のジョナサン・シリト（Jonathan Sillito）教授は、人間がコードを理解する際の4つの段階を定義しています[※5]。シリト教授は、25人のプログラマーがコードを読

※5 Jonathan Sillito、Gail C. Murphy、Kris De Volder『Questions Programmers Ask During Software Evolution Tasks』（2006）を参照。https://www.cs.ubc.ca/~murphy/papers/other/asking-answering-fse06.pdf

んでいるところを観察しましたが、その中で多くのプログラマーが、コード内の注目すべきポイント、すなわち**フォーカルポイント**と呼ばれる場所を探すことから始めることに気付きました。これは、Javaプログラムのmain()メソッドやWebアプリケーションのonLoad()メソッドなど、コードのエントリポイントかもしれません。あるいは、エラーが発生した行や、プロファイラが多くのリソースを消費していると判断した行など、別の理由で注目すべき場所を探すケースもあります。

プログラマーは、このフォーカルポイントを足がかりに、理解を構築していきます。たとえば、コードの中を検索して関係する変数の他の出現箇所を探したり、IDEの機能を使ってその行からの他の場所にジャンプしたりします。

そして、プログラマーの理解はそこから発展していき、より大きな概念を理解していくことになります。たとえば、ある関数に特定の入力がなされた際の結果であったり、クラスがどんなフィールドを持っているかという知識であったりといった具合です。最終的には、プログラマーはプログラム全体を完全に理解することになります。注目したコード行が、特定のアルゴリズムの一部であることを理解したり、そのクラスのサブクラスをすべて理解するといったようにです。

要約すると、プログラムの表面的な知識から、より深い理解へと移行する際によく行われる4つのステップは次のようになります。

1. フォーカルポイントを見付ける
2. そのフォーカルポイントから知識を拡張していく
3. 関連している要素から、そのコードに利用されている概念を理解する
4. 複数の要素を横断して利用されている概念を理解する

コードのフォーカルポイントは、コードを読むときに重要な概念だといえます。簡単にいえば、どこからコードを読み始めればよいかを知らなければならないからです。依存性注入（DI：Dependency Injection）など、フレームワークやテクニックによっては、フォーカルポイントを断片化してバラバラに配置してしまうために、つながりが見えづらくなるケースがあります。どこから読み始めればよいのかを知るために、それぞれのフレームワークがどのようにコードを関連付けているかを知る必要があるでしょう。

このような状況では、たとえコードの各行が非常に理解しやすいものであっても、コードを読む人は（場合によっては書く人さえも）、実行中のシステムの実際の構造を把握できない場合があります。これは、プログラマーが**文章の理解**はできても、**計画の理解**が十分ではない状況であることを示しています。この場合、「（複雑そうに見えないので）このコードが何をやっているのかがわかるはずだ」という感覚はあっても、根本的な構造が理解しきれていないため、もどかしい思いをしてしまいます。

●コードへの深い理解のための段階の適用

文章の理解と計画の理解の違いについてわかったところで、複雑なコードを読むときの認知的負荷を軽減する方法として、第4章で見てきたテクニックをもう一度おさらいしましょう。

1. すべての変数を丸で囲む
2. 類似した変数を線でつなぐ
3. すべてのメソッドや関数を丸で囲む
4. メソッド／関数呼び出しをその定義場所と線でつなぐ
5. クラスのインスタンスをすべて丸で囲む
6. クラス定義とそのインスタンスの間に線を引く

この6つのステップが、シリト教授の抽象化モデルを具体化したものであることに気付いたかもしれません。違うところは、上記の手法では特定のエントリポイントがなく、モデルがすべての変数、メソッド、インスタンスに適用されている点です。コードの特定の部分をより深く理解したいときは、この手法を用いてみましょう。ただし、特定のエントリポイントに対して利用する必要があります。

この方法を利用する場合も、コードを紙に印刷し、その一部に手で書き込みを行うのが最適です。その代わりに、IDE上で関連するコード行にコメントを追加するという方法で行うことも、もちろん可能です。上記の6つのステップと同じように、コードにおける計画の理解を促進するために利用可能な4つのステップについてもう少し詳しく見てみましょう。

1. フォーカルポイントを見付ける

   コードの探索は、ある特定のフォーカルポイントから始めてください。たとえば、ランタイムエラーが発生した場所や、プロファイラが遅いというフラグを立てたコード行などです。

2. フォーカルポイントから知識を拡張する

   コードの中にある関係性を探しましょう。フォーカルポイントから始めて、何らかの役割を持った関連エンティティ（変数、メソッド、クラス）をすべて丸で囲みます。たとえば、同じリストの別要素へのアクセス、つまり`customers[0]`と`customers[i]`のように、類似した変数を線でつなぎます。そして、開始点から始めて、どのメソッドや関数にリンクしているかをたどって調べながら、検索範囲を広げていきましょう。

   ここで注目しているものは、コードの**スライス**と呼ばれます。コードXのスライスとは、Xの行に関連するすべてのコードの行の集合を意味しています。

   スライスに着目することで、プログラムの中でデータが使われている場所を把握できます。たとえば、これでフォーカルポイントに大きく関係しているメソッドや行が存在しているか、そのような関係はどこで発生しているのかといったことを認識できます。そうした部分は、コードについてより深い調査を行うためのよい出発点となるでしょう。また、メソッドをたくさん呼び出しているような場所はあるでしょうか。そうした場所を見付けたとしたら、そこもさらなる調査のためのよい着目点となるかもしれません。

3. 関連する要素の集合からコードの概念を理解する

さあこれで、フォーカルポイントに関連するいくつかの行に注目できました。コードの該当部分の呼び出しパターンからいろいろなことを学べます。たとえば、注目したスライス内の複数の場所で呼び出されるメソッドがなかったでしょうか。そのメソッドは、そのコード中で重要な役割を担っている可能性があり、さらに調査する必要があるでしょう。同様に、調査中のコードで使用されていないメソッドは、とりあえず無視できます。IDEでコードを編集する際に、呼び出されるメソッドはフォーカルポイントの近くにあるようにコードを整理して、使用されていないメソッドが視界の外に置くようにするとよいでしょう。そうすれば、コードをスクロールする際の認知的負荷が少し軽減されるはずです。

また、スライス内のどの部分にメソッド呼び出しが多いかも調べることができます。コードの間でつながりが多い部分は、重要な概念を含んでいる可能性が高いので、さらに調査を進めるためのきっかけにできます。重要な場所の調査を進めていくと、関連するすべてのクラスのリストを作成できます。関係性を表すリストを書き出して、そこをじっくりと調べてみましょう。見付け出したいくつかの要素とその間に存在する関係は、コードの背後にある考え方を理解するために役立つのではないでしょうか。

4. 複数の要素にまたがる概念を理解する

最後のステップとして、コードに含まれるさまざまな概念を高いレベルで理解する必要があります。たとえば、コードに含まれるデータ構造だけではなく、その構造に適用される操作や制約も理解したいと思うでしょう。何をすることが許容され、何をしてはいけないのか、つまり、その木構造は二分木なのか、あるいは各ノードに任意の数の子をぶら下げることができるのか、何かしらの制約のある木構造なのか、たとえば3つ目のノードを追加したらエラーになるのか、あるいはユーザー次第で追加が可能なのかといったことが挙げられます。

最後のステップの中で、コードに存在する概念の一覧を作成し、理解したことをドキュメントとして書き下すことができます。ステップ3で作成した要素のリストと、この概念のリストの両方は、ドキュメントとしてコードに追加する価値があるかもしれません。

演習5.2

あなたがこれまで関わったコードの中から、あまり読み込んでいないものをもう1つ探してきてください。あるいは、GitHubでコードを検索して見付けてくるのでもよいでしょう。どんなコードでも構いませんが、あまり読み込んでいないものである必要があります。対象とするコードを見付けたら、そのコードを深く理解するために、次のステップを実行してみてください。

1. コードの中でフォーカルポイントとなる場所を見付けてください。バグを修正したり機能を追加したりするわけではないので、フォーカルポイントはコード中で最初に実行される部分、たとえばmain()メソッドなどになるはずです。
2. 紙面に印刷したコード、あるいはIDE上で、フォーカルポイントに関連するコードのスライスを見付け出します。この作業を行う前に、スライスに関係するコードを近くに置くように移動させるといった、コードのリファクタリングをしたほうがよい場合もあるかもしれません。
3. ステップ2での調査に基づいて、コードについてわかったことを書き出してみましょう。たとえば、コードにはどのような要素や概念が含まれており、それらは互いにどのように関連しているのかといった内容が挙げられます。

5.4 文章を読むこととコードを読むことは似ている

本書の冒頭で述べたように、平均的なプログラマーは、コードを書くではなく読むことに勤務時間の60%近くを費やしていると推定されています※6。ところが、プログラマーは多くのコードを読まなければならないにもかかわらず、あまりコードを読む練習をしていないというのが現状です。ピーター・サイベル（Peter Seibel）氏は、著書『Coders at Work』※7（Apress、2009年）の中で、コードを読むことを含むプログラマーの習慣について、開発者にインタビューを行っています。サイベル氏がインタビューしたほとんどの開発者は、コードを読むことは重要であり、プログラマーはもっとコードを読むべきだと答えましたが、最近読んだコードを挙げることができる人はほとんどいませんでした。ただし、ドナルド・クヌース（Donald Ervin Knuth）だけはまったくの例外でしたが。

我々はコードを読む練習を積んでいないがために、もっと時間のかかるやり方、すなわちコードを1行ずつ読み込んだり、デバッガでコードを読み進めたりといった方法に頼らざるを得ないのです。その結果、「自分で作ったほうが簡単だから」という理由で、既存のコードを再利用したり適応させたりするよりも、自分でコードを書くことを好むようになってしまうのです。しかし、コードを読むことが、自然言語で書かれた文章を読むのと同じように簡単だったらどうでしょうか。本章の残りの部分では、まずコードを読むことと文章を読むことがいかに似ているかについて触れ、次の自然言語の文章を読むためのテクニックの中で、コードを読みやすくするためにも応用可能なものについて見ていくことにします。

※6 Xin Xiaほか『Measuring Program Comprehension: A Large-Scale Field Study with Professionals』（2017）。https://ieeexplore.ieee.org/abstract/document/7997917

※7 邦訳『Coders at Work プログラミングの技をめぐる探求』（青木 靖 訳／オーム社／ISBN978-4-274-06847-8）。

5.4.1 コードを読む際に脳内では何が起こっているのか

研究者たちは、プログラミングをしている人の脳の中で何が起こっているのかを、非常に長い間にわたって理解しようと試みてきました。たとえば、第2章で取り上げたベル研究所の研究者キャサリン・マッカイテン氏が1980年代に行った実験では、プログラミングにおけるチャンキングについての初歩的な理解を形成するために、人々にALGOLプログラムを覚えてもらいました[※8]。

プログラミングと脳に関する初期の実験では、被験者に言葉やキーワードを記憶させるなど、当時一般的だった手法がよく用いられました。こうした研究手法は現在でもよく使われていますが、研究者はより現代的な、そして間違いなくずっとクールな手法も利用するようになっています。たとえば、脳の画像処理技術を使って、プログラミングがどのような脳領域とそれに関連する認知プロセスを引き起こすかをより深く理解することなども可能になってきています。

● ブロードマン領野

脳について解明されていないことは、まだまだたくさんあります。しかし、脳のどの部分がどのような認知機能に関連しているかについては、かなり正確に把握できています。これは主に、ドイツの神経学者コルビニアン・ブロードマン（Korbinian Brodmann）の功績です。1909年には早くも『Vergleichende Lokalisationslehre der Großhirnrinde』という本を出版し、現在**ブロードマン領野**として知られている脳の52種類の領域の位置について詳しく説明しています。ブロードマンは、各領域について、言葉を読んだり記憶したりといった、主にその領域が担当する機能を詳しく説明しました。その後、多くの研究により、ブロードマンが作成した脳の地図は、ますます詳細なものになってきています[※9]。

ブロードマンの仕事とその後の脳の領域に関する研究により、現在では、人間の脳のどこにどんな認知機能が「存在して」いるのかを、合理的に把握できるようになっています。脳のどの部分が読書やワーキングメモリに関連しているかを知ることは、より大きなタスクの本質を理解するのに役立っているのです。

このような研究は、**機能的磁気共鳴画像装置（fMRI）**を使うことで可能になります。fMRI装置は、脳内の血流を測定することによって、どのブロードマン領野が活性化しているかを検出できる装置です。fMRIを用いた研究では、一般的には、参加者は頭の中でパズルを解くような複雑なタスクを実行するように求められます。さまざまなブロードマン領野への血流の増加を測定することで、その課題を解く際に、ワーキングメモリなど、どのような認知プロセスが関与しているかを判断できるのです。しかし、fMRI装置がスキャンを実行している間、被験者は動くことができず、それがこの装置での実験に制約を与えてしまっています。つまり、

※8 Katherine B. McKeithenほか『Knowledge Organization and Skill Differences in Computer Programmers』（1981）。http://spider.sci.brooklyn.cuny.edu/~kopec/research/sdarticle11.pdf

※9 興味があれば、最新の脳の地図は、www.cognitiveatlas.orgで確認できる。

被験者が実行できるタスクの範囲は限られており、メモを取ったりコードを作成したりするタスクは行えないのです。

●コードが脳内でどのように処理されるかをfMRIで分析する

ブロードマン領野の存在（もちろんfMRI装置の存在も）は、科学者たちにプログラミングに対する好奇心を抱かせました。どのような脳領域や認知機能がプログラミングに関与しているのでしょうか。2014年、ドイツのコンピュータサイエンスの教授であるヤネット・ジークムント（Janet Siegmund）によって、fMRI装置でのプログラミングに関する最初の研究が行われました※10。被験者は、リストでのソートや検索、2つの数の冪乗の計算など、よく知られたアルゴリズムを表すJavaコードを読むことを求められました。ただし、その際に、コード中の意味のある変数名は無意味な名前に置き換えられていました。つまり、この実験では、参加者は変数名からコードの機能を推測することはできず、プログラムの流れを理解することに認知的労力を費やすわけです。

ジークムント教授の発見は、プログラムの理解が、脳の左半球に位置するBA6、BA21、BA40、BA44、BA4という5つのブロードマン領野を活性化することを明確に示していました。

ブロードマン領野のBA6とBA40がプログラミングに関与していることは、特に驚くべきことではありませんでした。これらの2つの領域は、ワーキングメモリ（脳のプロセッサ）と注意に関係しているからです。しかし、BA21、BA44、BA47の関与は、プログラマーにとっては少々驚くべきことかもしれません。なぜなら、これらは自然言語処理に関連している領野だからです。この発見は、ジークムント教授がプログラム中のすべての変数名を難読化していることから、より興味深いものとなっています。

つまり、たとえ変数名が難読化されていても、参加者はコードの変数以外の要素（たとえばキーワード）を私たちが自然言語の文章中の言葉を読むのと同じように読み、そこから意味を引き出そうとしたことを示唆しています。

5.4.2 もしフランス語を学べるなら、Pythonも学ぶことができる

fMRIスキャンを利用することで、ワーキングメモリと言語処理の両方に関連する脳の領野が、プログラミングに関与していることがわかりました。ということは、ワーキングメモリの容量が大きく、自然言語能力が高い人が、より優れたプログラマーになるということを意味するのでしょうか。

近年の研究では、プログラミングにおいて、どのような認知能力が重要な役割を果たすのかという疑問に光が当てられています。ワシントン大学の准教授であるシャンテル・プラット（Chantel Prat）は、認知スキルとプログラミングの関連性についての研究を行い、被験者

※10 Janet Siegmundほか『Understanding Programmers' Brains with fMRI』（2014）。https://www.frontiersin.org/10.3389/conf.fninf.2014.18.00040/event_abstract

（コードアカデミーでPython講座を受講した36名の学生）のパフォーマンスを、プログラミング能力だけではなく、数学、言語、推論などのさまざまな分野で評価しました[※11]。この研究でプラット准教授が非プログラミング認知能力の測定に使用したテストは、一般的に使用され、これらの能力を確実に測定できることが知られているものでした。たとえば、数学的能力については、質問例として「5台の機械で5個のウィジェットを作るのに5分かかるとしたら、100台の機械で100個のウィジェットを作るにはどれくらいの時間がかかりますか？」のようなものがあります。

また、流動的推論については、IQテストに似たテストになっていて、たとえば抽象的な一連の画像を並べ替えるなどの内容になっていました。

プログラミング能力については、研究者たちは、コードアカデミーにおけるクイズのスコア、じゃんけんゲームを作成するプロジェクトの結果、多肢選択式試験という3つの因子に注目しました。テストの問題とプロジェクトの結果の採点方法は、Pythonのエキスパートが作成を担当しました。

研究者たちは、各生徒のプログラミング能力のスコアと他の認知能力のスコアの両方を入手できたので、どのような認知能力がプログラミング能力を予測するのに役立つのかという予測モデルを作成できました。プラット准教授らが発見した結果は、プログラマーにとって意外な結果だったかもしれません。数値計算能力（数学を応用するために必要な知識と技能）は、わずかな相関しかなく、参加者間のばらつきのわずか2%を予測したに過ぎなかったのです。一方で、言語能力は、より高い相関を示し、分散の17%を占めました。これは興味深いことだといえるでしょう。というのも、私たちは通常、数学的スキルがプログラミングに重要であると考え、筆者の知るプログラマーの多くは、自然言語を学ぶのが苦手だと主張しているからです。さらに、3つのテストすべてにおいて、最も優れた予測因子はワーキングメモリ容量と推論能力であり、被験者間の分散の34%を占めていました。

この研究において、研究者たちは36名の被験者の認知能力だけではなく、テスト中の脳の活動も脳波計（Electroencephalograph：EEG）という装置で測定しました。これは、fMRI装置とは異なり、頭部に電極を装着して脳活動を測定する比較的シンプルな装置です。上記の3つのプログラミングのタスクを分析する際には、このEEGデータを利用しています。

その結果、学習速度、つまりコードアカデミーのコースをどれだけ早く修了できたかについては、言語能力が特に大きな要因となっていることがわかりました。学習速度と他の学習スキルには相関があり、学習速度が速い受講生は何も理解せずに、ただコースを流しただけではないことがわかります。もちろん、この結果の背景には、一般的に読書が得意な学生は多くを学ぶことができ、読書が苦手な学生は、この研究で調べたようなプログラミングの分野とは無関係に、それほど速く、簡単には学習を行えないという要因の影響も考えられます。

※11 Chantal S. Pratほか『Relating Natural Language Aptitude to Individual Differences in Learning Programming Languages』（2020）。https://www.nature.com/articles/s41598-020-60661-8

プログラミングの正確さ（じゃんけんのタスクのパフォーマンスによって測定）については、一般的な認知能力（ワーキングメモリと推論を含む）が最も重要であることがわかりました。また、多肢選択式試験で測定される宣言的知識についても、EEG活動が重要な因子であることがわかりました。図5.4に示すように、本研究の結果は、プログラミング言語の学習能力の高さは、自然言語の学習能力の高さによって予測できることを示しているように見受けられます。

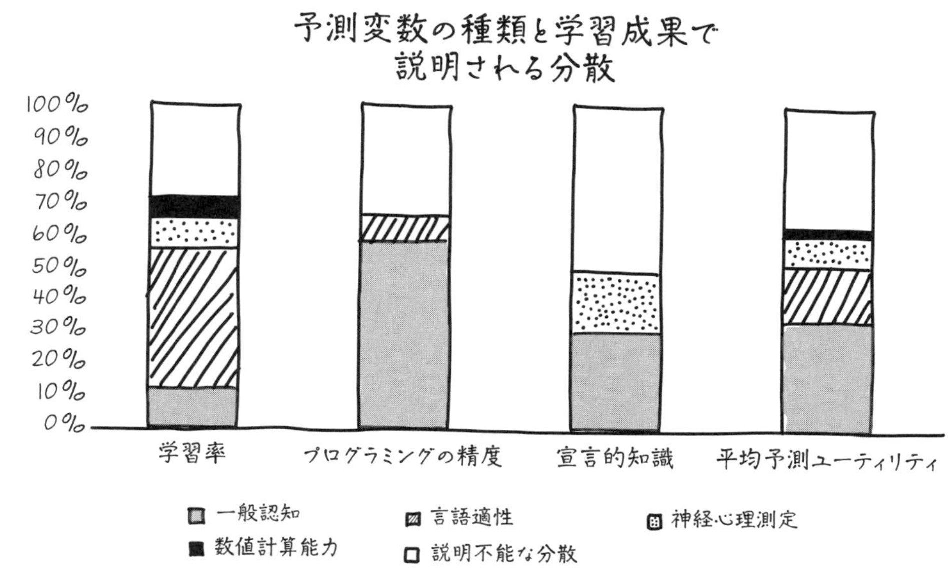

図5.4 プラットの研究の結果、数値計算能力は、プログラミング能力の予測因子としては影響がわずか。一方で、特に言語適性は、プログラミング言語をいかに早く習得できるかについて、より強力な予測因子であることがわかった。
出典：https://www.nature.com/articles/s41598-020-60661-8.pdf（Chantal S. Pratほか、2020）

これは、多くのプログラマーにとって、予想外の結果かもしれません。コンピュータサイエンスは、しばしばSTEM（科学、技術、工学、数学）分野とみなされ、（筆者が所属する大学を含め）大学ではそれらの科目と一緒に扱われます。そして、プログラミングの文化では、数学のスキルは役に立つ、あるいは必要なスキルとして求められています。したがって、予想外の発見によって、我々はプログラミング能力を予測するものについての考え方を改める必要があるのかもしれません。

● 人々はどのようにコードを読んでいるのか

コードの読み方について見ていく前に、我々がどのようにノンフィクションの文章、つまり新聞などを読むのかを振り返ってみましょう。たとえば、あなたが新聞記事を読むとき、どのように読んでいるでしょうか。

一般に、人々はいろいろな方法で文章を読んでいます。たとえば、文章を深く読み込む前に、その文章が時間を費やす価値があるかどうかを判断するため、文章にざっと目を通すこともあるでしょう。また、文章と一緒に掲載されている画像にまずは注目し、文章とその文脈を理解しようとしたり、メモをとって読んでいる内容をまとめたり、最も重要な部分に線を引くこともあるでしょう。文章をざっと眺めたり、関係のある掲載画像を見たりすることは、**文書理解のための戦略**です。これらの戦略の多くは、学校でしっかりと教えられて、これまで実践してきていることなので、あまり考えなくても、無意識に使っているのではないかと思います。

さあ、いよいよコードを読むスキルを向上させる方法を見ていくことにしましょう。しかしその前に、人がどのようにコードを読むかについての科学的な研究結果について紹介することにします。

演習5.3

あなたがノンフィクションの文章を読んだときのことを思い出してください。読む前、読んでいる最中、そして読んだ後に、どのような戦略を用いましたか。

●プログラマーがコードを読むとき、まず全体をスキャンする

研究者は、人々が何を見ているかを理解したいとき、**アイトラッカー**を使います。アイトラッカーは、人々が画面やページのどこを見ているのかを知ることができる装置です。マーケティングリサーチでは、どのような広告が最も長く人々の目を惹くかを調べるために、アイトラッカーが広く使われています。アイトラッカーは物理的な装置で、1920年代から使われていますが、その頃は部屋全体を占拠するほど巨大な装置でした。しかし現代のアイトラッカーは、かなり小型化されています。また、マイクロソフトのKinectで深度を測るように既存のハードウェアと連動させることもできますし、完全にソフトウェアベースで、画像認識によってユーザーの視線を追跡することも可能になっています。

アイトラッカーは、人がどのようにコードを読むのかを、研究者がより深く理解することを可能にしました。たとえば、奈良先端科学技術大学院大学の上野秀剛教授率いる研究チームは、プログラマーはまずはコードをスキャンして、つまりざっと眺めてプログラムの動作を把握することを見付けました※12。この研究チームは、プログラマーがコードをレビューする時間の最初の30%で、70%以上のコードをスキャンしていることを発見したのです。このようなクイックスキャンは、自然言語を読む際に、文章のの構造を俯瞰するためによく行われる行動であり、人々はこの戦略をコードを読む際に転用するようでした。

●初心者と熟達者のコードの読み方は異なっている

ベルリン自由大学の研究者テレサ・バスジャーン（Teresa Busjahn）は、開発者がコードを読む方法と人が自然言語を読む方法を比較するために、14人の初心者プログラマーと6人

※12　上野秀剛ほか『Analyzing Individual Performance of Source Code Review Using Reviewers' Eye Movement』（2006）。https://www.cs.kent.edu/~jmaletic/cs69995-PC/papers/Uwano06.pdf

の熟達者を対象とした研究を行いました[※13]。バスジャーンらは、まずコードの読み方と自然言語の読み方の違いを調べました。そして、コードは、自然言語に比べて直線的に読まれないことを発見しました。たとえば、初心者プログラマーは、自然言語の文章では約80%の視線移動が直線的な動きをしているのに対し、コードでは直線的な視線移動は75%にとどまりました。また、初心者プログラマーの視線移動が直線的にならなかった場合には、コードを上から下にたどるのではなく、コールスタックをたどるような動きがく観察されました。

バスジャーンは、コードと文章の読み方だけではなく、初心者プログラマーと熟達したプログラマーのコードの読み方の違いの比較も行いました。その結果、初心者は熟達者よりも直線的にコードを読んでいき、コールスタックをたどる頻度も高いことがわかりました。ここから、コールスタックに従った読み方は、経験によって身に付くものであることがわかります。

5.5 コードを読む際にも適用可能な文書理解の戦略

前節で示したように、コードを読むのに用いられる認知的スキルは、自然言語の文章を読むのに使われるものと類似しています。つまり、自然言語の文章をどのように読むかを研究して得られた知見は、コードを読む際にも応用できる可能性があるのです。

効果的な文章読解戦略とその学習法については、これまでに多くの研究がなされてきました。文章読解のための戦略は、大きく分けて次の7つに分類できます[※14]。

- **活性化**：関連する事柄を積極的に考え、過去の知識を活性化させる
- **監視**：文章の理解度を把握し続ける
- **重要性の判断**：文章のどの部分が最も関連性が高いかを判断する
- **推論**：文章にはっきりと書かれていない事実を補完する
- **可視化**：読んだ文章の内容を図解して理解を深める
- **自問自答**：その文章について、質問を作り、それに答える
- **要約**：文章の短い要約を作成する

コードを読むことと文章を読むことの間には認知的な類似性があるので、自然言語を読むための戦略がコードを読む際にも有用である可能性があると考えることは妥当でしょう。この節では、文章を読むためのこれらの7つの戦略のそれぞれを、コードを読むことに当てはめて考えてみることにします。

※13 Teresa Busjahnほか『Eye Movements in Code Reading: Relaxing the Linear Order』(2015)。https://ieeexplore.ieee.org/document/7181454

※14 Teresa Busjahnほか『Eye Movements in Code Reading: Relaxing the Linear Order』(2015)。https://www.researchgate.net/publication/27474121_The_Seven_Habits_of_Highly_Effective_Readers

5.5.1 過去の知識の活性化

プログラマーが新しいコードに出会ったときに、まず初めに全体をスキャンすることはすでに学びました。しかし、なぜコードをスキャンすることが役に立つのでしょうか。その理由の1つは、コード内に存在する概念と構文要素の概要を捉えることができるからです。

前章で、人が物事について考えるときには、ワーキングメモリが長期記憶を検索して関連する記憶を探すということを学びました。コード中の要素について積極的に考えることで、ワーキングメモリが長期記憶に記憶されている関連情報を見付け、それが手元のコードを理解する助けになる可能性があります。過去の知識を意図的に活性化させるよい方法は、一定時間、たとえば10分間コードを勉強して、その意味を理解する時間を自分に与えることです。

演習5.4

一定の時間（5分または10分、コードの長さで調節してください）、これまで未読のコードの一部を読み込んでみましょう。コードを読んだ後、そのコードに関する次の質問に答えてみてください。

- あなたの目に留まった最初の要素（変数、クラス、プログラムの概念など）は何でしたか？
- それが目に留まった理由は何でしょうか？
- 2番目に目に留まった要素は何でしたか？
- それは、なぜでしょうか？
- 1番目とその次に目に留まった2つの要素（変数、クラス、プログラムの概念）は、お互いに関連しているでしょうか？
- コードの中に、どんなプロムラムの概念があったでしょうか？　そして、あなたはそれを全部知っていましたか？
- コードにはどんな構文要素があったでしょうか？　そして、あなたはそれを全部知っていましたか？
- コードには、どんなビジネス領域の概念があったでしょうか？　そして、あなたはそれを全部知っていましたか？

この演習の結果は、コードの中の馴染みのないプログラムやビジネス領域の概念について、もっと情報を調べようという気を起こさせるかもしれません。知らない概念に遭遇したら、再びコードに集中する前に、その概念を勉強するようにするのが一番です。新しいコードを読むと同時に新しい概念について学習すると、認知的負荷がかかり過ぎて、概念とコードの両方を効率的に理解できなくなる可能性があるからです。

5.5.2 監視

コードを読むときは、自分が何を読んでいるのか、そして、それをきちんと理解できているのかを把握し続けることが大切です。理解できたことだけではなく、わからなかったところなども心に留めておきましょう。コードをプリントアウトして、理解できた行とわからなかった行に印を付けるのもよい方法です。変数の役割を示すことに使ったのと同じように、わかりやすいアイコンで印を付けるとよいでしょう。

筆者がこの方法で注釈をつけたJavaScriptのコードを図5.5に示します。理解できたコードにはチェックマークを、わからない行や行の一部には疑問符を付けています。このように自分の理解度を監視することで、2回目にコードを読むときに、わからない行に注目して、より理解を深めることができるようになります。

わからなかった部分に印を付けるアノテーションは、自分自身の理解度を監視するのに非常に役立つだけではなく、誰かに助けを求める際にも有効です。コードのどの部分がわからないのかを明確に伝えることができれば、そのコードを書いた人に、その特定の行についての説明を求めることができます。そうすれば、単に「これが何をするコードなのか、まったくわからない」というよりもスムーズにコミュニケーションを図ることができるでしょう。

```
✓import { handlerCheckTodo } from '../handlers/checkedTask.js';
✓import { handlerDeleteTodo } from '../handlers/deletetask.js';
✓import { restFulMethods } from '../restful/restful.js';

✓export class app {
  ✓state = [];
  ✓nexId = 0;

  ✓renderTodos(todosArray) {
    ✓const Tbody = document.createElement('tbody');

    ✓for (const todo of todosArray) {
      ?const trEl = document.createElement('tr');
      ✓trEl.className = 'today-row';
      ?const DivEl = document.createElement('div');
      ✓DivEl.className = 'row';
      ✓const divElSecond = document.createElement('div');
      ✓divElSecond.className = 'col-1';

      ✓const TdEl = document.createElement('td');
      ✓const checkBoxEl = document.createElement('input');
      ✓checkBoxEl.type = 'checkbox';
      ✓checkBoxEl.addEventListener('click', handlerCheckTodo);

      ✓checkBoxEl.dataset.index = todo.id;
```

図5.5 JavaScriptのコードに、理解を示すアイコンを付けたもの。チェックマークはその行が理解できていることを示し、クエスチョンマークはその行の意味を理解できなかったことを示す。

5.5.3 コード中のどの行が重要なのかを判断する

コードを読むときに、どの行が重要であるかを認識することは非常に効果があります。これは、演習として意図的に行うこともできます。「重要と判断した行」が何行あったのかは、あまり重要ではありません。短いコードスニペットであれば10行、大きなプログラムであれば25行でも構いません。重要なのは、コードのどの部分がプログラムの実行に最も影響を与える可能性が高いかを、あなたが考えることです。

コードをプリントアウトして利用する場合は、重要だと思う行に感嘆符を書き込むことができます。

> **演習5.5**
>
> 読み慣れていないコードを選び、プログラムの中で最も重要な行を数分間で見付け出してみてください。どの行が重要かを決めたら、次の質問に答えてください。
>
> - それらの行を選んだ理由は何ですか？
> - それらの行の持つ役割は何でしょうか（たとえば、初期化や入出力、データ処理など）？
> - それらの行は、そのプログラムの最終目的にどのように寄与しているのでしょうか？

● コードの中の重要な行とは何か

重要なコード行とは何を意味するのだろうかと思うかもしれません。それは、とてもよい疑問です。筆者は、開発チーム内でコードの重要な行に印を付けるトレーニングを頻繁に行います。各チームメンバーが最も重要だと思う行にそれぞれ印を付け、その後、チームでそれを比較するのです。

どの行が重要かについて、チーム内で意見が分かれることは珍しくありません。たとえば、あるメンバーは最も集中的に計算が行われる行が最も重要であると主張し、別のメンバーは関連するライブラリのimport文や説明のコメントが重要だというかもしれません。異なるプログラミング言語やドメインのバックグラウンドを持つ人の場合、それぞれのコード行の重要性について異なる考えを持っているかもしれませんが、それで問題ありません。こうした意見の違いは特に解決すべきものではなく、さまざまな意見について学ぶための機会だと考えるとよいでしょう。

この演習は、チームで行うと、コードのみならず、自分自身やチームメイト（優先順位や経験など）についても学ぶことができるのがよいところです。

5.5.4 変数の名前の意味を推論する

プログラムの意味は、コードの構造そのものでその多くが表されています。たとえば、ループや条件文の使い方などです。また、変数などのプログラムの要素の名前にも意味があり、その意味の一部は、推論によって意味を知る必要があるかもしれません。コード中にshipmentという変数が定義されていた場合、そのコードが対象とするビジネス領域において、shipmentが何を意味するかを理解することは意味があります。shipmentは「出荷」と言う意味ですが、注文と同じで、特定の購入者のために出荷する製品のセットを意味するのかもしれません。あるいは、工場に出荷されるひとまとまりの製品なのかもしれません。

これまで見てきた通り、変数名は、コードがどのような目的や内容なのかを知るために重要な手がかりとして機能することがあります。コードを読むときに、変数名に意識的に着目することはとても重要です。

そのための練習として、コードを1行ずつ見ていき、すべての識別子名（変数、クラス、メソッド、関数）のリストを作成してみましょう。この作業は、コードが何をするものなのかまったくわからない場合でも行うことが可能です。コードをこのように機械的に分析するのは少し奇妙な感じがするかもしれませんが、すべての識別子を調べることで、ワーキングメモリへの負荷を軽減できます。なぜなら、まず名前に注目することによって、長期記憶から関連する情報を探せるようになるからです。そして、その情報を用いることで、ワーキングメモリは、より容易にコードを処理できるようになります。

識別子のリストを作成したら、コードをより深く理解するために、それを利用できます。たとえば、変数の名前は2種類に分類できます。1つ目は、そのコードが扱うビジネス領域に関係する変数名です。CustomerやPackageなどが、これにあたります。もう1つは、TreeやListのように、プログラムの概念に関係する変数名です。CustomerListやFactorySetのように、その両方を組み合わせたような名前もあります。また、コード中での文脈と合わせてみないと理解できない変数名もあります。そうした変数の名前の場合は、この章の前半で説明したサヤニエミ教授のフレームワークを使って、どのような役割を果たすかを決めるなど、その意味を調べるのに多くの労力を費やす必要があります。

演習 5.6

ソースコードのどこか一部分を選び、そこに存在するすべての変数名のリストを正確に作成してください。次の表にすべての変数名を書き出してみましょう。

変数名	ビジネス領域に関連？	プログラム概念に関連？	コードを見なくても意味がわかる？

表に書き出した変数名を使って、次の質問に答えてみましょう。

- コードが対象とするビジネス領域、またはトピックは何でしょうか？
- どんなプログラムの概念が利用されているでしょうか？
- これらの変数名から何がわかるでしょうか？
- 互いに関連する変数名はあったでしょうか？
- 文脈について読み解かないとわからない曖昧な名前はあったでしょうか？
- このコード中で曖昧な名前はどのような意味を持っているでしょうか？

5.5.5 可視化

これまでの章で、状態遷移表の作成やコードの流れのトレースなど、コードを視覚化して理解を深めるためのいろいろな手法を見てきました。それ以外にも、コードを理解するために利用可能な可視化の戦略が、いくつかあります。その中の1つである、変数が関与するすべての操作をリストアップするという手法は、より深い理解が必要となる非常に複雑なコードを読むのに非常に便利です。

●操作テーブル

読み慣れないコードで作業を行う場合、コードの実行に伴って変数の値がどのように変化するかを予測することが困難な場合があります。コードが難解ですぐに理解できないような場合には、操作テーブルを作成することが有効です。たとえば、次のJavaScriptのコードは、zip関数が2つのリストを結合する機能を持つことを知らないと、理解が難しいかもしれません。

リスト5.1 asとbsという2つのリストを関数fを使ってzipするJavaScriptのコード

```
zipWith: function (f, as, bs) {
    var length = Math.min(as.length, bs.length);
    var zs = [];
    for (var i = 0; i < length; i++) {
        zs[i] = f(as[i], bs[i]);
    }
    return zs;
}
```

このようなコードの場合は、使われている変数、メソッド、関数を調べ、それらがどのような操作に関与しているのかを突き止めるとよいでしょう。たとえば、fはas[i]とbs[i]を引数として呼び出しを行っているので、関数であることがわかります。asとbsには添字が付けられているので、リストか辞書であることがわかります。変数がどのような操作に利用されているのかということからその種類を見分けることができれば、複雑なコードであってもその役割を理解するのが簡単になります。

演習5.7

あまり馴染みのないコードを1つ選び、そのコードに含まれるすべての識別子、すなわち変数、関数、クラスの名前を書き出してください。次に、各識別子に関連するすべての操作内容をその横に書き込みます。

識別子名	関連する操作

表を作成した後で、もう一度コードを読み直してみてください。表の作成により、それぞれの変数の役割、コードが行っている処理の全体の意味を、より深く理解できるようになったでしょうか。

5.5.6 自問自答

コードを読みながら自問自答を行うことで、コードの目的や機能を理解しやすくなります。前節でも、コードに関する質問の例をいくつも見ましたが、より効果的な質問をここで見ていきましょう。

- コードの中で用いられている最も重要な事柄を5つ挙げてください。ここでいう「事柄」には、識別子名、テーマ、クラス、コメントに書かれている情報などが含まれます。
- その重要な事柄を特定するために、どんな手法を用いたでしょうか？　たとえば、メソッド名やドキュメント、変数名などを調べたり、そのシステムに関する自分の知識を利用したでしょうか？
- コードの中で用いられている最も重要なコンピュータサイエンスに関連する事柄を5つ挙げてください。ここでいう「事柄」には、アルゴリズム、データ構造、何らかの仮説、技術的なテクニックなどが含まれます。
- コードの作成者が下した何らかの決断を特定することができたでしょうか？　特定のアルゴリズムやデザインパターンの実装、何らかのライブラリやAPIの利用などが該当します。
- それらの決断の特定は、どのような仮説を元に行ったのでしょうか？
- それらの決断には、どんなメリットがあったのでしょうか？
- それらの決断には、どんなデメリットの可能性があるでしょうか？
- その決断とは別の同じ問題を解決する方法を挙げられるでしょうか？

これらの質問に自分で回答すると、単に文字を追いかけるだけよりも深くコードについて考えることになり、より内容を理解できるようになります。

5.5.7 コードの要約

文章の理解からコードの理解へと応用することができる最後の戦略は、読んだ内容を要約するというものです。自然言語の文章でコードの内容を要約することで、そのコードがどんなことを行っているのかを、より深く理解できるようになります。さらに、そうして作成した要約は、自分のための追加のドキュメントとして利用でき、そのコードにもともと付属していたドキュメントが不十分であった場合には、そのままコードの正式なドキュメントとして利用できるかもしれません。

本章の前半で取り上げたテクニックには、コードの要約に役立つものがいくつかあります。たとえば、最も重要な行を発見する、すべての変数とそれに関連する操作をリストアップする、コードの作者が行った決定を特定するといった作業は、要約を開始するにあたって非常に有効な出発点となるでしょう。

演習 5.8

次の表を記入しながら、コードを要約してみましょう。もちろん、下の表で書かれているよりも多くの情報を要約に入れても構いません。

出発点	
このコードの目的：このコードが達成したい目的は何か	
最も重要な行はどこか	
最も関連深いビジネス領域の概念は何か	
最も関連深いプログラムの構造は何か	
コード作者の下した決定は何か	

本章のまとめ

- 馴染みのないコードを読む際には、「ステッパー」や「最も重要な値の保持者」など、変数がどのような役割を担っているかを把握することで、より深く理解できます。
- コードの理解の仕方には、コードに使われている構文的な概念を理解する「文章の理解」とコード作者の意図を理解する「計画の理解」という異なる理解の方法があります。
- コードを読むことと自然言語で書かれた文章を読むことには多くの共通点があり、自然言語の学習能力はプログラミングの学習能力を予想する上での因子となります。
- 自然言語の文章をより深く理解するためによく使われる視覚化、要約などの手法は、コードをより深く理解するためにも応用できます。

Chapter 6

プログラミングに関する問題をよりうまく解決するには

本章の内容

- プログラム上の問題を効果的に推論するためのモデルを適用する
- 問題に対するさまざまな考え方が、問題解決の方法にも影響を与えることを理解する
- コードについて考え、より効果的に問題を解決するためのモデルの活用方法を探る
- 長期記憶の能力を向上させることで問題を解決する新しい方法を学習するテクニックを試す
- ワーキングメモリの活用方法を工夫することで問題を解決するモデルを利用する方法を学ぶ
- 無関係な内容を省き、重要な内容のみに注目することで、問題を正しく切り分ける

ここまでの章では、プログラミングを行う際に脳内で行われているさまざまな認知プロセスについて学んできました。コードを読んだときに情報がどのように短期記憶に一時的に格納され、その知識を利用する必要があるときに情報がどのように長期記憶から取り出されるかを見てきました。また、コードについて考えるときに活性化するワーキングメモリに関しても学んできました。第5章では、馴染みのないコードを読み解いていくための戦略を解説しました。

そして本章では、問題をどのように解決するかに焦点を当てます。職業プログラマーとして、あなたは問題に対するさまざまな解決策を検討する必要に迫られることが頻繁にあるでしょう。たとえば、ある会社のすべての顧客を単純なリストとしてモデル化するのか、それとも最初にその顧客を登録した支社によってまとめた木構造としてモデル化するべきか、あるいはマイクロサービスに基づくアーキテクチャを採用するのか、それともすべてのロジックを1カ所にまとめておくべきなのかといったことです。

問題に対するさまざまな解決策を検討する際、どの解決策にも他とは異なる優れた点があるはずです。その中から、どの解決策を選択するのかを決定するのは、考慮すべき要素が多過ぎて、難しいケースが多いことでしょう。たとえば、使いやすさを優先するべきなのか、パフォーマンスを優先すべきなのか、あるいは将来のコード変更を見越しておくのか、現在の作業だけ考慮すべきなのかといった具合です。

本章では、日々のソフトウェア設計に関する意思決定をどのように行うべきかについて、より深い洞察を得るために役立つ2つのフレームワークを紹介します。その前に、問題解決やプログラミングを行う際に脳が作り出す心象について見ていきましょう。コードについて考える際に利用される心象を意識することで、より多くのタイプの問題を解決し、コードについて論理的に考え、より効果的に問題を解決することができるようになります。本章では、こうした目的を達成するために、長期記憶を強化し、ワーキングメモリをサポートするためのモデルを含む2つのテクニックを取り上げます。

続いて、私たちが問題を解くときにコンピュータに関してどのように考えるかについて見ていくことにします。プログラミングを行う際、私たちは作業しているマシンに関するすべての観点について考慮できているわけではありません。たとえば、ユーザーインターフェイスを作成する際に、オペレーティングシステムの詳細についてはあまり考える必要がありません。しかし、機械学習モデルを実装したり、モバイルアプリケーションを作成したりする際には、そのコードが実行されるマシンの仕様が重要になります。本章で取り上げる2つ目のフレームワークは、問題を適切な抽象度で考えることを助けるものです。

6.1 コードについて考えるためにモデルを利用する

人は問題を解決するとき、ほとんどの場合にモデルを作成します。モデルは現実を単純化した表現のことで、その主な目的は、問題について考え、最終的には解決することをやりやすくすることです。モデルには、さまざまな粒度と形式があります。バーで飲んでいる際にコースターの裏に走り書きした計算式もモデルと呼びますが、ソフトウエアシステムの実体関連ダイアグラムもモデルと呼びます。

6.1.1 モデルを利用することの利点

これまでの章では、コードに関して考えることを支援するさまざまなタイプのモデルを作成してきました。たとえば、図6.1に示すように、状態表を作成して変数の値を記録しました。また、依存関係グラフも作成しましたが、これもコードのモデルの一種だといえます。

問題を解決するときにコードの明示的なモデルを利用することには、2つの利点があります。まず、モデルによって、プログラムに関する情報を他の人に伝えることが容易になります。状態表を作成したら、そこに記述された変数のすべての中間値を他の人に共有することで、コードがどのように動作するかを理解してもらうことができます。これは、特に大規模なシステムで役に立ちます。たとえば、コードのアーキテクチャ図を一緒に見せれば、クラス間の関係や、コードを読んだだけではわかりづらいオブジェクトの存在などを理解してもらいやすくなります。

```
1  LET N2 =  ABS (INT (N))
2  LET B$ = ""
3  FOR N1 = N2 TO 0 STEP 0
4      LET N2 =  INT (N1 / 2)
5      LET B$ =  STR$ (N1 - N2 * 2) + B$
6      LET N1 = N2
7  NEXT N1
8  PRINT B$
9  RETURN
```

	N	N2	B$	N1
Init	7	7	—	7
Loop1		3	1	3
Loop2				

図6.1　数値Nを二進数表現に変換するBASICのプログラム。プログラムがどのように動作するのかを理解しやすくするために、状態表などの補助ツールを利用できる。

モデルを利用することのもう1つの利点は、問題解決に役立つことです。コードを読む中で、一度に処理できる情報量が限界に達してしまいそうなときに、モデルを作って認知的負荷を下げることができるからです。子供が「3＋5」の足し算をするとき、暗算をせずに数直線（これも一種のモデルです）を使うように、ワーキングメモリの中に大きなコードのすべての要素を保持するのは難しいので、プログラマーはホワイトボードにシステムのアーキテクチャを書き出すことがあります。

モデルは、長期記憶が関連する記憶を識別する手助けをし、それが問題解決に役立つわけです。たとえば、状態表を見れば変数の値だけに注目することができ、実体関連ダイアグラムを使えばクラスとその関係だけに注目できます。問題を解決するためには、問題の特定の部分に注目することが役に立つ場合が多いのですが、こうしたモデルはそうした制約をいわば強制的に与えてくれるものなのです。足し算の際に数直線を使うと、数えるということに集中できますが、同様に、実体関連ダイアグラムは、システムがどのような実態やクラスで構成され、それらがお互いにどのように関連しているのかということに集中させてくれるのです。

●すべてのモデルが等しく便利なわけではない

しかし、問題を考えるためのモデルがすべて便利に利用できるというわけではありません。私たちプログラマーは、問題解決におけるデータの表現方法の重要性とその効果について知っています。たとえば、ある数字を2で割るには、二進数表現に変換していれば、ビットを1つ右にシフトするだけで、簡単に半分にできます。これは比較的単純な例ではありますが、これと同じように、データの表現方法が問題の解決方法に影響を与える例はたくさんあります。

データの表現方法の重要性をより深く理解するために、次の例を見てみましょう。これは鳥と2両の列車に関する問題です。イギリスのケンブリッジからロンドンに向かう列車に鳥が止まっています。その列車が発車するのと同時に、50マイル離れたロンドンからもう1両の列車が発車します。どちらの列車も時速50マイルで走っており、その鳥は飛び立って2番目の列車に向かって時速75マイルで飛んでいきます。鳥は2番目の列車に着くと、また1番目の列車に向かって引き返し、2つの列車がすれ違うまでこれを続けます。列車がすれ違うまでに、鳥はどれくらいの距離を飛ぶことになるでしょうか。

この問題を解くために、皆さんは、まず列車とその間を鳥がどのように移動しているかを考えるでしょう（図6.2）。

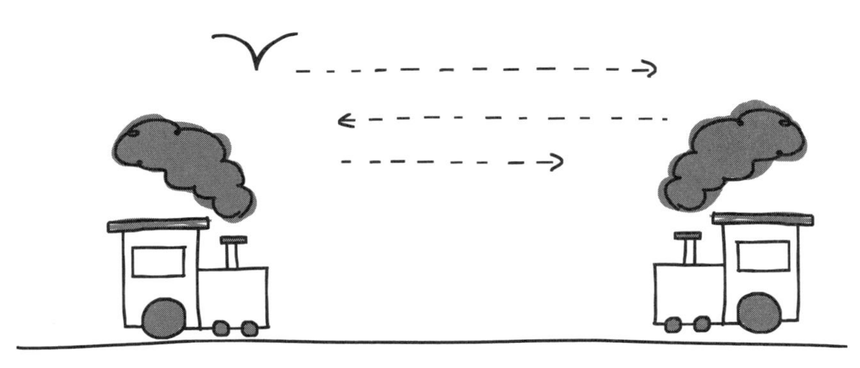

図6.2　走行する2両の列車の間を鳥が移動する距離を、鳥の視点からモデル化したもの。これは正しい解き方の1つではあるが、両方の列車の位置を計算することを含む、非常に複雑な計算が必要になる。

鳥の軌跡をモデル化するという解き方は、正しく答えを導き出せる方法ではあります。しかし、これには複雑な方程式が必要となってしまうので、たいていの人はもっと簡単に計算したいと思うでしょう。より簡単な方法は、鳥そのものに注目し、次のように考えることです。列車は30分後にロンドンとケンブリッジの中間地点ですれ違います。このとき、両方の列車はそれぞえ25マイルを走行しているはずです。鳥は時速75マイルで飛ぶので、30分後には、37.5マイルを飛んだことになると簡単に計算できてしまいます。このように、問題に対する考え方が、問題の解決方法や解決にかかる労力に大きく影響するケースは少なくありません。

プログラミングでも、私たちは問題を扱う際に、さまざまな表現方法でデータを扱っています。プログラミング言語によっては、対応している表現方法があまり多くない場合もあり、それが問題解決に役立つこともあれば、問題となることもあります。たとえば、APLのような言語は、行列を含む解のモデル化には最適ですが、それ以外の問題は扱いづらくなってしまいます。一方で、Javaでは、あらゆる種類といっていいほどの表現方法を扱うクラスを作成できます。Javaを使って行列を含む問題を処理することはもちろん可能ですが、その際には行列専用のクラスを作成するという作業が必要になります。Javaにはforループが用意されていて使用頻度も高いので、行列を表現するクラスを使う代わりに2つの入れ子になったforループを使って問題を解くことのほうが一般的です。

6.2 メンタルモデル

これまで、実際に手を動かして、明示的に作成されたモデルを見てきました。状態表、依存関係グラフ、実体関係ダイアグラムなどは、紙やホワイトボード上で扱うようなモデルです。このようなモデルは、他者とコミュニケーションをはかるときや、問題を深く考えるときにも便利です。しかし、これらのモデル以外にも、問題を考えるときに頭の中で利用し、実際に手を動かして何らかの作業をすることを必要としないモデルもあります。これを**メンタルモデル**と呼びます。

前節では、問題を解決するためにどのようなデータの表現方法を利用するかが、問題に対する考え方にも影響を与えることを学びました。メンタルモデルも同様に、問題を考えることを助けてくれるものも、そうでないものもあります。この節では、メンタルモデルとは何か、そして問題を解決する際にメンタルモデルをどのように活用すればよいかについて見ていくことにします。

メンタルモデルをコードに対して利用する例として、まずは木構造のトラバースについて考えてみることにします。木構造といっても、もちろん、コードやコンピュータの中に実際に木が生えているわけではありません。メモリ上に値が保持されており、それを木のような構造であると見なして、そう呼んでいるだけです。このモデルを使うことで、コードの意味をよく理解できるようになります。なぜなら、「ある要素を参照している要素の集合」と考えるよりも、「あるノードの子ノード」と考えるほうがわかりやすいからです。

メンタルモデルという言葉は、スコットランドの哲学者ケネス・クレイク（Kenneth Craik）が1943年に出版した書籍『The Nature of Explanation（説明の本質）』の中で初めて使われました。クレイクは、メンタルモデルを自然界の現象の心理的な「スケールモデル」であると説明しています。そして、クレイクによれば、人は自分の周りの世界を予測し、推論し、説明するために、メンタルモデルを利用しています。

メンタルモデルの定義として著者が最も好んでよく使うのは「メンタルモデルは、目の前の問題について推論するために、ワーキングメモリの中で概念を抽象化するものである」という説明です。

コンピュータを操作しているとき、私たちはさまざまな種類のメンタルモデルを作成しています。たとえば、ファイルシステムについて考えるとき、フォルダ内にファイルがまとまっている構造を頭に思い浮かべるでしょう。よく考えてみれば、ハードディスクの中には実際にはファイルやフォルダなどというものは存在せず、0と1で情報が記録されているだけに過ぎません。しかし、その0と1の集合体を理解するにあたって、私たちはファイルやフォルダという構造を用いて頭の中を整理しているのです。

私たちは、コードについて考えるときにもメンタルモデルを使用します。プログラミングを考えるときに使うメンタルモデルの例としては「特定のコード行が実行される」という考え方があります。この考え方は、JavaやCなどのコンパイル言語においても特に違和感はないでしょう。しかし、実行されるのはその行に対応して生成されたバイトコードであり、JavaやCのコード行そのものではありません。したがって、コード行が実行されるという考え方は、プログラムの実行方法を正しく、あるいは完全に表現しているわけではありません。とはいえ、プログラムについて考える際には役立つモデルなのです。

このモデルは、私たちを混乱させる場合もあります。たとえば、高度に最適化されたコードをデバッガで実行したとしましょう。コンパイラによってコードが最適化されたことで、デバッガがソースコードから期待されるのとは異なる動きをしてしまうケースなどが、それに該当します。

演習6.1

数日以内に作業をしたコードについて思い出してください。そのコードでの作業中にあなたはどのようなメンタルモデルを使用したでしょうか。そのメンタルモデルは、コンピュータ関係あるいはコードの実行、その以外の何らかのプログラミングに関するものだったでしょうか。

6.2.1 メンタルモデルを詳しく検討する

メンタルモデルは、手を動かして構築するモデルと同様に「問題を適切に表現してはいるが、現実よりも単純で抽象的である」という重要な特性を持っています。それ以外のメンタルモデルの重要な特性を表6.1に示します。

表6.1 メンタルモデルの重要な特性とプログラム中における具体例

特性	具体例
メンタルモデルは、不完全なものである。スケールモデルが物理的な対象物を単純化するのと同様に、メンタルモデルが対象とするシステムを完全に再現している必要はない。不完全なメンタルモデルでも、無関係な詳細が抽象化されていれば、利用者にとっては有効なモデルとなる。	変数を値を保持する「箱」と考えるモデルは、変数への値の再代入を正確に表すことができない。2番目の値は1番目の値と一緒に箱に収まるのでしょうか、あるいは1番目の値は外に押し出されるか？
メンタルモデルは、不安定なものである。メンタルモデルは常に同じである必要はなく、むしろ利用中にに変化することが非常に多く見られる。たとえば、電流を水の流れに見立てたメンタルモデルを作った場合、最初はまっすぐ流れる川をイメージするかもしれないが、電流の仕組みがわかってくると、川幅が広がったり狭まったりするようなイメージに変化するかもしれない。また、一度構築したメンタルモデルであっても、しばらくすると、一部を忘れてしまうこともある。	変数を値を保持する「箱」と考えるモデルは、プログラムを最初に学び始めた際には有効かもしれない。しかし、学習を進めるうちに、変数は複数の値を保持できないことに気付き、箱というよりも「値につける名札」といったほうが適切であることに気付く。

複数のメンタルモデルが、矛盾した状態で共存できる。特に初心者は、「局所的には筋が通っているが、全体としては矛盾している」メンタルモデルを持つことが多く、その時点で注目している特定の状況と密接に結び付いている傾向がある※1。	変数を「箱」のように考えることもできれば、「値につける名札」と考えることもでき、その2つのメンタルモデルが同時に存在することも差し支えなく、状況に応じて使い分けることが可能である。
メンタルモデルは「変な例え」であり、合理的な根拠を欠いた迷信のように感じられることもある。	コンピュータに「今度こそちゃんと動いてくれ」とお願いしたことはないだろうか。コンピュータが知覚を持つ存在ではなく、あなたのいうことを聞いてくれるはずがないとはわかっている。しかしそれでも、あなたはコンピュータが願いを聞き入れてくれるような存在であるというメンタルモデルを持っている。
メンタルモデルを使うとき、人は無駄を惜しむようになる。なぜなら、脳は多くのエネルギーを消費するので、人は頭脳労働の量を減らすために筋肉で解決したがるからである。	たとえば、デバッグをするとき、多くのプログラマーは問題をうまく表現したメンタルモデルを作るのに労力を使うよりも、コードを微調整、つまりいろいろ細かく変更した上で再実行し、バグが修正されているかどうかを確かめるほうを好む。

6.2.2 新しいメンタルモデルを学ぶ

表6.1にも記したように、人は異なる矛盾したメンタルモデルを複数同時に考えることが可能です。ファイルがフォルダの中にあることをイメージしながら、同時に、実際にはファイルが情報を格納するハードディスク上の場所を指していることを理解できるのです。

プログラミングを学ぶとき、多くの場合、人は新しいメンタルモデルを少しずつ学んでいきます。たとえば、最初はハードディスクにあるドキュメントを、どこかに保存されている文字が書かれた実際の物理的な紙のように考えており、後になってから実際にはハードディスクには0と1しか保存できないことを知ることになるかもしれません。あるいは、初めは変数とその値をアドレス帳の名前と電話番号のように考えていたとしたら、コンピュータのメモリの仕組みについて学んだ後は、そのモデルを更新することになるでしょう。このような場合、物事の仕組みをより深く理解したときに、古い「間違った」モデルは脳から排除され、よりよいモデルに置き換えられることをイメージしたかもしれません。しかし、前章までで、そうした古い情報が長期記憶から完全に消えることはないことを学んできました。つまり、以前に学習した、間違った、あるいは不完全なメンタルモデルに逆戻りしてしまうリスクが存在していることを意味しています。複数のメンタルモデルが同時に頭の中で存在することができ、それらのモデルの間の境界は必ずしも明確ではあるとは限りません。そのため、特に認知的負荷が高い状況では、突然古いモデルを使ってしまう可能性があるのです。

メンタルモデルが競合してしまう例として、次のようななぞなぞを考えてみましょう。「雪だる

※1 Dedre Gentner (2002)『Psychology of mental models』(Neil J. Smelser & Paul B. Baltes『International Encyclopedia of the Social and Behavioral Sciences』(pp.9683-9687、Elsevier))

まに暖かそうなセーターを着せると、どうなるでしょうか？　セーターを着せない場合と比べて、雪だるまが解ける速度は速くなるでしょうか、遅くなるでしょうか？」

あなたの脳は、セーターを着ると暖かくなるというメンタルモデルをすぐに呼び出します。その結果、まず最初に、雪だるまはより速く溶けるだろうと思うかもしれません。しかし、さらによく考えてみると、セーターは熱を与えるものではなく、むしろ私たちの体温を逃がさないようにするものだということに気付くはずです。セーターは保温性が高いので、雪だるまが持つ冷たさを閉じ込めてくれるのであり、雪だるまの溶ける速度は速くはならず、遅くなります。

同じように、複雑なコードを読むときに、単純なメンタルモデルを誤って利用してしまう可能性があります。たとえば、ポインタを多用するコードを読んでいたとしましょう。その際に、もしかしたら変数とポインタのメンタルモデルを混同してしまい、値とメモリアドレスを間違って理解してしまうかもしれません。また、非同期呼び出しを多用する複雑なコードをデバッグするときに、同期的に動作することを前提とした、古くて不完全なメンタルモデルを使ってしまうかもしれません。

演習6.2

変数、ループ、ファイルストレージ、メモリ管理などのプログラミング概念を1つ選び、それについてあなたが知っている2つのメンタルモデルを考えてみてください。それらの2つのメンタルモデルには、どういった類似点と相違点があるでしょうか。

6.2.3 コードについて考えている際にメンタルモデルを効果的に使う方法

前章まで、脳内のさまざまな認知プロセスについて見てきました。長期記憶には、人生の出来事に関する記憶だけでなく、スキーマと呼ばれる抽象的な知識の心象が保存されることも説明しました。また、実際に考えることを行うワーキングメモリについても学びました。

メンタルモデルは、どのような認知プロセスに関連しているのでしょうか。メンタルモデルは長期記憶に格納され、必要なときに取り出されるのでしょうか。それとも、コードについて考えるときに、ワーキングメモリがその場で生成されるのでしょうか。メンタルモデルがどのように処理されるかを理解することは、とても重要です。なぜなら、その理解によって、モデルの使い方を改善できるからです。メンタルモデルが長期記憶に保持されるのであれば、フラッシュカードでそれらを記憶する訓練をすればよいでしょう。あるいは、ワーキングメモリにおいて形成されるのであれば、メンタルモデルを利用する認知プロセスをわかりやすくするために、何らかの視覚化を行うとよいはずです。

ケネス・クレイクがメンタルモデルに関する最初の本を出版した後、不思議なことに、約40年間、このテーマはそれ以上研究されることははありませんでした。そして、1983年に、異なる研究者によって、どちらも『Mental Models』というタイトルのついた2冊の書籍が出版されました。これらの本の中で、それぞれの著者は、メンタルモデルが脳内でどのように処理されるかについて異なる見解を持っていました。

●ワーキングメモリにおいてのメンタルモデル

1983年に刊行された1冊目のメンタルモデルの書籍は、プリンストン大学の心理学教授であったフィリップ・ジョンソン=レアード（Philip Johnson-Laird）によって書かれました。ジョンソン=レアード教授は、メンタルモデルは推論中に使用されるため、ワーキングメモリに存在していると主張しました。彼は著書の中で、同僚と一緒にメンタルモデルの使われ方について調査した研究について述べています。その研究では、被験者はテーブルセッティングに関するいくつかの説明を聞かされました。たとえば、「スプーンはフォークの右側に置く」「皿はナイフの右側に置く」といった内容です。その説明を聞いた後、被験者は関係のない仕事をするように指示されました。その後で、4つのテーブルセッティングに関する説明を聞き、その中で最初に聞いた説明と最も似ているものはどれかを尋ねられました。

その4つの説明のうち、2つは偽物の説明、1つは最初に聞かせたのと同じ説明、最後の1つはその内容から正しい説明が推測できるようなものになっていました。たとえば、「ナイフはフォークの左」や「フォークは皿の左」という説明が与えられ、そこから皿がナイフの右にあることが暗に推測できるようなものでした。続いて、被験者は、4つの説明文のうち、最初に与えられた説明文を最もよく表しているものから順に順位を付けるように指示されました。

多くの被験者は、1つは最初に聞かせたのと同じ説明、およびそれと同じ配置を推測できる説明を、残り2つの間違った説明よりも高く評価しました。このことから、研究者は、被験者が頭の中でテーブルセッティングのモデルを作り、それを使って正しい答えを選んだと結論付けました。

ジョンソン=レアード教授が行った研究から、よりよいプログラミングのためにいえるのは、コードの抽象的なモデルを持つことが有効であるということです。それにより、コードにいちいち立ち返るという効率の悪い方法ではなく、モデルそのものについて考えることができるようになるからです。

●具体的なモデルはより効率的に活用できる

本章の後半では、コードについて考える際に、メンタルモデルを意図的に作成する方法について考えていきます。その前に、ジョンソン=レアード教授の研究の中で、まだ取り上げていない、ある事柄について説明する必要があります。彼の実験には、なかなか興味深い味付けがされているのです。

その味付けとは、被験者は、それぞれ異なる説明を受けたというものです。あるケースでは、被験者に与えられた最初の説明は、1つのテーブルセッティングにしか合致しないようになっていました。しかし別のあるケースでは、被験者に与えられた最初の説明が、複数の異なるテーブルセッティングに合致するようなものになっていたのです。たとえば、図6.3では、「フォークはスプーンの左側にある」と「スプーンはフォークの右側にある」という記述は、両方のテーブルセッティングに合致してしまいます。一方、「皿はスプーンとフォークの間にある」という説明の場合、図6.3の左側のテーブルセッティングにしか当てはまりません。

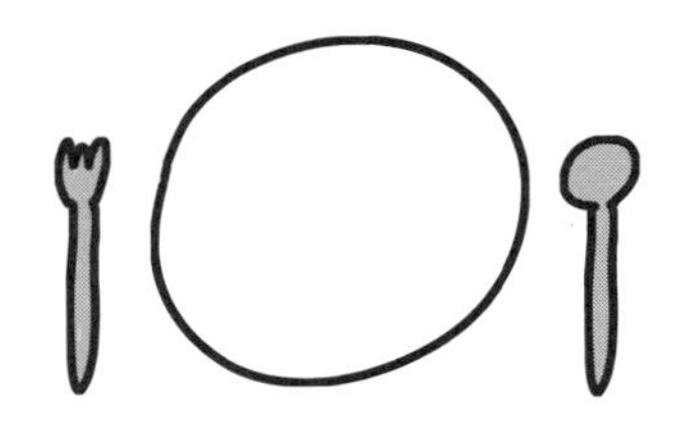
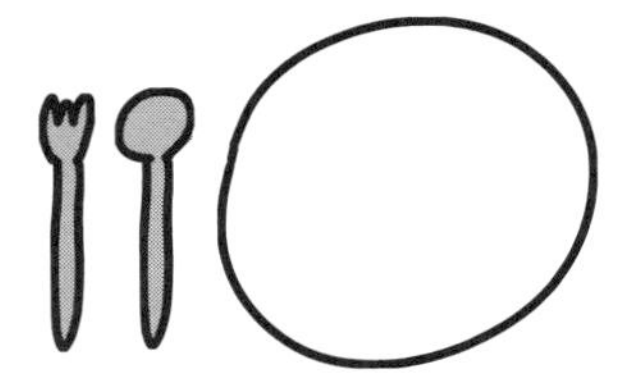

◎図6.3　被験者が説明文の内容と一致するものを探した、テーブルセッティングの例。ここでは、「フォークはスプーンの左側にある」という説明の場合には、両方のテーブルセッティングに適合してしまう。

ジョンソン＝レアードが、テーブルセッティングが1つに絞り込める決定的な説明文と、テーブルセッティングが1つに絞り込めない非決定的な説明文とで被験者のパフォーマンスを比較したところ、決定的な説明文を与えられた被験者のほうが、複数のテーブルセッティングに一致する説明を与えられた被験者よりも、高い確率で正解を選択することがわかりました。その正解率は、決定的な説明文を与えられた被験者が88%、非決定的な説明文を与えられた被験者が58%となっていました。この結果は、より具体的なモデルを作ることによって、より正確な理解を得られることを意味しています。

この結果をプログラミングに当てはめてみましょう。より詳しいメンタルモデルが作れるようになればなるほど、システムを正確に理解できるようになり、それに関する質問に正しく答えられるようになるわけです。

● ワーキングメモリにおいてソースコードのメンタルモデルの形成を行う

本章ではここまで、メンタルモデルが正しく具体的であればあるほど、複雑なシステムについてのより正確な理解を得られることを見てきました。では、そうした正しく具体的なメンタルモデルは、どうすれば形成できるのでしょうか。コードが複雑だったり、コードやビジネス領域に関する知識が足りていなかったりすると、正確なメンタルモデルを形成するのには多くの労力がかかってしまいます。しかし、そうして作ったモデルは大きな財産となりうるため、その労力をかける価値はあるはずです。

ワーキングメモリにおいて複雑なコードのメンタルモデルの形成を行う手順を次に示します。

1. 局所的なモデルの構築から開始する

   これまで本書では、状態表や依存関係グラフの作成など、手を動かして作成するモデルを使用してワーキングメモリの働きを助ける方法について学んできました。これらの方法は、コードのごく一部だけを表現する局所的なモデルになりますが、それでも、これらは大きなコードのメンタルモデルを形成するのにも役立ちます。その理由は2つあります。まず、これらの局所的なモデルは、ワーキングメモリの働きを助けることで認知的負荷を下げ、大きなメンタルモデルの形成に集中しやすくしてくれます。第2に、これらの小さなモデルは、より大きなメンタルモデルを構築するためのパーツとして機能する可能性があります。たとえば、依存関係グラフは、より大きなメンタルモデルの形成に重要な役割を果たす、コード間の強い関連を表現しているかもしれません。

2. コード内の関連するすべてのオブジェクトと、オブジェクト間の関係を表に書き出す

コードのメンタルモデルを形成する場合、コード内の要素についての理解を必要とします。たとえば、請求書を作成するプログラムのメンタルモデルには、「1人の人が複数の請求書を持つことはできるが、請求書は1人の人にしか属さない」という制約が含まれる可能性があります。コード内のさまざまな要素の間の相互作用を理解するには、まずホワイトボードやデジタルツールを使って、特定の要素と、それぞれの要素の間の関係を書き出します。そうすることで、システム全体が、よりはっきりと把握できるようになります。

3. そのシステムに関する自問自答を行い、その回答を使ってモデルを改良する

ステップ1と2で形成されたメンタルモデルを使って、作業しているシステムに関する質問に答え、コードのなかで検証してみましょう。どのような質問が適切かはシステムによって異なりますが、一般的に効果がある質問としては、次のようなものが挙げられます。

a. システムの最も重要な要素（クラス、オブジェクト、ページなど）はどれでしょうか？　そして、それらはモデル内に存在していますか？
b. ここで挙げた重要な要素の間にはどのような関係がありますか？
c. このプログラムの主たる目的は何でしょうか？
d. その目的は、中心となっている要素や要素間の関係にどのように関係していますか？
e. このコードの典型的なユースケースは何でしょうか？　それはモデルでカバーされていますか？

●長期記憶中におけるメンタルモデル

ここまでは、メンタルモデルがワーキングメモリにおいてコードの推論に利用されるという、ジョンソン=レアード教授が提唱している考え方について見てきました。しかし、メンタルモデルは、長期記憶に保存されるとする別の考え方も存在しています。

1983年に出版されたメンタルモデルに関する2冊目の本は、研究開発会社ボルト・ベラネク・アンド・ニューマン（BBN）の研究者であるデドル・ジェントナー（Dedre Gentner）とアルバート・スティーブンス（Albert Stevens）によって執筆されたものです。彼らは、ジョンソン=レアード教授とは異なり、一般的なメンタルモデルは長期記憶に保存され、必要なときに呼び出されるものであると主張しました。

たとえば、液体がどのように流れるかというメンタルモデルを保持している人がいたとして、それをコップに牛乳を注ぐときに使うとします。このモデルは汎用的なものなので、パンケーキの生地をボウルに注ぐとき、その濃度の違いから牛乳とは少し異なる振る舞いをするかもしませんが、それでもパンケーキの生地であっても液体がどのように流れるかというメンタルモデルに適合することは誰もが理解できます。

これをプログラミングに当てはめるとどうなるでしょうか。たとえば、木構造の探索を行う場合、どのように探索を行うのかを抽象的に表現して、頭に入れておくことになるでしょう。この場合は、ルートノードから始めて、順番に各ノードのすべての子ノードを調べる「幅優先探索」を行うか、特定の子ノードについて、それ以上深くたどれなくなるまで進めていく「深さ優先探索」をするのかといったことです。木構造の探索プログラムを扱うことが必要になったときに、おそらくこのような一般的な木構造のメンタルモデルを思い出すでしょう。

ジェントナーとスティーブンスによるメンタルモデルの説明は、長期記憶におけるスキーマとの類似性があります。長期記憶に保持されたメンタルモデルは、新しい状況に遭遇したときに、以前遭遇した類似の状況を元にデータを整理するのに役立ちます。たとえば、初めて読むプログラミング言語における木構造の扱い方を、以前に記憶していた別の言語におけるメンタルモデルを使って理解することができるかもしれません。

●長期記憶においてソースコードのメンタルモデルの形成を行う

このようにメンタルモデルを考えると、メンタルモデルをうまく利用するための戦略が変わってきます。ジェントナーとスティーブンスは、メンタルモデルをより有効的に活用するためには、複雑なソースコードを読むそのときになって具体的なメンタルモデルを構築するのではなく、あらかじめさまざまなケースで応用可能なメンタルモデルをたくさん知っておく必要があると考えました。これまで本書では、長期記憶により多くの情報を保持する方法を紹介しているので、そのことを活用しましょう。

長期記憶に保持されている情報を増やす方法の1つとして、第3章でフラッシュカードを取り上げました。片面にプログラミングの概念、もう片面に対応するコードが書かれたものです。メンタルモデルを長期記憶内で増やす目的でも、同じようにフラッシュカードを使うことができます。ただし、この場合のフラッシュカードは、書き込む内容が異なります。今回のフラッシュカードの目的は、プログラムの文法知識を増やすことではなく、メンタルモデル、つまりコードについての考え方の語彙を増やすことです。したがって、カードの片面にはメンタルモデルの名前（プロンプト）を、もう片面にそのメンタルモデルの簡単な説明またはそれを視覚化したものを記述します。

コードについて考えるためにどのようなメンタルモデルを利用すべきかは、ドメイン、プログラミング言語、コードのアーキテクチャによって、少しずつ異なってきます。しかし、まずは広く利用可能なものを見てみましょう。

- データ構造：有向グラフや無向グラフ、さまざまなリスト構造など
- デザインパターン：Observerパターンなど
- アーキテクチャパターン：Model-View-Controller（MVC）など
- ダイアグラム：実体関連ダイアグラムやシーケンス図など
- モデリングツール：状態図やペトリネットなど

メンタルモデルのフラッシュカードには2つの使い方が考えられます。1つ目は、プログラムの構文のフラッシュカードと同様に、自分の知識をチェックする方法です。プロンプトを読み、対応する説明をきちんと覚えているのかを確認し、馴染みのないメンタルモデルに出会ったときには、新しいカードをデッキに追加できます。

もう1つの使い方は、読み下すのが難しいコードを読むときに利用するというものです。コードを読みながら、メンタルモデルのフラッシュカードデッキを調べ、それぞれのメンタルモデルが手元のコードに適用できるかどうかを調べるわけです。

たとえば、木構造に関するカードを選んだら「このコードは木構造のメンタルモデルを当てはめることができるか」と自問してみるわけです。そのパターンが適用できそうなら、そのカードに基づいて初期モデルを作り始められるでしょう。木構造については、モデルにどのようなノードやエッジ、葉が存在し、それらが何を表すかを理解するところから始めることができるでしょう。

演習6.3

現在取り組んでいるコードで利用するためのメンタルモデルで、フラッシュカードの最初のデッキを作成してみましょう。片面にプロンプトとしてメンタルモデルの名前を書き、もう片面にそのモデルの説明を書きます。説明には、そのメンタルモデルを適用する際に尋ねる質問を添えます。たとえば、木構造の場合、ノード、エッジ、葉をモデル化するので、「コード中のどの部分が葉として表現できるのか」という質問から始めるとよいでしょう。それと同様に、状態表のメンタルモデルを使用するには変数のリストを作成する必要があるので、最初の質問は「どんな変数が使われているか」というものになるでしょう。

この演習は、チームで一緒に行い、お互いのデッキから理解を深めることができるはずです。メンタルモデルという共通の語彙を持つことで、コードに関するコミュニケーションが非常に容易になります。

● メンタルモデルは長期記憶とワーキングメモリの両方に存在する

メンタルモデルは、ワーキングメモリで利用されるという意見と、長期記憶に保持されるという意見は、どちらも正しいとされています。この2つの意見はお互いに矛盾しているように見えるかもしれませんが、本章で見てきたように、どちらの意見にも価値があり、実際に両者はうまく補完し合っているといえるでしょう。1990年代の研究によると、長期記憶に保持されたメンタルモデルがワーキングメモリでのメンタルモデルの構築に影響を与えるという、そのどちらの意見もある程度正しいことが示されています[※2]。

※2　概要については、Johnson-LairdとKhemlaniによる『Toward a Unified Theory of Reasoning』を参照のこと。
https://www.sciencedirect.com/science/article/pii/B9780124071872000010

6.3 想定マシン

前節では、メンタルモデル、つまり、ある問題について考えるときに脳内で形成される表現を見てきました。メンタルモデルは汎用的なものであり、さまざまなビジネス領域において用いられるものです。プログラミング言語の研究では、それに加えて、**想定マシン**の概念も使われています。メンタルモデルとは、世の中のあらゆるものをモデル化したものですが、想定マシンはコンピュータがコードを実行する方法について考えるときに使うモデルです。より正確には、想定マシンは、コンピュータが何をしているかを考えるために使うコンピュータの抽象的な表現のことを指します。

プログラムやプログラミング言語がどのように動作するかを理解しようとしたとき、ほとんどの場合、物理的なコンピュータの動作に関する詳細を気にする必要はありません。ビットがどのように電気的に保存されるのかを気にする必要はまったくないわけです。そんなことよりも、2つの値を入れ替えたり、リストの中で最大の要素を見付けたりといった、より抽象度の高いレベルでのプログラミング言語の挙動に集中するほうが有益です。実際の物理的な機械と、より抽象的なレベルで機械が行う処理の違いを区別するために、「想定マシン」という言葉を使います。

たとえば、JavaやPythonの想定マシンは、参照の概念を必要としますが、メモリアドレスの概念は必要ありません。メモリアドレスは、JavaやPythonでプログラムを書く際には意識する必要のない、言語実装に隠蔽されたものであると考えられます。

想定マシンは、このようにすべての概念が揃ってなくても、特定のプログラミング言語の実行に関係する機能を正しく抽象化したものです。したがって、想定マシンは、不完全であったり、複数が矛盾したまま存在することができるメンタルモデルとは異なっています。

想定マシンとメンタルモデルの違いを理解するために筆者が見付けた最もわかりやす説明は、「想定マシンは、コンピュータがどのように動作するかの説明である」というものです。その想定マシンを内面化し簡単に使えるようしたものが、メンタルモデルだといえます。そして、プログラミング言語を学べば学ぶほど、あなたのメンタルモデルは想定マシンに近づいていくことになります。

6.3.1 想定マシンとは何か

想定マシンという言葉は少し暗号めいているので、実際の例やプログラミングの際の利用方法を見る前に、この用語自体をもう少し解説しておきましょう。まず最初に、想定マシンは「マシン」、つまり、私たちが自分の意志で操作できるものを表しているということを押さえておきましょう。これが、たとえば物理や化学などにおけるメンタルモデルと大きく異なる重要なポイントです。科学的な実験によって周囲の世界を理解することは可能ですが、実験できないもの、少なくとも安全に実験ができないものもたくさんあります。たとえば、電子や放射線の挙動についてのメンタルモデルを構築する場合、自宅や職場において、安全に学習できる実験装置を用意することは難しいでしょう。一方、プログラミングの場合は、機械を操作することはいつでも可能です。想定マシンは、コードを実行するマシンに対する正しい理解を得るためにデザインされたものです。

想定マシンの「**想定**（notional）」という言葉は、オックスフォード英語辞典によると「提案、推定、理論として存在する、またはそれに基づいている／現実には存在しない」という意味です。コンピュータがどのように動作しているかを考えるとき、その詳細な動作すべてを知りたいわけではありません。私たちが知りたいのは、その動作の仮説、あるいは理想化されたバージョンであることがほとんどです。たとえば、変数xに12という値を代入することを考える際に、その値が格納されているメモリアドレスやxとそのメモリアドレスを結ぶポインタについて知りたいとは思っていないことがほとんどで、単に現在の値を持つどこかに格納された実体が存在するということを認識できさえすれば十分なはずです。想定マシンとは、コンピュータの機能を、その時々に必要な抽象度で理解するための抽象化された存在といえます。

6.3.2 想定マシンの実例

想定マシンのアイデアは、サセックス大学の教授であるベン・デュ・ブーレイ（Ben du Boulay）が、1970 年代にLOGOの研究をしているときに思いついたものです。LOGOはシーモア・パパート（Seymour Papert）とシンシア・ソロモン（Cynthia Solomon）によって設計された教育用プログラミング言語で、**タートル**という、線を引く機能を持ち、コードを書くことで操作できる実体を導入した最初の言語です。LOGOという名前は、ギリシャ語で言葉や思考を意味する「ロゴス」に由来しています。

デュ・ブーレイ教授は、子供たちや教師にLOGOを教えるための戦略を説明する際に、初めて「想定マシン」という言葉を使いました。彼は「プログラミング言語の構造によって暗示されるコンピュータの理想化されたモデル」と想定マシンを表現しました。デュ・ブーレイ教授の説明には、手書きの図なども含まれていましたが、主に比喩を活用したものになっていました。

たとえば、デュ・ブーレイ教授は、言語実行モデルの比喩として工場労働者という言葉を使っています。工場労働者は、パラメータ値を聞く耳、出力を話す口、コードに記述された動作を実行する手を持っており、コマンドや関数を実行できます。このように、彼はプログラミングの概念をまずはシンプルに表現した上で、組み込みコマンド、ユーザー定義プロシージャや関数、サブプロシージャ、再帰などの概念を徐々に追加し、LOGO言語全体を説明できるように構築していきました。

想定マシンは、コードを実行する機械の仕組みを説明するためのものなので、機械と同じような性質を持ち合わせています。たとえば、物理的な機械と同じように、想定マシンには「状態」という概念が存在しています。変数を箱に見立てた場合、この仮想的な箱は、空になっている場合も、値が「入っている」場合もあり得ます。

また、想定マシンには、ハードウェアとそれほど結び付いていない場合もあり得ます。コードを読み書きする際、実行される機械については抽象的な表現を使うことは珍しくありません。プログラミング言語で計算の仕組みを考えるとき、コンピュータの動作を数学者の動作になぞらえることがよくあります。次のJavaのコードに例に考えてみましょう。

```
double celsius = 10;
double fahrenheit = (9.0/5.0) * celsius + 32;
```

このコードを読み解くにあたって、おそらく、まずは頭の中で2行目の変数celsiusを10に置き換えるはずです。続いて、演算子の優先順位を示す括弧を頭の中で付けるかもしれません。

```
double fahrenheit = ((9.0/5.0) * 10) + 32;
```

暗算を行うためにコードを脳内で組み替えることは、計算を行うための完璧なモデルとなりますが、実際に機械が行う計算を完全に再現しているわけではなく、機械の処理方法はまったく異なっています。機械は、式の評価のためにスタックを利用するでしょう。そして、機械は式を逆ポーランド記法に変換し、まず9.0/5.0の計算結果をスタックに積みます。そして、さらにそれを取り出して10倍し、続く計算のために再びスタックに積むでしょう。これは、想定マシンの動きが正しくなくても有用であることのよい例といえます。私たちは、これを「代入型想定マシン」と呼ぶことにします。この想定マシンは、スタックを利用するモデルよりも、ほとんどのプログラマーのメンタルモデルに近いものになっています。

6.3.3 さまざまなレベルの想定マシン

さて、ここまで、想定マシンの例をいくつか紹介しました。プログラミング言語のレベルで動作するものもあれば、「代入型想定マシン」のように実際に機械の行う作業をかなり抽象化したものもあります。

それ以外の想定マシンの例として、スタックを物理的な紙の束として表現するなど、物理的なマシンがどのようにプログラムを実行するかを正確に表すようなものもあります。プログラミングの概念を説明し、理解する方法として想定マシンを利用する場合には、想定マシンが実際に機械が行う処理のどの部分を抽象化していて、どの部分を正しく表現しているのかを考えてみることも有用です。図6.4に、4つの異なるレベルの抽象度を持つ想定マシンと、その実例を示します。たとえば「変数を箱で表現する」想定マシンは、プログラミング言語レベル、およびコンパイラ/インタプリタレベルでは正しい表現になっていますが、コンパイルされたコードとオペレーティングシステムのレベルの動作は抽象化されています。

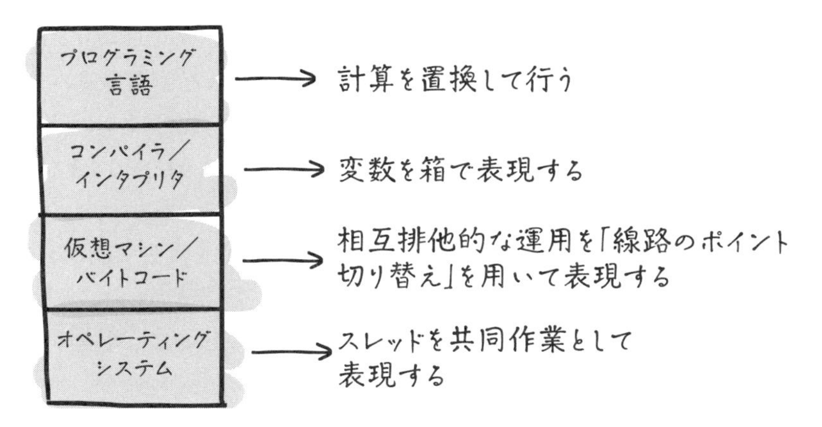

図6.4　さまざまなレベルで抽象化された想定マシン。たとえば、これまで見てきた「計算を置換して行う」想定マシンではプログラミング言語以外のすべてを抽象化しており、「スレッドを共同作業として表現する」想定マシンではオペレーティングシステムの動作に注目している。

コードを読み解く際に、どういった部分を無視すべきかに気付くことはとても重要です。なぜなら、物事を抽象化することは、コードのハイレベルな理解のためには非常に有用ではありますが、必要な部分までを過度に抽象化してしまうような考え方をしてしまうことも避けなければならないからです。

演習6.4

想定マシンの例を3つ挙げ、それが動作する抽象度のレベルを書き出しましょう。次の表は想定マシンをリストアップし、抽象度のレベルを選択するためのものです。

想定マシン	プログラミング言語	コンパイラ／インタプリタ	仮想マシン／バイトコード	オペレーティングシステム

6.4 想定マシンと言葉

機械がどのように動作するかを読み解くためだけではなく、コードについて議論するためにも、想定マシンが利用されることがあります。たとえば、変数に値が格納されている物理的な「箱」が存在しているわけでもないのに、変数に値が「格納」されているという言い方をします。これは、変数というものを、値の入った箱のようなものだと考えていることを意味しています。

プログラミングに関して利用する言葉には、このような想定マシンの存在を示唆し、ある種のメンタルモデルに導くようなものが数多くあります。たとえば、ファイルが「開いている」「閉じている」という言い方をしますが、より正確にいえば、ファイルの読み取りが許可されているか、禁止されているかを意味しています。また、「ポインタ」という言葉を使いますが、これはポインタがある値を「指す（ポイントする）」ことを意味し、関数がスタックに値を積み、呼び出し元（この考え方もメンタルモデルです）がその値を使えるようにすることを「返す」といいます。

このように、想定マシンは、物事がどのように動作するのかを説明するために多用されており、コードについて話すときに使う言語や、プログラミング言語そのものに入り込んでいます。ポインタの概念は多くのプログラミング言語に存在し、多くのIDEでは特定の関数の「呼び出し元」の場所を調べることができるようになっています。

演習6.5

私たちがプログラミングの際に使う言葉の中で、想定マシンを使用していたり、特定のメンタルモデルに誘導するような例を、あと3つ挙げてください。

6.4.1 想定マシンの拡張

ここまで「想定マシン」という言葉について、ある時点で1つの想定マシンだけが存在しているような言い方をしてきました。しかし実際には、プログラミング言語では、必ずしも1つだけの包括的な想定マシンが存在している状態なのではなく、互いに重複部分のある複数の想定マシンの集合が存在しているのです。たとえば単純型の変数を学ぶときには、「変数は値を入れる箱のようなものだ」と考えるように教えられたとしましょう。そして、その後に複合型の変数を学んだ際には、単純型の変数を格納する箱を積み重ねたものだと考えることができます。図6.5に示すように、この2つの想定マシンは、互いに矛盾せずに成り立っています。

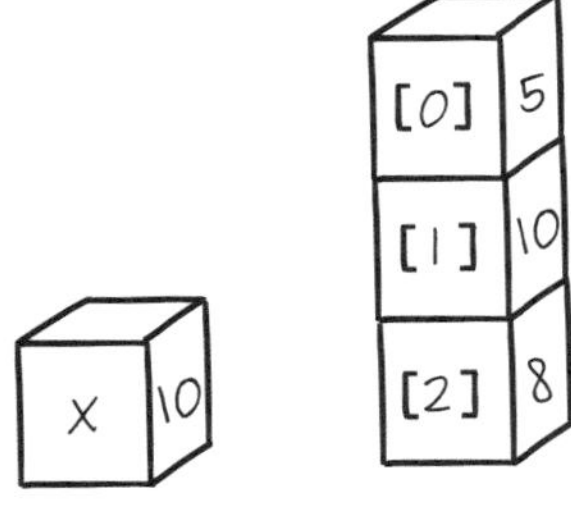

図6.5 互換性のある2つの想定マシンの例。左側の図は箱としての変数を図に表したものであり、右は配列が箱を積み重ねたものであることを示している。

プログラミング言語の概念を理解するために、抽象化された考え方をさらに拡張するような例は、他にも数多く見付けることができます。たとえば、関数を使うことができるプログラミング言語において、パラメータの渡し方を理解するための想定マシンを考えてみましょう。

最初は、パラメータを取らない関数を考えます。これは数行のコードをパッケージ化したものだといえるでしょう。続いて入力パラメータを追加して、そのパッケージをプロシージャから関数へと変化させたとします。その時この関数は、一連の入力値をリュックサックに詰め込んで、関数にそれを運ぶバックパッカーのようなものだと見立てることができます。さらに出力パラメータ、すなわち戻り値を考慮すると、図6.6に示すように、バックパッカーはリュックサックに値を入れて持ち帰ることもできることになります。

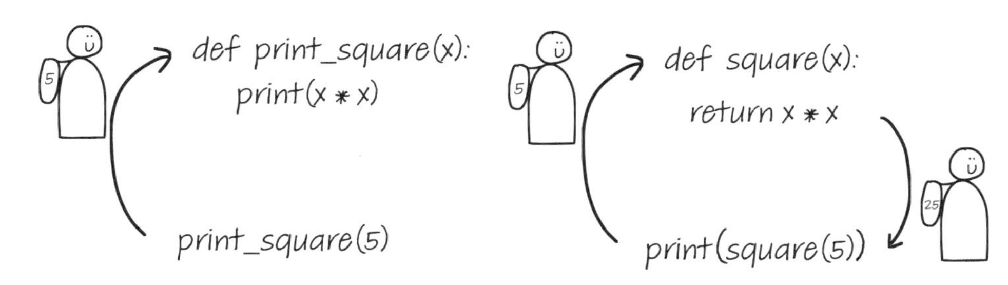

図6.6　関数を理解するための2つの想定マシン。左側は入力パラメータのみをサポートするマシン、右側は出力パラメータも考慮した拡張モデルを表している。

6.4.2 想定マシン同士がメンタルモデルを作り出す場合

前節で、変数を箱として見立てる想定マシンと、箱のスタックとしての配列を表す想定マシンのように、組み合わせて使用できることを示しました。しかし、複数の想定マシンが、互いに矛盾するメンタルモデルを作り出してしまう場合もあります。

たとえば、変数を箱として表現する想定マシンと、名札としてイメージする想定マシンがあったとします。この2つの想定マシンは、1つのメンタルモデルに統合することはできず、そのどちらかを基に考えることしかできません。この2つの想定マシンには、それぞれ長所と短所があります。変数を箱で表現すると、物理的な箱がコインや飴玉を同時に何枚も入れることができるのと同様に、変数が複数の値を保持する可能性があるという誤解を与えてしまいます。このような誤解は、変数を名札やステッカーのようにイメージすれば、回避できます。名札は同時に1つのものにしか付けることができないので、変数も1つの値しか保持できないことを表現できているからです。2017年に、筆者の研究グループは、アムステルダムのNEMO科学博物館で、この考え方を調査するための実験を行いました※3。この実験ではまず、事前にプログラミングの経験のなかった被験者を496人集め、全員にScratchのプログラミング入門レッスンを受けてもらいました。Scratchは、MITが子どもたちがプログラミングを学びやすくするために開発した、ブロックを組み合わせてプログラムを作ることが可能なプログラミング言語です。とはいえ、Scratchは初心者向けの言語ではあるものの、変数を定義したり利用したり

※3 『Thinking Out of the Box: Comparing Variables in Programming Education』（2018）参照。https://dl.acm.org/doi/10.1145/3265757.3265765

といった高度な機能も用意されています。変数を作成するには、ボタンを押して変数名を入力すればよく、そこに値を設定するためには、図6.7のようにブロックを使います。

図6.7 Scratchでpointsという変数に0を代入する

この研究では、被験者全員に変数の概念を説明しましたが、被験者を2つのグループに分けて、それぞれ異なる方法で説明を行いました。被験者の半分（「ラベル」グループ）には、変数を気温や人の年齢のようなラベルであるという説明を行いました。もう半分のグループ（「箱」グループ）には、変数を貯金箱や靴箱のような「箱」であるという説明を行いました。説明の際には、どちらのグループにも、それぞれに対して行った説明と一貫していて矛盾のない比喩を用いて説明を行うようにしました。たとえば、「箱」グループでは、「変数xには5が入っていますか？」という言い方をして、「ラベル」のグループでは「変数xは5でしょうか？」という言い方をしたのです。

この入門レッスンの後、筆者たちは、被験者に対してプログラミングの理解度をテストしました。そのテストには、変数を使った問題も含まれていましたが、変数が1つの値しか保持できないことを理解していたかどうかを調べるために、1つの変数に値を2回代入する問題を加えてありました。

その結果、今回利用した変数の2つの考え方には、どちらにもメリットとデメリットがあることが明確になりました。変数に対する代入が1回しか行われない問題では、「箱」グループのほうがよい成績を出しました。ものをしまうときに箱に入れるというのは人間にとって自然な考え方のため、箱を思い浮かべることは難しくはありません。そのため、値を格納するための箱という比喩表現を用いることで、変数の概念が理解しやすくなっていたと考えられます。しかし、「1つの変数に2つの値を格納できる」と考えている被験者がどれだけいるかを分析したところ、「箱」グループのほうが、その勘違いに悩まされる割合が多いこともわかりました。

この研究の重要なポイントは、プログラミングの概念とそれに対応するコンピュータの動作を、現実世界の物事や操作に置き換えて説明することに注意が必要であるということです。比喩表現を使うのは非常に有効な方法ですが、最初の頃に学んだメンタルモデルは長期記憶に保持され、ワーキングメモリにも何度も読み込まれてしまうため、あらぬ混乱を招く可能性があるのです。

演習6.6

コードを読んで理解しようとしたとき、またはコードの説明をするときに、どのような想定マシンをよく利用するかを思い起こしてみてください。そして、その想定マシンが生み出すメンタルモデルには、どんな問題点や限界があるかを考えてみてください。

6.5 想定マシンとスキーマ

想定マシンには問題点もありますが、一般的にいって、プログラミングの際の試行方法としてうまく機能しています。その理由は、本書ですでに取り上げたいくつかのトピックと関わりがあります。有用な想定マシンは、プログラミングの概念を、人々がすでに強いスキーマを形成している日常の概念に関連付けるのです。

6.5.1 なぜスキーマが重要なのか

スキーマとは、長期記憶が情報を保持するための方法のことです。たとえば、「箱」という概念は、多くの人が簡単に連想できるもののはずです。箱の中に何かを入れる、中身を見るために箱を開ける、そしてそれを取り出すといった動作は、多くの人が慣れ親しんでいるものだからです。したがって、変数を箱と考えることは、余計な認知的負荷を生じさせることがありません。もし、「変数は一輪車のようなものだ」といったとしたら、どうでしょうか。多くの人は一輪車で何ができるのか、どういう操作をするのかということに対して強いメンタルモデルを持っていないはずなので、あまり変数を理解する役には立ってくれないでしょう。

もちろん、人々がどういうことに慣れ親しんでいるのかについては、世代や文化など、さまざまな状況によって異なってきます。したがって、何かを説明しようとするときには、相手がよく知っているであろうものを選んで使うことが重要です。たとえば、インドの農村で子どもたちにコンピュータの機能について説明しようとするときに、コンピュータを象に、プログラマーを象の調教師に見立てて説明した教育者もいました。それらは、子供たちが馴染み深い存在だったからです。

6.5.2 想定マシンは意味論的なものか

想定マシンを定義する方法は、コンピュータやプログラムの意味論の定義を思い起こさせるかもしれません。意味論はコンピュータサイエンスの分野の1つで、構文（syntax）と呼ばれるプログラムの見た目ではなく、その意味（semantics）について研究するというものです。もしかしたら、想定マシンは、単にその意味論的な表現なのではないかと思うかもしれません。しかし、意味論は、コンピュータの働きを数式で表し、数学的な精度をもって形式化することを目的としています。つまり、意味論では、想定マシンのように細部を抽象化するようなことはせず、細部を正確に、完璧に定義することを目的としているのです。したがって、想定マシンは単なる意味論とは異なっているのです。

本章のまとめ

- 問題をどのように表現するかは、その問題をどのように考えるに大きな影響を与えます。たとえば、顧客をリスト、すなわち一覧として考えるか、集合として捉えるかで、顧客オブジェクトの保存と分析の方法が異なってきます。
- メンタルモデルとは、私たちが問題を考える際に頭の中で形成する表現方法です。人は複数のメンタルモデルを一度に扱うことができ、ときにはそれらが互いに競合することもあります。
- 想定マシンとは、実際のコンピュータがどのように機能するかを抽象化したもので、プログラミングの概念を説明したり、プログラミングについて理解を深める際に利用されます。
- 想定マシンは、既存のスキーマをプログラミングに適用することを可能にするため、プログラミングの理解に役立ちます。
- 複数の想定マシンがうまく補完し合う場合もありますが、相反するメンタルモデルを作り出すこともあります。

Chapter 7

誤認識：思考に潜むバグ

本章の内容

- プログラミング言語を1つ以上知っていることが、新しい言語の習得にどのように役立つのか
- 2つ目のプログラミング言語を学習する際の問題を避ける
- 脳がどのように勘違いをして、その誤認識がどのようにバグにつながるかを理解する
- 考える際に勘違いを避け、バグを防ぐにはどうすればよいか

ここまで、何章かにわたって、コードについて考えるための手法、たとえば視覚化を行うこと、ワーキングメモリの働きを助けるフレームワーク、コードに関する問題解決を手助けするメンタルモデルなどを見てきました。しかし、こうしたテクニックがいかに便利であっても、コードに関する作業をしている際に、どうしても勘違いというものは発生してしまいます。

そこで、本章では、バグに焦点を当てます。たとえば、ファイルをクローズするのを忘れたり、ファイル名にタイプミスをしたりといった、作業の際の注意不足の結果として、バグが発生することもあります。しかし、多くの場合、バグが発生するのは何らかの勘違いの結果です。つまり、ファイルを使用した後にクローズする必要があることをそもそも知らなかったり、プログラミング言語の仕様として自動的にファイルがクローズされると思い込んでしまったりといった結果としてバグが発生するのです。

本章では、まず、複数のプログラミング言語を学習する際のトピックを取り上げます。新しい言語を学ぶときに発生する勘違いの原因はいろいろと考えられますが、その1つに、それぞれのプログラミング言語ごとに、さまざまなプログラミングの概念の扱い方が異なるという問題があります。Pythonはopen()で始まるブロックを使えば、明示的にfile.close()文を記述しなくてもファイルがクローズされますが、C言語では常にfclose()を使って明示的にクローズする必要があります。本章の前半では、新しいプログラミング言語を学ぶために、今までの知識を最大限に活用する方法と、言語間の仕様の違いから生じるストレスやエラーを回避する方法を紹介します。

本章の後半では、コードに関する誤った思い込みについて考えていきます。プログラミングの際に発生するさまざまな勘違いを取り上げ、なぜそういった勘違いが発生するのかを詳しく見ていきます。コードに対して、どのような勘違いをしているのかを意識することで、エラーを早期に発見したり予防したりできるようになるでしょう。

7.1 2つ目のプログラミング言語を学ぶのは、最初の言語を学ぶよりも、なぜ簡単なのか

前章では、長期記憶に格納されたキーワードとメンタルモデルがコードの理解に役立つことを学びました。何かを学習したとき、その知識が別の領域でも役に立つことがあります。これは**転移**（transfer）と呼ばれています。転移は、すでに知っている情報が新しいことをするのに役立つときに起こります。たとえば、チェッカーの遊び方を知っていれば、それと似たルールを持つチェスを学ぶのが簡単になります。同様に、Javaをすでに知っていれば、変数、ループ、クラス、メソッドなどの基本的なプログラミングの概念をすでに知っていることになるので、Pythonを学ぶのは難しくないはずです。また、デバッガやプロファイラの使い方など、Javaのプログラミング中に身に付けたスキルのいくつかは、次に別のプログラミング言語を学ぶときに役に立つ可能性があります。

長期記憶に蓄積されているプログラミングに関する知識は、新しいプログラミングの概念を学習する際に、2つの方法で活用されます。まず、プログラミング（あるいは他のトピックでも同様ですが）に関してすでに多くのことを知っている場合、同じトピックについてより多くを学ぶことは非常に容易になります。これは**学習中の転移**（transfer during learning）と呼ばれます。

第2章で学んだように、新しい情報に遭遇すると、その情報は感覚記憶から短期記憶に移行し、さらにワーキングメモリに入力されて処理されます。このプロセスを図7.1に示しました。そして、新しいプログラミングの概念について考え始めることでワーキングメモリが活性化すると、長期記憶も活性化して関連情報の検索を開始します。

図7.1に示すように、長期記憶の検索が行われると、その結果、新しく学習した情報に関連する情報が見付かる可能性があります。長期記憶の中に何らかの関連情報、たとえば、手続き記憶、スキーマ、プラン、エピソード記憶などが見付かると、それもワーキングメモリに送られます。

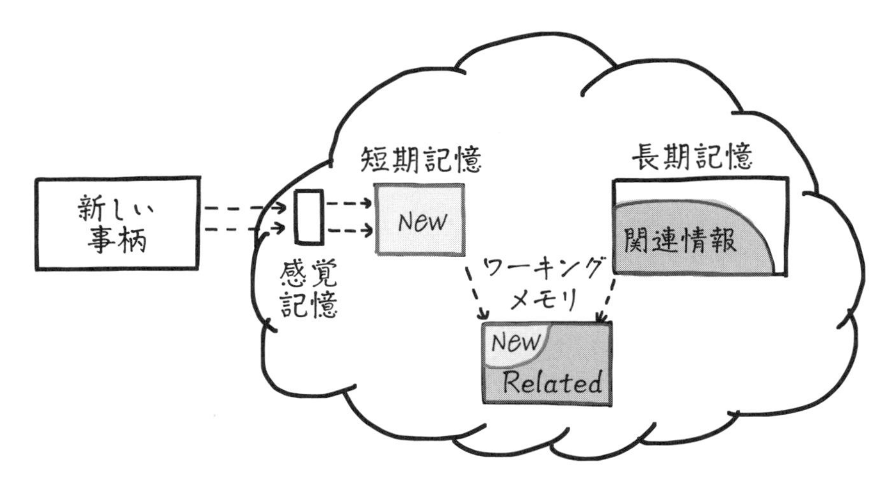

図7.1　新しい事柄を学習するとき、その情報はまず感覚記憶で処理され、次に短期記憶で処理される。その後、新しい情報はワーキングメモリに送られ、それについて考える。同時に、長期記憶は関連する情報を検索し、関連する情報が見付かると、それもワーキングメモリに送られ、新しい情報について考えるときに役立てられる。

たとえば、すでにJavaについての知識があり、Pythonのメソッドについて学んでいるとき、Javaのメソッドについての記憶を利用するかもしれません。その記憶を使うことで、実際にはPythonのメソッドはJavaのメソッドと少し違う動きをするにもかかわらず、より早く理解できるようになるのです。

第3章では、新しい概念を学ぶときに行う精緻化というものについて取り上げました。精緻化とは、新しい情報をすでに知っている事柄と明示的に関連付けることを意味します。精緻化が学習に役立つ理由は、長期記憶で関連情報を具体的に検索することで、タスクの実行に役立つ関連情報が見付かる可能性が高くなり、学習中の転移に効果的だからです。

演習7.1

最近学んだ新しいプログラミングの概念やライブラリを思い浮かべてください。そして、その学習の際、すでに知っていたどのような知識が、新たな学習に役立ったのかを考えてみましょう。

長期記憶に格納された知識が学習に役立つ2つ目の方法は、**学習の転移**（transfer of learning）と呼ばれるものです。これは、すでに知っている知識がこれまでよく知らなかった状況に適用できるときに発生します。認知科学について人々が「転移」という言葉を使うときのほとんどは、この「学習の転移」を意味しています。

学習の転移は、まったく意識していないときに起こっているケースもあります。たとえば、新しいズボンを買ったとき、ボタンの留め方を改めて考える必要はありません。そのズボンも、ボタンも、それ自体はあなたにとっては初めてであったとしても、どう扱えばいいかはすでに知っているわけです。同じように、新しいノートパソコンを買ったとき、そのノートパソコン自体は新しいものであっても、キーボードをどう操作すればよいかは、考えなくてもわかるでしょう。一方で、新しいプログラミング言語を学ぶときなどに、意図的に行われる学習の転移もあります。たとえば、Pythonを知っている人がJavaScriptを学ぶ場合、「Pythonではループの本文をインデントする必要があるけれど、JavaScriptでも同じだろうか」とはっきりと意識して考えるはずです。

学習の転移は、学習中の転移とよく似たものです。なぜなら、どちらの場合も、脳は適用すべき関連する情報を長期記憶で検索するからです。

7.1.1 既知のプログラミングに関する知識を最大限活用する方法

プログラマーを生業としていれば、理解したつもりであったことが、実は全然わかっていなかったという経験は一度は必ずしているでしょう。たとえば、あるライブラリの関数の挙動を勘違いしていて、後になってから、別の既知のライブラリの関数とまったく同じものであることがわかったりというような経験です。残念ながら、有用な知識のすべてが自動的に新しい状況に転移できるわけではないのです。

あるタスクから別のタスクにどれくらいの学習の転移を行うことができるのかは、さまざまな要因に影響され、状況によって大きく異なります。大きな影響を与えるものを次に列挙します。

- **習熟度**
  そのタスクに関する知識が、長期記憶にどれだけ蓄積されているかを意味します。あるタスクについて、詳しく知っていればいるほど、それを他の領域で利用できる可能性は高くなります。たとえば、熟練したJavaプログラマーは、Pythonを学習する際に、Java初心者よりもJavaに関する知識の転移の恩恵を多く受けられるでしょう。前章までで見てきた通り、熟練したプログラマーは、プログラミング言語によらず適用できる戦略やチャンク、メンタルモデルをより多く持っているからです。
- **類似度**
  2つのタスクの間のどれくらいの共通性があるかを意味します。たとえば、すでに知っているアルゴリズムを不慣れなプログラミング言語で実装することは、新しいアルゴリズムを新しいプログラミング言語で実装するよりも簡単に行えます。
- **コンテクスト**
  2つのタスクの間で環境が、どれだけ似ているかを意味します。重要なのはタスクそのものの類似性だけではなく、そのタスクを実行する際の環境も大きな影響を与えるからです。たとえば、同じIDEでプログラミングを行っている場合、2つのプログラミング言語間での転移が容易になります。これは、複数の言語での開発をすべて同じIDEで行うことが有利である強い証拠となります。さらに、ここでいうコンテクストは、コンピュータの中だけにとどまらず、同じオフィスで同じメンバーで働いているかどうかといったことにまで及びます。コンテクストが似ていれば似ているほど、知識が転移されやすくなるのです。

▪ **重要な性質に関する知識**

どういう点に注目すべきなのかについて、どれくらいはっきりと認識しているのかを意味します。Pythonを新たに学ぼうとしているときに、誰かがJavaScriptの知識はPythonの学習に役立つかもしれないと教えてくれたとしたら、おそらく積極的にその2つの言語における類似点を探すようになるでしょう。新たな言語やフレームワークを学ぶ際には、事前に共通点を積極的に探してみて、その共通点に注目し、あなたが持っているどんな知識が役に立つのかを考えることが有効です。

▪ **関連性**

2つのタスクが類似していると、どれくらい強く感じるかを意味します。たとえば、JavaとJavaScriptは、言語仕様はあまり似ていないにもかかわらず、まるで似ているように聞こえます。したがってJavaとJavaScriptの間の関連性が、PythonとScalaの間の関連性よりも強く長期記憶に記録されている可能性があります。また、あなたが経験したことを記憶するエピソード記憶も、重要な役割を果たします。たとえば、JavaとC#を同じ講義室で学んだとしたら、異なる環境でそれぞれを学んだ場合と比べて、強い関連を感じる可能性があります。

▪ **感情**

そのタスクに対して、あなたがどう感じるかを意味します。あなたの感情は、転移の効率に影響を与える可能性があります。たとえば、二分木を使った処理を調べるのが楽しいと感じたとして、新しいタスクを与えられたときに、その楽しかった記憶が蘇るのであれば、新しくやってくるタスクに同じような戦略を当てはめようとするでしょう。

7.1.2 転移の種類

転移には、いくつかの種類があります。さまざまな形式の転移の定義と名称をきちんと知っておくことで、プログラミング言語間で発生する転移についても、現実的な期待値を設定できます。プログラマーは、プログラミング言語を1つ知っていれば、その構文の類似性などとは無関係に、2つ目の言語も簡単に習得でき、3つ目の言語となれば何の苦労もなく習得ができると思いがちです。確かに1つの言語を習得していれば、新しい言語の学習は容易になりますが、だからといって必ずしも簡単になるとは限りません。そこで、新しい言語やフレームワークをより効果的に学ぶために、さまざまな転移の形式を理解しておきましょう。

●高速道路と一般道の転移

意識することなく実行できるスキルの転移と、意識して獲得したスキルの転移では、その仕組みが異なります。意識することなく実行できるスキルの伝達のことを**一般道の転移**（Low

Road Transfer）と呼びます。プログラミングをしている際、意識することなく実行できるスキルで、一般道の転移が発生する例としては、新しいエディタでもCtrl＋CやCtrl＋Vを無意識に使ってコピー＆ペーストを行うことなどが挙げられます。意識して獲得するような複雑なタスクの転移は、**高速道路の転移**（High Road Transfer）と呼ばれます。高速道路の転移は、多くの場合、「この知識を応用しているな」ということを意識することになります。たとえば、新たに学ぶプログラミング言語で、他のほとんどの言語でも同様であるため、「おそらく変数を宣言する必要があるのではないか」と仮定するようなケースが該当します。

●近転移と遠転移

転移の際、対象となる2つの事柄の領域が近いものであればあるほど、より転移が起こりやすいことはすでに述べました。この領域間の距離も、転移の種類を分ける1つの指標になっています。**近転移**とは、微積分と代数、C#とJavaのように、互いに近いと見なすことができる領域間で知識が転移することを意味します。一方で、ラテン語と論理学、JavaとPrologのように大きく異なる領域間での転移は**遠転移**と呼ばれます。2つの事柄の類似性は移転の起こりやすさに影響を与える要因となるため、遠転移は近転移よりも起こる可能性はずっと低くなってしまいます。

演習7.2

あなたが転移を経験した状況をいくつか思い浮かべてみてください。転移はどのように行われたのでしょうか。次の表に記入して、考えてみてください。

状況	高速道路の転移	一般道の転移	近転移	遠転移

7.1.3 すでに持っている知識は呪いか幸いか

転移には高速道路と一般道の転移、近転移と遠転移の他にも、あと2つ大きな分類があります。先行学習、すなわちすでに学習した知識が、新たなタスクを実行する際の学習に対してよい影響を与えることを**正の転移**と呼ばれます。

正の転移が起こる際には、新しいメンタルモデルをゼロから作る必要がなく、脳は長期記憶がすでに持っている他の領域のために作られたメンタルモデルを元にして、新しい領域や状況のためのメンタルモデルを構築できます。たとえば、Javaを知っていれば、ループ処理に関するメンタルモデルをすでに持っています。つまり、ループには、カウンタ変数、ループする内容、終了条件があることを知っているわけです。したがって、新しいプログラミング言語に出会ったときにも、ループとはどういうもので、何について調べればよいかについてはすでに知識を持っており、それを新しいメンタルモデルを作るのに活用できるわけです。しかし、このような転移は、必ずしも有効に働くとは限りません。すでに学習した知識が邪魔をして、新たなことを学ぶことを難しくしてしまう経験は、皆さんもあるでしょう。このような転移を**負の転移**と呼びます。オランダのコンピュータサイエンス教授で、ダイクストラアルゴリズムの生みの親であるエドガー・W・ダイクストラ（Edsger W. Dijkstra）は「BASICを教えるのは禁止すべき」という有名な言葉を残しています。そして、その理由として「なぜなら、それは心を不自由にしてしまうからだ」と述べています。

筆者自身は、BASICのような特定のプログラミング言語を学ぶことによって脳がダメになるとはまったく思っていませんが、この言葉の意味するところは理解できます。なぜなら、コードに関する間違った思い込みが原因でミスが発生することがあり、その間違った思い込みは負の転移によって引き起こされることがあるからです。たとえば、Javaでは、変数は初期化しないと使えません。経験豊富なJavaプログラマーは、Pythonでもすべての変数は初期化されなければならず、忘れたらコンパイラが警告を出してくれると思い込んでしまうかもしれません。この思い込みによって、正しくないコードを書いてしまい、それがバグにつながる可能性があります。

JavaとC#のように、非常によく似た言語であっても、両言語のメンタルモデルは完全に同じではないので、負の転移が起こる可能性があります。たとえば、Javaには**チェック例外**という概念があり、これはコンパイル時にチェックされる例外のことを意味します。この例外は、`try-catch`ブロックで包まないと、コンパイルに失敗してしまいます。しかし、チェック例外はJava特有の言語機能なので、C#を学んでいて、新たにJavaを学び始めた人は、それがC#とは違うことに気付かないかもしれません。つまり、本当は適用できないメンタルモデルを記憶しているにもかかわらず、正しいメンタルモデルを持っていると思い込んでしまう危険性があるのです。

変数の初期化忘れや例外処理の誤りは、あまり深刻な問題ではなく、簡単に修正が可能です。しかし、負の転移は、もっと深刻な問題をも引き起こす可能性があります。たとえば、オブジェクト指向言語をよく知っている人が、F#のような関数型言語を習得するのは非常に大変になってしまいます。

演習7.3

プログラミング言語の言語概念について、間違った仮定をした状況を思い浮かべてください。それは、ある言語から別の言語への負の転移に起因するものでしょうか。

7.1.4 転移の難しさ

前節では、知識の転移には正の転移と負の転移があり、必ずしも正の転移だけが発生するわけではないことを学びました。より効果的な転移を引き起こすには、十分に似た状況への転移を行う必要があります。ある領域の知識が、それとあまり似ていない領域に「壁を乗り越えるように」遠転移することは、ほとんど自然発生しないからです。

残念なことですが、これまでの研究から、転移は実に起こりづらいもので、ほとんどの人は無意識に転移を起こさせることはできないことがわかっています。転移の例として、よくチェスの例が用いられます。チェスの知識が、一般的な知能、論理的推論能力、記憶力を向上させると信じている人は少なくありません。しかし、科学的な研究の結果、そうした仮説を支持するものは見付かりませんでした。第2章で取り上げたアドリアーン・デ・フロートの実験では、ランダムに配置した場合、経験豊富なチェスプレイヤーの記憶力と初心者の記憶力に大きな違いはないことがわかっています。他の研究の結果を見ても、同様に熟練したチェスプレイヤーだからといって、必ずしも数字や視覚的形状の記憶に優れているわけではないことが示されています。他にも、チェスの技能は、タワー・オブ・ロンドン（ハノイの塔に似たパズル）のような他の論理ゲームにも転用できないことが研究から示されています。

チェスの例で当てはまることは、プログラミングにも当てはまるでしょう。多くのプログラマーは、プログラミングを学べば論理的推論のスキルが身に付く、あるいは一般的な知能が向上すると考えています。しかし、プログラミングの認知的効果を研究した例はあまり多くはないものの、チェスに見られるのと似た結果を示しています。テルアビブ大学のガブリエル・サロモン（Gavriel Salomon）が1987年に行った調査によれば、プログラミング教育の影響に関する研究のほとんどにおいて、そうした教育の効果がほとんどないことを示していました。サロモンが調査した多くの研究では、子供たちが何らかのプログラム技術を習得することには成功しても、その知識は他の認知領域には転移しないようであることを示していました。

このことからわかるのは、あるプログラミング言語を習得したからといって、新しい言語の習得に役立つとは限らないということです。あなたが自分をプログラミングのエキスパートだと考えているなら、このことをあまり好ましく思わないかもしれません。自分には、初心者のようにゆっくりした速度で学んだり、フラッシュカードを使って学んだりするようなやり方が不要であると考えていたかもしれないからです。しかし、新しい言語の習得は、自分の中の考え方を広げるために行うものだとしたらどうでしょうか。その場合は、今まで習得してきた言語とは根本的に異なる言語を選ぶはずです。つまり、「カントリーミュージック」から「西洋音楽」のような間違った知識の拡張の仕方をしないようにすることが重要です。

本節では、遠転移、たとえばSQLからJavaScriptへの知識の転移が発生することはほとんどなく、新たなプログラミング言語でも熟練した技を身に付けるには、たくさんの新しい構文や戦略を学ぶ必要があることを学びました。JavaScriptで学んだ再利用性や抽象化などの概念の多くが、SQLでは全然違うものであることを理解しなければならないのです。

類似点と相違点をよく意識することで、新しい言語の学習はより容易になるでしょう。

演習 7.4

現在学んでいるプログラミング言語、またはこれから学びたいプログラミング言語について考えてみましょう。そして、すでに知っている言語と比較してみてください。何が似ていて、何が違うでしょうか？

次の表に思い浮かんだことを記入して考えを整理し、学習中に転移が期待できる部分と特別な注意を払う必要がある部分を明らかにできます。

	類似点	違い	気付き
構文			
型システム			
プログラムにおける概念			
ランタイム			
開発環境／IDE			
テスト方法／環境			

7.2 誤認識：思考の中のバグ

本章では、ここまで、ある状況から他の状況へ、知識がどのように転移するかについて見てきました。その中で、負の転移、すなわち、すでに持っている知識が新しいタスクの実行に悪影響を与える場合があることを紹介しました。ここからは、この負の転移がどのような結果をもたらすかについて見ていくことにします。

過去にバグを発生させてしまった状況を思い浮かべてみてください。インスタンスを正しく初期化していなかったり、間違った関数を呼び出していたり、リストの処理でoff-by-oneエラー、つまり境界条件の判定が正しくないせいでループ回数を間違ってしまったりしたケースなどがあるでしょう。こうしたバグは、書かなければいけない処理を書き忘れたり、よく似た間違ったメソッドを選んでしまったり、境界値の計算の書き方をミスしてしまったりといった、単なる不注意が原因であることが多いものです。

一方で、バグによってはもっと根深い原因があるものもあります。それは、コード内の処理について、間違った仮定をしてしまった場合です。例としては、インスタンスがコードの別の場所で初期化されているものだと思い込んでいたり、呼び出したメソッドが正しいメソッドだと信じ込んでしまっていたり、そのプログラミング言語が範囲外の要素へのアクセスを保護してくれていると思い込んでいたりした場合などが挙げられます。コードをいくら見直しても、間違っているところが見付からない場合は、こうした思い込みが原因である可能性があります。

通常の会話では、「誤認識（misconception）」という言葉は勘違いや頭の中の混乱を表す言葉として使われますが、正式な定義はやや異なっています。次のことをすべて満たす場合に、ある事柄を誤認識しているといえます。

- 不完全で間違っている
- 異なる状況下でも一貫して保持される
- 確信が持たれている

世の中は、誤認識に満ち溢れています。たとえば、多くの人は唐辛子は種が一番辛いと思い込んでいます。しかし、唐辛子の種は、実際にはまったく辛くないのです。これが誤認識の例だといえる理由は、次の通りです。

1. これは間違った考え方である
2. 人々は、ある特定種の唐辛子の種が辛いと信じるなら、すべての種類の唐辛子の種が辛いと信じるだろう
3. それが真実であると確信して、たとえば調理する前に唐辛子の種を取り除くといった行動を採る

「唐辛子の種は辛い」という誤認識は、都市伝説として人々が会話をする中で生まれたものですが、誤認識が生まれる背景には、負の転移が絡んでいる場合が多いのです。たとえば、卵などの食品は熱を加えると表面が固まるので、肉も炙ることで「肉汁を閉じ込めることができる」と考える人が少なくありません。そうした人々は、熱によってあらゆる物質には強固な「シールド」が形成されて、その中に水分が閉じ込められると思い込んでいます。つまり、ある食品の知識が別の食品に転移され、誤認識を招いてしまったのです。この例の場合は、実際には、肉を炙ると単に多くの水分が失われるだけです。

プログラミングの世界でも、こうした誤認識はよく起こります。新米プログラマーは、temperatureなどの変数は、一度値を代入すると、二度と書き換えられないと思い込んでしまうことがあります。これは経験豊富なプログラマーとっては不合理な思い込みに聞こえるかもしれませんが、変数が1つの値しか保持できないという仮説を持つことには、それなりの理由があります。たとえば、その人は数学の知識があり、数学的な証明問題や演習問題を解く際には変数の値が変化しないことを知っており、その知識が転移されたのかもしれません。

このような誤認識を生むもう1つの原因は、プログラミングそのものにあります。ファイルやファイルシステムについて学んだことのある学生が、ファイルに関する知識を誤って変数に関する知識に転移してしまったケースを、筆者は見かけたことがあります。一般的なOSでは、

（1つのフォルダ内に）同じ名前の名前のファイルは1つしか作成できないため、その学生は、ファイル名が1つのファイルにしか使えないのと同様に、変数`temperature`はすでに使用されており、同じファイル名が別のファイルに使えないように、その変数を書き換えて別の値を保持することはできないと誤って思い込んでしまったようでした。

7.2.1 概念変化で誤認識をデバッグする

誤認識とは、間違った考えを確信を持って信じてしまっている状態です。その確信のために、誤認識している相手に、その考えを改めてもらうのは難しいものです。その誤認識を解くには、多くの場合は間違いを指摘するだけでは不十分で、誤った考え方を新しい考え方に置き換える必要があります。つまり、初心者のプログラマーに「変数は変更できるものだ」と教えるだけでは不十分で、変数という概念を新たに理解させる必要があるのです。

すでに知っているプログラミング言語に基づいて形成されてしまった誤認識を、新しく学ぶ言語に適したメンタルモデルに置き換えるプロセスを**概念変化**（conceptual change）と呼びます。概念変化とは、既存の考え方が新たな知識によって根本的に変更され、置き換えられ、一体化したものです。概念変化と他の種類の学習との違いは、概念変化が既存のスキーマに新しい知識を追加するのではなく、既存の知識を変化させるものであるという点です。

長期記憶に記憶されている、すでに学習した知識を変更する必要があるため、概念変化の学習は通常の学習よりも困難です。そのため、誤認識は非常に長い期間、残ることがあります。なぜその考え方が間違っているのかという情報を提示されるだけでは誤認識を解くことができない、あるいは誤認識を完全には解き切れない場合がほとんどなのです。

それゆえ、新しいプログラミング言語を学ぶ際には、それ以前のプログラミング言語に関する既存の知識を「アンラーニング」することに多くのエネルギーを費やす必要があるのです。たとえば、Javaをすでに知っている人がPythonを学ぶ場合、変数の型を必ず定義しなければならないなど、いくつかの文法知識をアンラーニングしなければなりません。また、変数の型に依存してコード上の判断を行うなど、Javaでは通用した慣習のいくつかも覚え直さなければなりません。Pythonが動的型付け言語であるという単純な事実を理解するのは難しくなくても、プログラミングをしながら型について考えることを学ぶには、概念変化が必要なため、時間がかかる可能性があるのです。

7.2.2 誤認識の抑制

雪だるまにセーターを着せ、雪だるまが「裸」のときよりも早く溶けるか遅く溶けるかを考えたときのことを思い出してください。セーターを着せると暖かくなるので、早く溶けるだろうと思った人もいたでしょう。しかし、それは間違いであり、セーターを着せると、雪だるまは断熱されて、寒さを閉じ込めることが可能になり、溶けるのを遅らせることができるのでした。

これは、「セーターを着ると暖かくなる」という既成概念を、脳が瞬時に活性化させた結果です。この概念は、（恒温動物である）人間には正しく当てはまりますが、雪だるまという異なる対象に対して間違って転移されたのです。こういうことが起こるのは、あなたが賢い人間ではないからでは断じてありません。

物事の仕組みを学ぶと、古くて間違った概念は記憶から永久に削除され、よりよい、より正しい概念に置き換えられると、長い間考えられてきました。私たちが脳について知っていることを踏まえて考えると、それが間違いであることがわかります。記憶というのは、忘れたり置き換わったりするものではなく、時間が経つにつれて思い出しにくくなるものだと考えられています。しかし、たとえ思い出しにくくなっていても、間違った考え方の古い記憶はまだ残されていて、ときにはそれが本人の望みとは無関係に、突然に思い出されてしまうことがあるのです。

これまでの研究から、人はたとえ正しい考え方でうまく仕事ができているにもかかわらず、ときに古い考え方に戻ってしまうことがわかっています。エルサレム・ヘブライ大学のイガル・ガリリ（Igal Galili）とヴァルダ・バー（Varda Bar）の研究によると、学生は身近な問題では力学をうまく使うことができるものの、より複雑な問題では、基本的ではあるが間違った推論に逆戻りしてしまうことが観察されました[※1]。このことは、雪だるまの例のように、複数の概念が同時に記憶の中に存在することがあるという可能性を示しています。雪だるまの例の場合には、「セーターを着ると暖かくなる」という考えと、「セーターは保温性があるので温度を維持することができる」という考えが脳裏に浮かびます。セーターが雪だるまを暖かくして溶かしてしまうのかどうかを判断しなければならないとき、これらの考え方は互いに競合するので、正しい結論を出すためには、「セーター＝暖かい」という古い考え方を積極的に抑え込まなければなりません。この問題について考えたとき、直感的に答えを出すことができず、しばらく考えてみて「ちょっと待てよ」と思った瞬間があったのではないでしょうか。

記憶されたどの概念を使うかについて、脳がどうやって決定するのか、正確にはわかっていません。ただし、**抑制**、つまり、考えを抑え込むということが関係していることがわかっています。一般的には、抑制というと、自意識過剰、我慢、恥ずかしがるといったようなイメージがあるでしょう。しかし、最近の研究によると、抑制的な制御メカニズムが働くと、誤った概念が正しい概念との競争に負け、正しい概念を選択できる傾向があることが示されています。

演習 7.5

何らかのプログラミング言語について、自分が誤認識していた状況を思い出してください。たとえば、筆者は恥ずかしながら、長い間、遅延評価を行う言語としては、関数言語であるHaskellしか知らなかったので、遅延評価を行う言語はすべて関数型言語なのだと信じていました。あなたが長年抱いていた誤認識と、その原因は何でしょうか。

※1　Igal Gaili、Varda Bar『Motion Implies Force : W here to Expect Vestiges of the Misconception?』（1992）。https://www.tandfonline.com/doi/abs/10.1080/0950069920140107

7.2.3 プログラミング言語に関する誤認識

プログラミングの領域における誤認識、特に初心者プログラマーがやってしまいがちな誤認識については、多くの研究がなされています。フィンランドのアールト大学で上級講師を務めるユハ・ソルバ（Juha Sorva）は、2012年に博士論文を書き、その中で、初心者が抱きがちな162種類の誤認識をリストアップしています※2。このリストは非常に興味深いので、一読することをお勧めしますが、ソルバの論文にある誤認識のうち、特に注目に値するものをいくつか、ここで紹介します。

- **誤認識15：プリミティブな代入は等式や未解決の数式を保存する**

  この誤認識は、人々が変数への代入が、値だけでなく代入の際の情報を保存すると思い込んでいることを示しています。この誤認識をしている人は、たとえば「`total = maximum + 12`」という代入式を書くことで、`total`の値と`maximum`の値が何らかの形でリンクしてくれると思い込んでしまいます。

  その誤認識により、代入後に`maximum`を変更した際、`total`の値も更新されるという思い込みが発生します。この誤認識の興味深いところは、非常に理にかなっている、つまり、そうであってもおかしくないということです。変数間の関係を式による関係で表現するようなプログラミング言語があってもおかしくありません。Prologのように、ある程度それに近いことが実現されている言語も実際に存在します。

  この誤認識は、数学の知識がある人がよく起こしがちです。本章の前半で取り上げた同様の誤認識に「変数は1つの値しか保持できない」という考え方があり、これも数学では正しい考え方です。

- **誤認識33：whileループは条件がfalseに変わるとすぐに終了する**

  この誤認識は、`while`ループの停止条件がいつ評価されるのかについての思い違いによるものです。ループの終了条件はループ内の処理1行ごとでチェックされて、条件が偽になると即座にループ処理が終了して、それ以降の処理に移ると思い込んでしまいます。この誤認識は、while（〜している間）という単語の意味に原因があると考えられます。「雨が降っている間（while）、私はここで座って本を読んでいます」と誰かがいった場合、話し手は定期的に天気をチェックして、雨が止んだら本を読み終えてなくても立ち去るものだと考えます。この誤認識は、それに陥った人がプログラムがどう動作するのかについて、まったく理解していないことを意味しているのではありません。コードが、そこで使われるキーワードの意味するところから想像できる動作をすると考えるのは、合理的なことだからです。

  この誤認識は、英語の（キーワードの）意味がプログラミングの理解を阻害する例で

※2 『Visual Program Simulation in Introductory Programming Education』の表A-1（359～368ページ）を参照。
http://lib.tkk.fi/Diss/2012/isbn9789526046266/isbn9789526046266.pdf

す。また、whileループの停止条件が各行で連続的に評価され、条件が偽になるとループが直ちに停止するようなプログラミング言語もありえないわけではありません。

関連する誤認識としては、変数名がそこに保持される値の理解を阻害するというものがあります（これはソルバのリストの誤認識17です）。たとえば、minimumという変数に、大きな値を保持することができないという思い込みなどが、これに当たります。

- 誤認識46：**関数呼び出しなどの際のパラメータの受け渡しにおいて、呼び出し元と呼び出し先では異なる変数名が必要である**

このような誤認識をしている人は、関数内も含めて、変数名は一度しか使えないと考えてしまいがちです。プログラミングの勉強の際には、変数名は一度しか使えず、新しい変数が必要な場合は、新しい名前も定義する必要があると習ったかもしれません。しかし、メソッドや関数とその呼び出しの話になると、同じ名前の変数は一度だけしか使えないという制限はなくなります。むしろ、関数の中でも外でも、異なる変数に同じ名前を使うことは当たり前に行われていることであり、関数呼び出しのサンプルコードでもよく見かけるものです。たとえば、次のようなコードが関数の概念を学ぶ際のコードとしてよく使われています。

```
def square(number):
    return number * number

number = 12
print(square(number))
```

このようなコードは、実際のコーディング作業でもよく使われます。たとえば、IDEでメソッド抽出機能を使うと、ほとんどのIDEは関数の定義と呼び出しの両方で同じ変数名を再利用します。したがって、実際のコードにも、このようなパターンはありとあらゆるところに登場しているので、サンプルとして用いられるのも当たり前に思えます。この誤認識は、数学や英語の予備知識に影響されるわけではなく、プログラミング言語の作業の中で発生する転移として興味深いものです。プログラミング言語の特定の概念を理解しても、そこで得た知識は同じ言語中の別の概念に転移することができないケースがあるのです。

7.2.4 新しいプログラミング言語を学習する際の誤認識を防ぐ

誤認識に対して、可能な対策はあまり多くはありません。新しいプログラミング言語やシステムを学ぶときに、負の転移に直面することは避けられないのです。しかし、それでも我々にできることもあります。

まず、自分が正しいと確信していることでも、間違っている可能性があることを認識することが重要です。オープンマインドを保ちましょう。

次に、よくある誤認識に陥らないように、常に意識をして勉強しておきましょう。自分がいつ間違った思い込みをしているのか、どう考えるのが正しいのかを知るのは難しいものです。そこで、よくある誤認識をまとめたチェックリストを使うとよいでしょう。演習7.5は、あなたが誤認識している可能性のある領域に気付くために有効ですし、ソルバのリストは新しいプログラミング言語を学ぶときに、どんな誤認識に注意すべきかを判断するガイドラインとして利用できます。このリストを使って、自分が学んでいるプログラミング言語に当てはまりそうな誤認識を洗い出してみましょう。

最後のヒントは、同じプログラミング言語を同じ順番で学んだプログラマーにアドバイスをもらうことです。どのプログラミング言語の組み合わせにも、誤認識を生むような関係性が必ずあるので、本書でそのすべてを挙げることは不可能です。しかし、同じ轍を踏んだことのある先輩にアドバイスを求めることは、非常に有益でしょう。

7.2.5 新しいコードを読む際の誤認識を診断する

本節では、主にプログラミング言語全般における誤認識について見てきました。その原因の1つとして、別の言語で得た知識が新しいプログラミング言語に負の転移を起こしてしまうことが挙げられます。

同様に、自分が作業しているコードにおいても、誤認識が生じることがあります。プログラミング言語、フレームワーク、ライブラリ、コードの目的となるドメインなどに関する過去の経験を元に、たとえば変数名などの意味、他のプログラマーの意図についてなど、コードについて何らかの仮定を行う際には、常に誤認識の危険性が伴います。

誤認識を発見する1つの方法として、ペアプログラミング、つまり2人やあるいは大人数で一緒にプログラミングを行う方法が挙げられます。仲間と考えや思い込みを話し合いながら作業をすれば、お互いの考えに矛盾があったり、誰かが誤認識をしていることがすぐに明らかになるはずです。

特に熟練したプログラマー（あるいは何かの専門家）にとって、自分が何かの思い違いをしていることに気付くのは難しいので、そのコードを定期的に実行したり、テストスイートを活用したりしてコードに関する誤認識がないかを定期的に検証しましょう。ある値がゼロ以下になることがないと確信しているなら、それを検証するためのテストを追加するのがよさそうです。そのテストは、あなたの仮定が間違っているかどうかを検出するのに役立つだけでなく、その値が本当に常に正であるという事実を記したドキュメントとしても機能します。なぜなら、これまでも見てきたように、正しいモデルを学んだとしても誤認識がなくなることはほとんどなく、後になって、それが頭をもたげてくる可能性は常にあるからです。

したがって、ドキュメントを書き残すことは、コード内の特定のメソッド、関数、データ構造に関する誤認識を防ぐためのもう1つの方法なのです。もし誤認識を発見したら、テストを追加するだけではなく、他の人や将来の自分が同じ罠にはまらないように、わかりやすい場所にドキュメントを追加しておくとよいでしょう。

本章のまとめ

- 長期記憶に蓄えられている知識は、新しい状況に転移できます。既存の知識の力を借りて、学習をより早く進めたり、新しい作業をうまくこなせたりするようになることがあり、これを正の転移と呼びます。
- ある領域から別の領域への知識の転移は、悪影響を与えてしまう場合もあります。これを負の転移と呼び、新しいことを学んだり新しいタスクを実行したりするのを既存の知識が邪魔することを意味します。
- 自分の長期記憶の中にすでにある関連した情報を意識的に探すことで正の転移を促し、新しいことをより効果的に学ぶことができます（たとえば、本書の前半で説明した推敲が該当します）。
- 自分が正しいと確信しているにもかかわらず、実際には間違っているという誤認識が発生することがあります。
- 誤認識は、単に自分が間違っていると気付いたり、指摘されたりするだけでは解決しない場合がほとんどです。誤認識を解決するには、古い間違ったモデルに代わる新しいメンタルモデルで置き換える必要があります。
- たとえ正しいモデルを学んだとしても、古いモデルを利用して、再び誤認識が発生してしまう可能性は常にあります。
- コードのテストとドキュメントを追加によって、誤認識を回避できます。

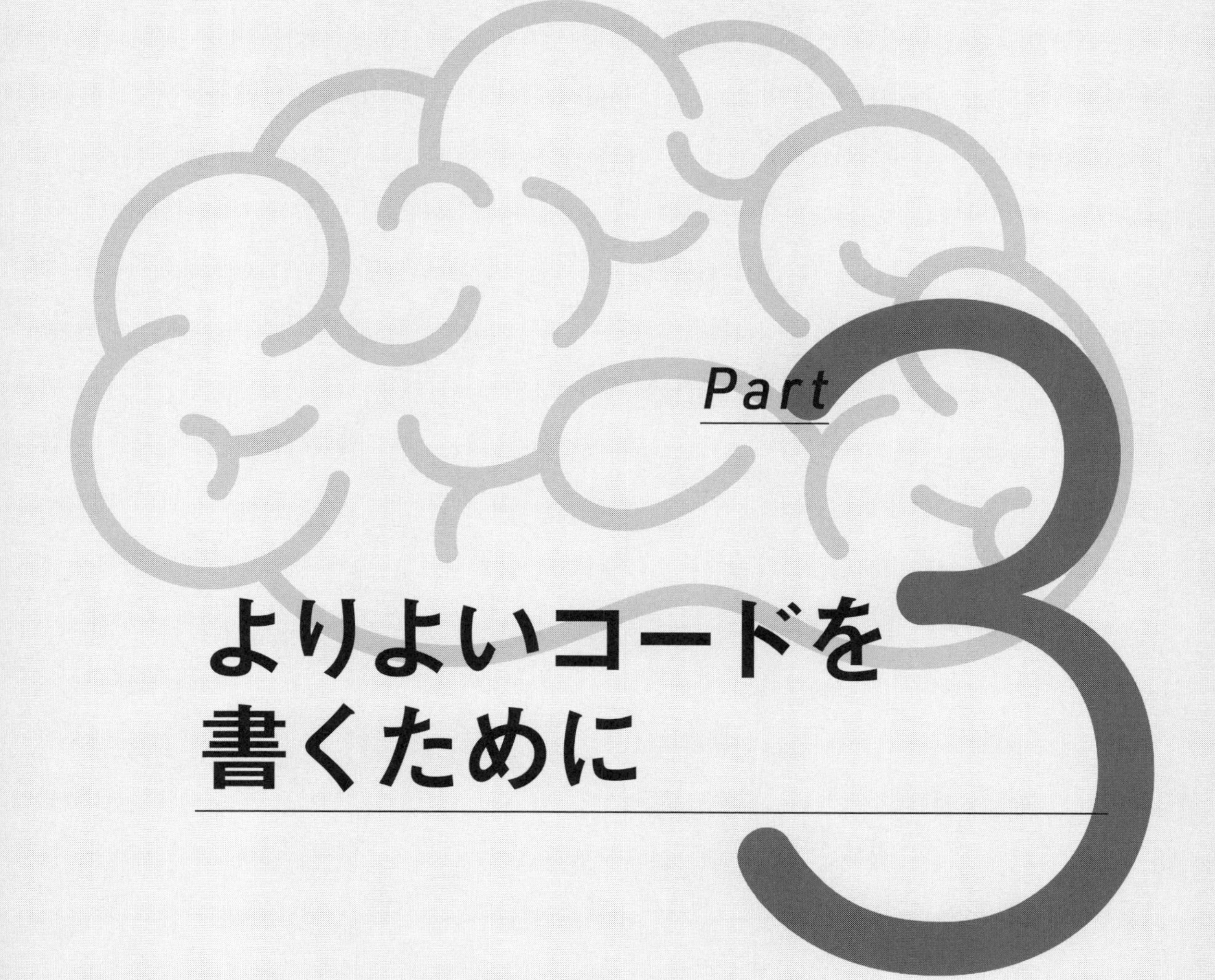

Part 3 よりよいコードを書くために

第1部と第2部では、コードを読んだり考えたりするときの短期記憶、長期記憶、ワーキングメモリの役割について学びました。第3部では、よりよいコードを書くことに目を向けます。理解しやすいコードを書き、曖昧な名前や怪しいコードの臭いを避けるにはどうしたらよいかを考えていきましょう。また、複雑な問題に対するコードを書くスキルを向上させる方法についても見ていくことにします。

Chapter 8 よりよい命名を行う方法

本章の内容

- よい命名を行うためのさまざまな手法を比較する
- 名前と認知プロセスの関係を理解する
- さまざまな命名スタイルとその効果について知る
- 悪い命名がもたらすバグやエラーについて調査する
- コードの理解の促進を最大化する変数名の命名方法を学ぶ

第1部では、我々が長期記憶に情報を保持して必要なときに取り出していることや、短期記憶に情報を保持していること、ワーキングメモリでコードを処理するなど、コードを読むことに関係するさまざまな認知プロセスについて解説しました。第2部では、コードについてどのように考えればよいのか、コードについてどのようなメンタルモデルが形成されるか、コードについてどのように語るべきかを見てきました。第3部では、コードを読んだり考えたりすることではなく、コードを書くプロセスに注目していきます。

本章は、変数、クラス、メソッドなどに、どのような名前を付ければよいかについて学ぶことを目的としています。皆さんはすでに、脳がコードを処理する仕組みがかなりわかってきたはずなので、コードの理解になぜ命名が重要なのか、深く理解できるようになったのではないでしょうか。よい名前を付けることは、長期記憶を活性化してコードが対象とするビジネス領域について、すでに記憶している関連情報を見付けるのに役立ちます。一方で、悪い名前を付けてしまうと、コードに関する間違った思い込みが発生し、誤認識を引き起こしてしまうかもしれません。

命名は重要なことですが、同時に非常に難しい作業でもあります。名前は、何かを解決するモデルを作成するときや、実際に問題を解決する際に決定されることが多いのですが、こうした活動は高い認知的負荷の中で行われる可能性があります。メンタルモデルを作成し、それを使って問題解決に取り組むために、ワーキングメモリがフル稼働している状態なのです。このような状況でよい変数名を考えようと思っても、認知的負荷が高過ぎて脳がうまく処理できないかもしれません。そこで、まずはワーキングメモリの容量を考慮して、簡単な名前にしたり、仮の名前を付けておくことは認知科学的にも理にかなったことです。

本章では、命名の重要性と難しさについて深く掘り下げて解説します。まずは命名とそれに伴う認知的処理の基本を学び、名前の付け方がプログラミングに与える影響を2つの側面から考えます。続いて、悪い名前がバグの発生にどう影響しているのかを見ていきます。最後に、よい命名のための具体的なガイドラインを紹介します。

8.1 なぜ名前が重要なのか

よい変数名を選ぶのは難しいものです。Netscapeのプログラマーだったフィル・カールトン（Phil Karlton）は、「コンピュータサイエンスには難しい問題が2つしかない。それは、キャッシュの無効化と命名である」といったことで知られています。実際に、多くのプログラマーが命名に苦労させられています。

特定のクラスやデータ構造が持つすべての責務を1つの明確な言葉で表現することは、簡単ではありません。エルサレム・ヘブライ大学のコンピュータサイエンスの教授であるドロール・フェイテルソン（Dror Feitelson）は、曖昧さのない名前を付けることがいかに難しいかを理解するために、ある実験を行いました。その実験は、約350人の被験者に、さまざまなプログラミングの場面で名前を選んでもらうというものでした。被験者は、学生、および平均6年の実務経験を持つプログラマーで構成されていました。被験者には、変数や定数、データ構造、関数とそのパラメータについて名前を選ぶことを求められました。その結果としてわかったのは、命名がそもそも非常に難しい作業であること、そして同じ名前を別々の人が選ぶことは起こりづらいということでした。この実験で、2人の開発者が同じ名前を選択する確率は非常に低く、変数、定数、データ構造、関数、パラメータを合わせた47個の命名の対象に対して、その確率の中央値はたった7%に過ぎませんでした。

しかし、いくら命名が難しかったとしても、コードを読み解く上で、オブジェクトに正しい名前が付けられていることは重要です。命名と脳内の認知プロセスの関連性を探る前に、なぜ命名が重要なのかを押さえておきましょう。

8.1.1 なぜ名前が重要なのか

識別子名とは、コードの中でプログラマーが命名したすべてのものを表す言葉です。識別子名には、変数型(クラス、インターフェイス、構造体、デリゲート、列挙型など)や変数そのものの名前、メソッド、関数、モジュール、ライブラリ、名前空間などに割り当てる名前などが含まれます。識別子名が重要である理由は、主に次の4つです。

●名前はコードの大部分を占める

識別子名が重要な第1の理由は、世の中に存在するほとんどすべてのコードにおいて、読むものの大部分が名前であることです。たとえば、Eclipseのソースコードは約200万行あり、そのトークンのうち33%、文字にした場合は72%が識別子です[※1]。

●コードレビューにおける名前の役割

コードに頻繁に登場するというだけではなく、プログラマーは名前について、よく議論するものです。ケンブリッジにあるマイクロソフトリサーチの研究者であるミルティアディス・アラマニス(Miltiadis Allamanis)氏は、コードレビューの際に、どれだけ頻繁に識別子の名前についての言及が行われるかを調査しました。1,000以上の発言を含む170以上のレビューを分析した結果、コードレビューの4件に1件は命名に関する指摘であり、識別子名に関する指摘は全体の9%もあることがわかりました。

●名前は最もアクセスしやすいドキュメントである

そのコードについて書かれた正式なドキュメントがあるなら、そこには多くの背景情報が含まれているかもしれません。しかし、識別子名もコードの内部に含まれていて、すぐに見ることができるため、重要なドキュメントの役割を果たします。これまで本書で見てきた通り、さまざまな場所から情報を集めてつなぎ合わせる作業は、認知的負荷を増加させてしまいます。したがって、コードを読み解く際に、プログラマーは、ドキュメントを読むためにコードベースの外部に移動するといった行動をできる限り避けようとします。その結果、コード中のコメントと名前は、「ドキュメント」として最も読まれることになります。

●名前はビーコンとして機能する

第2章において、ビーコンについて触れました。ビーコンは、新たなコードを読むときに、そのコードの意味を理解するために役立つコードの一部分のことでした。コメントは重要なビーコンですが、それに加えて、識別子名も読み手がコードの意味を理解するのに役立つ重要なビーコンとなります。

※1 Florian Deißenbock、Markus Pizka『Concise and Consistent Naming』。https://www.cqse.eu/fileadmin/content/news/publications/2005-concise-and-consistent-naming.pdf

8.1.2 命名に対するさまざまな考え方

よい名前を選ぶことは、とても重要です。多くの研究者が、変数名の善し悪しについての定義を行おうとしています。ところが、研究者は何がよい名前なのかということについて、それぞれ異なる考え方を持っています。そこで、いろいろな考え方に触れる前に、まずは演習によってあなた自身の長期記憶を活性化させて、変数名に対するあなたの考えを整理してみましょう。

演習8.1

あなたが考えるよい識別子名の定義とは何でしょうか。よい名前の例も一緒に挙げてみてください。

それでは、悪い名前とは何でしょうか。単によい名前と逆の性格を持つ名前なのでしょうか。あなたがこれまでに見たことのある悪い名前と、それを特徴付ける性質は何でしょうか。あなたが仕事の中で出会った悪い名前の例も挙げてみましょう。

さあ、何がよい名前なのかを自分なりに整理できたら、命名について研究している研究者によるよい命名を行うための3つの異なる考え方を見てみましょう。

● よい名前は文法を定義できる

識別子の命名をする際、文法に基づいたルールを用いるべきだと一部の人は考えています。たとえば、イギリスのオープン大学の准上級講師であるサイモン・バトラー（Simon Butler）は、表8.1に示すような、変数名で発生する問題の一覧を作成しました。

表8.1 バトラーによる命名規則のリスト

名前	説明	悪い名前の例
ルールを逸した大文字の利用	識別子の名前では、大文字は適切に利用しなければならない	pagecounter
アンダースコアの連続	識別子の名前にアンダースコアを連続して使うべきではない	page__counter
辞書に載っている単語の利用	識別子は意味のわかる単語のみを利用して、省略形はそのほうが完全表記よりも一般的な場合のみに使用する	pag_countr
単語数	識別子は2単語から4単語以内で構成すべきである	page_counter_converted_and_normalized_value
多過ぎる単語	識別子には5単語以上を使うべきではない	page_counter_converted_and_normalized_value
短過ぎる識別子	識別子は8文字未満であってはならない。ただし、c、d、e、g、i、in、inOut、j、k、m、n、o、out、t、x、y、zは利用してよい	P、page

列挙型識別子の宣言の順番	何か特別な理由がない限り、列挙型の名前はアルファベット順に宣言されるべきである	CardValue = {ACE, EIGHT, FIVE, FOUR, JACK, KING...}
前後のアンダースコア	識別子名の先頭や末尾にアンダースコアを付けてはならない	__page_counter_
識別子への型情報の追加	識別子の名前にハンガリアン記法などを用いて型情報を追加してはならない	int_page_counter
長過ぎる識別子名	可能なら長い識別子名は避ける	page_counter_converted_and_normalized_value
ルールを逸した命名	識別子は、一般的ではない方法で大文字と小文字を組み合わせてはならない	Page_counter
数字を表す識別子名	識別子は、数字を表す単語だけで構成してはならない	FIFTY

バトラーのリストにはさまざまな種類のルールが含まれていますが、そのほとんどは文法的なものです。たとえば、「前後のアンダースコア」というルールは、名前がアンダースコアで始まったり、アンダースコアで終わったりしてはならないというものです。また、バトラーのルールは、ハンガリアン記法の利用を禁止しています。ハンガリアン記法とは、文字列として格納された名前を表す変数にstrNameのような変数名を使う命名方法です。

変数名を事細かに規定するルールは、やや小難しく聞こえるかもしれません。しかし、前章で見たように、コード中に不要な情報が含まれていることは、余計な認知的負荷を引き起こし、コードの理解を邪魔する可能性があるので、表8.1のような文法的なルールを決めることは賢い方法だといえます。

もちろん、多くのプログラミング言語には、変数名に関するルールが用意されています。たとえば、PythonのPEP8では変数名にスネークケースを利用することを定めており、Javaの命名規則では変数名はキャメルケースであるべきだと定めています。

●名前はコード内で一貫していなければならない

よい命名に関するもう1つの考え方は、一貫性です。本章の前半で取り上げた、コードレビューとその中で命名に関する指摘についての研究を行ったアラマニス氏も、よい命名について考察しており、よい命名を行うために最も重要な考え方は、コード全体で一貫したルールで名前が付けられていることだと述べています。

一貫性のない命名を問題視する考え方は、私たちが認知科学について知っていることとも合致します。コード中で同じ単語が同じ意味に使われていれば、脳は長期記憶に保存されている関連情報を見付けやすくなるからです。バトラー氏のリストの中にも、大文字と小文字を一貫性なく組み合わせてはならないというような一貫性に関する記述が見られます。

演習8.2

あなたが最近関わったコードから一部を抜き出し、そこで使われているすべての変数名をリストアップしてください。それらの名前について、本節で解説した考え方に基づいて、適切な命名であるかどうかを考えてみましょう。それらの名前は、文法的に適切なものになっているでしょうか。そして、コード中で一貫性を保った名前になっているでしょうか。

名前	文法的な問題はないか	一貫性は保たれているか

8.1.3 初期の命名の慣習は永続的な影響を与える

ジョンズ・ホプキンス大学の上級研究員で、命名について幅広く研究しているドーン・ローリー（Dawn Lawrie）氏は、命名の慣習は十年前と比べて変化しているのか、また、長い間同じコードで作業し続けている場合に、命名方法はどのように変化していくのかといった命名の傾向についての調査を行っています※2。

これらの疑問の答えを見付けるために、ローリー氏は、C++、C、Fortran、Javaで書かれた78のコードにおける186の異なるバージョンを解析しました。解析対象となったのは、30年間にわたって書かれてきたコード群で、その総数は4,800万行を超えています。対象となったコードにはプロプライエタリなコードとオープンソースプロジェクトの両方が含まれており、その中には、Apache、Eclipse、MySQL、GCC、Sambaなどの有名なソフトウエアのコードも含まれていました。

ローリー氏は、識別子の名前の質を分析するために、命名について2つの側面から調査を行いました。1つ目は単語の分割に関するもので、単語と単語の間にアンダースコアを使用したり、大文字を使用するなどして、名前内で単語を分割しているかどうかを調べました。ローリー氏は、単語をきちんと分割している名前のほうが理解しやすいと述べています。2つ目は、バトラー氏の「辞書に載っている単語の利用」というルールを基にしており、識別子の名前に使われている単語が辞書に載っているかどうかを調べました。

ローリー氏は、コードの書かれた時期の異なる78のコードを広く調査したため、命名方法が時間とともにどのように変化するかを分析することができました。その結果、より最近のコードでは、昔のコードよりも辞書の単語で構成される識別子を名前に使用する傾向が高くなり、変数名で単語を分割する傾向が高くなることがわかりました。ローリー氏は、このような

※2 Dawn Lawrie、Henry Field、David Binkley『Quantifying Identifier Quality: AN. Analysis of Trends』。http://www.cs.loyola.edu/~lawrie/papers/lawrieJese07.pdf

命名方法の改善は、プログラミングが学問として成熟してきたためであると考察しています。また、大きなコードベースのほうが命名の品質がよい、あるいは悪いといったことはなく、コードベースの大きさは品質と相関がないと述べています。

ローリー氏は、異なるプロジェクトの古いコードと新しいコードを比較するだけではなく、同じソフトウエアの複数のバージョンを比較し、同じコード内で時間の経過とともに命名方法が変化しているかどうかも確認しました。その結果、1つのコードベースでは、時間を経て書き続けられても、命名方法が改善されることはないことがわかりました。ローリー氏は、ここで「識別子の品質はプログラム開発の初期に定着する」という、重要かつ実用的な結論を導き出しています。つまり、新しいプロジェクトを始めるときには、その初期段階において、よい名前を選ぶことに特に気を付けたほうがよいということです。プロジェクトの初期段階での命名方法は、おそらく永遠にそのコード内で使われ続けることになるからです。

GitHubにおけるテストの使用状況に関する調査からも、同様の現象が明らかになりました。リポジトリに新しく参加した人は、テストの書き方について調べるにあたって、プロジェクトのガイドラインを読むよりも、既存のテストを見てそれを参考にすることが多かったのです※3。このことから、リポジトリにすでにテストが書かれていた場合、新しい参加者はテストを追加しなければならない、つまり、プロジェクトの構成に従わなければならないと感じることがわかりました。

●命名の経年変化に関する知見

- 新しい時代に書かれたコードは、命名のガイドラインに沿ったものになっている
- 同じコードベースの中では、命名の慣習は変化しづらい
- 命名規則は、コードベースの大きさによって違いは出ない

本章では、ここまでに、表8.2に示すような、命名に関する2つの考え方について見てきました。

表8.2 命名の考え方

研究者	考え方
バトラー	文法的に一貫した命名
アラマニス	コードベースを通して一貫した命名

バトラー氏の考え方を実践するには、主に文法的なことに関するガイドラインを守っていけばよいでしょう。一方、アラマニス氏の考え方においては、名前の品質に関する決まったガイ

※3 Raphael Phamほか『Creating a Shared Understanding of Testing Culture on a Social Coding Site』(2013)。http://etc.leif.me/papers/Pham2013.pdf

ドラインやルールは規定されていませんが、既存のコードは方向性を規定すべきであり、一貫性があって悪い命名は、少なくとも一貫性のない命名よりはよいというスタンスをとっています。識別子の命名方法について、わかりやすい方法が1つ決まっていればよいのですが、研究者によってもいろいろな考え方があり、何がよい名前なのかは人によって意見が異なることがわかります。

8.2 命名の認知科学的側面

さて、なぜ命名が重要なのか、さらに命名にに対するいくつかの考え方について説明したので、次に認知科学的にわかっていることを用いて、命名について掘り下げていくことにしましょう。

8.2.1 短期記憶の働きを助ける名前の形式

脳内でのコードがどのように認知されるのかを踏まえると、先に紹介した2つの考え方は、表8.3に示すように、どちらも理にかなっています。変数名の形式についての明確なルールを決めることは、短期記憶においてその名前の意味を理解するのに役立つでしょう。

表8.3 命名の考え方と認知科学との関係

研究者	考え方	認知科学的な意味
バトラー	文法的に一貫した命名	チャンク化を助ける
アラマニス	コードベースを通して一貫した命名	名前を処理する際に認知的負荷を下げる

たとえば、アラマニス氏のアプローチでは、コード全体を通して一貫した命名方法を使用することがよいとされています。それぞれの名前がまったく異なるルールで命名されていたら、その意味を理解するために、いちいち労力を割く必要が出てきてしまうからです。

バトラー氏の考え方は、認知的処理に関する知見とも合致しています。彼は、先頭のアンダースコアを使用しない、大文字の使い方を統一するなど、構文的に類似した名称を使用することを推奨しています。類似した名称は、関連する情報が毎回同じように表現されるため、名称を読む際の認知的負荷を下げてくれる可能性が高くなります。バトラー氏が提唱する識別子名についての「最大4つの単語までしか使ってはいけない」という制限は、一見根拠がないように思えますが、現在考えられているワーキングメモリの制限（2～6チャンク）と合致しているといえます。

● コードベース内の名前の一貫性を向上させる

コードベース内の名前の一貫性を改善するために、アラマニス氏は、一貫性のない名前を検出する自らのアプローチをコードに実装し、「Naturalize」(https://groups.inf.ed.ac.uk/naturalize/)というツールとして公開しています。このツールは、機械学習を使って既存のコードからよい(一貫した)名前を学習し、ローカル、引数、フィールド、メソッド呼び出し、変数型に適した名前を提案できるというツールです。Naturalizeを作成した開発チームは、このツールを使って、さまざまなコードに対して名前の使い方を改善する18件のプルリクエストを作成しました。そのうちの14件は受け入れられたので、このツールのある程度の有用性は証明されたといえるでしょう。しかし残念ながら、現在のNaturalizeは、Javaしかサポートしていません。

Naturalizeに関する論文の中で、Naturalizeを使用してJUnitのプルリクエストを生成したときのおもしろいエピソードを紹介しています。提案されたプルリクエストは受け入れられませんでしたが、その理由は、JUnitの開発者によれば、変更が既存のコードとの一貫性を保てていなかったためとのことでした。しかし、Naturalizeは、似たようなコード規約違反を起こしている場所をすべて検出して、コード修正を提案したのです。これは、JUnitのコード規約があまりにも頻繁に破られていたために、Naturalizeにとっては間違ったルールのほうが自然に見えてしまっていたために起こっていたのです。

8.2.2 長期記憶の働きを助ける明快な命名

これまで見てきた命名に関する2つの考え方は、それぞれ異なってはいるものの、共通する部分もあります。どちらも文法に関するものであり、統計的な手法であり、コンピュータ上でプログラムを使ってそれぞれのモデルに従った名前の品質を測定可能です。そして、実際に、アラマニス氏のモデルはNaturalizeというソフトウエアとして実装されてもいます。

しかし、よい命名というのは、文法的に正しければよいというものではありません。認知的な観点からいえば、どのような単語を使うかということも重要です。本書ではすでに、コードについて考えるとき、ワーキングメモリが図8.1のように2種類の情報を処理することを学びました。まず、変数名は感覚記憶で処理され、短期記憶に送られます。短期記憶は容量が限られているので、変数名をそれぞれの単語単位に分解します。命名に一貫性があればあるほど、短期記憶はうまく単語分解を行えます。たとえば、nmcntravgのような名前はわかりづらく、その中から構成要素を見付け、理解するのに相当な労力を必要としますが、name_counter_averageのような名前なら、それぞれの単語の意味が明快で、何を目的としているのかが理解しやすいため、文字数はおよそ2倍であるにもかかわらず、読むのに必要な心的努力はずっと少なくて済みます。

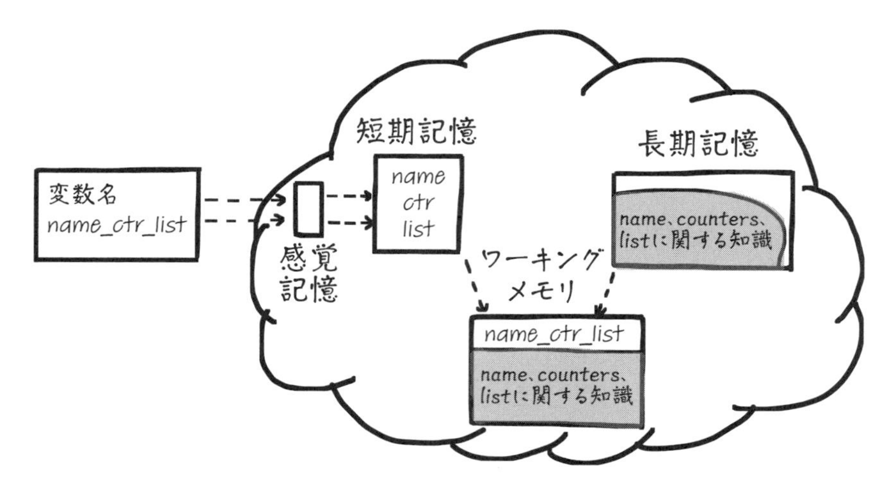

図8.1　識別子の名前を読んだ際には、まず名前が別々のチャンクに分解され、ワーキングメモリに送られる。同時に、長期記憶は変数名のそれぞれの部分に関連する情報を検索する。長期記憶からの関連情報もワーキングメモリに送られる。

変数名を処理するとき、ワーキングメモリは情報を短期記憶だけから得るわけではありません。ワーキングメモリは、長期記憶から関連する事実を検索し、受け取ることもあります。この認知プロセスにおいては、識別子名に使われている単語がどういうものであるかが重要になってきます。変数名やクラスに適切なビジネス領域の概念を利用すると、長期記憶で関連情報を効率的に見付けることができるようになります。

8.2.3 変数名には理解を助けるためのさまざまな情報が含まれている

図8.2に示すように、識別子名には3種類の情報が含まれる場合があり、それらは新しい変数名をなるべく早く理解するために役立ちます。

1. 名前はコードが対象とするビジネス領域に関する情報を与えてくれます。customer（顧客）のような単語は、顧客はおそらく製品を購入するし、その際には名前と住所が必要となるといったように、長期記憶の中でさまざまな関連付けが行われています。
2. 名前はプログラミングそのものに関する情報も与えてくれます。treeという単語は木構造のプログラミングの概念を表し、根があり、トラバースや平滑化ができるといった情報を長期記憶から引き出せます。
3. 変数名そのものが、長期記憶に保持された情報と関連付けられている場合もあります。jという変数名は、ネストされたループ構造であり、jが最も内側のループのインデックス変数であることを連想させます。

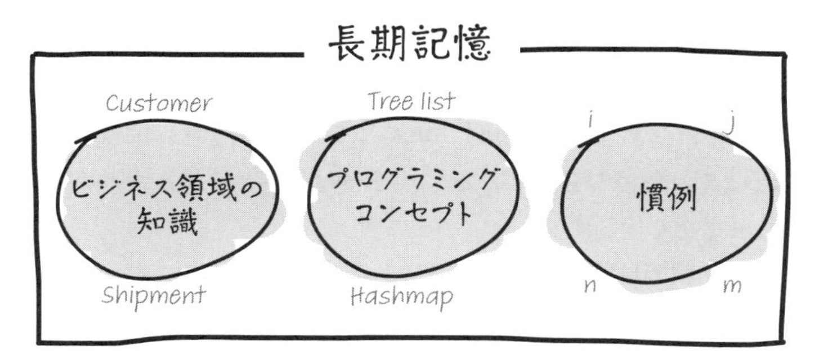

図8.2　長期記憶に格納された情報を元に変数名を理解するのに役立つ3種類の情報：ビジネス領域の知識（customer（顧客）やshipment（出荷）など、プログラミングの概念（list、tree、hashmapなど）、役割が規定された変数名（ループに使うiやj、行列の次元に利用するnやmなど）

変数名が、今後あなたの書いたコードを読む人の短期記憶と長期記憶の働きをどのように助けてくれるのかを考えることは、よい命名をする上で大きな助けになるでしょう。

演習8.3

あまり読み慣れていないコードを1つ選んでください。たとえば、以前に作業していて今はもう触っていないコードや、あなたが携わっているプロジェクトにおいて他の人が書いたコードでも構いません。

選んだコードに目を通し、変数名、メソッド名、クラス名など、コード内のすべての識別子名をリストに書き出しましょう。それぞれの名前について、その名前があなたの認知処理を助けてくれていたのかを考えてみてください。

- その名前は短期記憶を助けるような形式になっているでしょうか？　その名前は、より明確な意味を持つものに改良できるでしょうか？
- その名前は長期記憶に記憶しているビジネス領域の知識を探し出せるようなものでしょうか？　その名前は、よりビジネス領域に関連する形に変えることはできるでしょうか。
- その名前は長期記憶に記憶しているプログラミングの概念の知識を探し出せるようなものでしょうか？　その名前は、よりプログラミング概念に関連する形に変えることはできるでしょうか？
- その名前は長期記憶に保持されている命名規則に従っており、長期記憶からその役割の情報を探し出せるようなものでしょうか？

8.2.4 名前の品質は、いつ評価すべきか

命名が難しいのは、コーディングに関連する認知的なプロセスであるためです。何らかの問題を解決しているとき、あなたは高い認知的負荷を経験しているはずです。そのため、問題

解決の最中には、認知的負荷が高過ぎるために、よい名前を思い付く余裕がないかもしれません。目の前の問題解決に手一杯で、よい名前を思い付くことができず、複雑なコードの中でfooのような変数名を使ってしまった経験は、誰にでもあるでしょう。もしかしたら、プログラミングの後半になるまで、命名対象にどんな名前を付けるべきなのかがわからない状態になることもあるかもしれません。

したがって、コーディング中というのは、命名について考え、その品質を向上させるタイミングとしては適切とはいえません。命名の品質については、コーディング以外のタイミングで考えたほうがよいでしょう。たとえば、コードレビューは、識別子名のコード品質を振り返るよい機会になるはずです。演習8.4は、コードレビューでコード内の命名に特に注目したい際に利用可能なチェックリストとして活用できます。

演習8.4

コードレビューを始める前に、変更されたコードに存在するすべての識別子名をリストアップしてください。これらの名前は、ホワイトボードや別のドキュメントなど、コードの外部で行います。それぞれの識別子名について、次の質問に回答してください。

- コードの処理内容について何も事前知識がなくても、意味のわかる変数名になっているでしょうか？　識別子名を構成する単語の意味はすべてわかりますか？　曖昧だったり不明確な言葉は含まれていませんか？
- 意味を勘違いしやすそうな略語が使われていないでしょうか？
- その識別子名と類似した他の名前はあるでしょうか？　それらの類似した名前は、コード中でも類似したオブジェクトに用いられていますか？

8.3 どんな名前が理解しやすいのか

ここまで、なぜよい名前が重要なのか、そして名前が認知プロセスに与える影響について見てきました。ここからは、識別子の名前の付け方について、より具体的な方法を見ていくことにします。

8.3.1 略すべきか、略さざるべきか？

名前は、辞書に載っている単語を組み合わせて作るべきだという考えを紹介しました。省略していない完全な単語を利用することは合理的に感じますが、なぜそういえるのかをきちんと考えておくことも重要でしょう。

ドイツのパッサウ大学の研究者であるヨハネス・ホフマイスター（Johannes Hofmeister）氏は、業務でC#を使っている72人の開発者を対象に、C#のコードスニペットのバグを見付けてもらうという実験を行いました。ホフマイスター氏は、バグを発見するために、識別子名の意味と書式のどちらが重要であるかに興味を持っていたのです。彼は識別子の命名規則の異なる3つのプログラムを用意しました。1つ目は識別子が1文字になっているもの、2つ目は単語の省略形が使われているもの、3つ目は識別子に省略していない単語の使われているものです。ホフマイスターは、被験者に構文的なエラーと意味的なエラーの両方を発見するよう指示し、被験者が与えられたプログラムのバグを見付けるのに要した時間を測定しました。

被験者は、識別子が省略していない単語のプログラムを読んだ場合、文字や略語の識別子が使われたプログラムを読んだ場合と比較して、1分間に平均19％多くの不具合を発見しました。また、文字と略語の識別子を使ったプログラムでは速度に有意な差はありませんでした。

他の研究では、単語からなる変数が理解を助けることが確認されていますが、変数名を長くすることのデメリットもあるかもしれません※4。先に紹介したローリー氏の研究では、平均7.5年の職業経験を持つ120名のプロの開発者に、省略していない単語、略語、単一文字を識別子として利用した3種類のソースコードを読んで理解し、記憶するように求めました。

この研究の被験者は、3つの識別子のスタイルのうちの1つを使用した方法で書かれたコードを見せられました。その後、コードを隠した上で、被験者は読んだコードを言葉で説明し、その中で使われていた変数名を思い出すように求められました。ホフマイスター氏の実験とは対照的に、ローリー氏は、被験者が回答したコードの要約が実際の機能とどの程度対応しているかを、被験者の回答を1～5で評価することで測定しました。

ローリー氏は、ホフマイスター氏の結果と同様に、単語で構成される識別子のほうが、略語や文字の識別子を利用したコードよりも理解しやすいと結論付けました。単語の識別子を使ったコードは、1文字の識別子を使ったコードや、被験者のコードの要約の解答よりも、ほぼ1ポイント高く評価されました。

この研究では、識別子として省略しない単語を使うことのデメリットも明らかになりました。研究結果を分析したところ、ローリー氏は、変数名が長いほど覚えづらく、覚えるのに時間がかかっていることを発見しました。さらにわかったことは、変数名を覚えにくくするのは、長さそのものではなく、変数名が含む音節の数であるということでした。もちろん、これは認知科学の観点からも理解できます。長い名前になればなるほど、短期記憶で多くのチャンクを使う可能性があり、音節は単語をチャンク化する方法である可能性が高いからです。このことから、よい識別子名を選ぶには、読者がコードを理解しやすく、バグを発見できる可能性を向上させる明確な単語を選ぶことと、覚えやすい命名を行うための簡潔な略語のバランスを慎重に見極める必要があるということです。

ローリー氏は、自身の研究に基づき、識別子の命名規則を定める際、接頭辞や接尾辞の利用には注意が必要であると述べています。接頭辞や接尾辞は、それによって追加される情

※4 Dawn Lawrieほか『Effective Identifier Names for Comprehension and Memory』（2007）。https://www.researchgate.net/publication/220245890_Effective_identifier_names_for_comprehension_and_memory

報が、名前が覚えにくくなるという度合いを上回るかどうかを常にチェックし続ける必要があるからです。

接頭辞や接尾辞に注意

ローリー氏は、識別子に接頭辞や接尾辞を付ける命名規則には注意するようにと述べています。

●1文字の変数は珍しくない

これまで、バグをより早く見付けるという意味でも、理解しやすいという意味でも、識別子として略語や単独のアルファベットを使うよりも単語のほうが好ましいという理由をいくつかみてきました。しかし、実際には1文字の識別子名もよく使われています。エルサレム・ヘブライ大学の研究者ガル・ベニアミニ（Gal Beniamini）は、C、Java、JavaScript、PHP、Perlそれぞれにおいて、単一文字の識別子が使われている頻度を調査しました。ベニアミニ氏は、この5つのプログラミング言語それぞれについて、GitHubで最も人気のある200のプロジェクトの16GB以上のソースコードを対象としました。

その結果、単一文字の識別子の使い方は、プログラミング言語によって大きく異なることがわかりました。たとえば、Perlでは、最も多く使われる1文字の名前は多い方から順にv、i、jであり、JavaScriptでは、最もよく使われる単一文字はi、e、dです。図8.3は、ベニアミニ氏が分析した5種類のプログラミング言語における全26文字の使用状況を示しています。

ベニアミニ氏は、1文字の変数名の出現率だけでなく、プログラマーがそれぞれの文字に対してどういった事柄との関係性をイメージするかについても興味を持ちました。たとえば、iのような文字に対しては、ほとんどのプログラマーはループのイテレータを思い浮かべ、xとyは平面上の座標を思い浮かべるでしょう。しかし、b、f、s、tといった他の文字についてはどうでしょうか。多くのプログラマーが共通に思い浮かべるような意味を、これらの文字は持っているでしょうか。変数名についてどういう目的を持っているという印象を抱くかを知ることは、誤解を防いだり、コードを読む他の人がどのように勘違いをするのかを知ることに役立ちます。

ベニアミニ氏は、プログラマーが変数名から連想する変数型を理解するために、96人の経験豊富なプログラマーを対象にアンケートを実施し、1文字の変数から連想する変数型を1つ以上挙げてもらいました。図8.4でわかるように、文字列として使われることが圧倒的に多いs、文字として使われることが圧倒的に多いc、そして整数として使われるi、j、k、nを除いては、ほとんどの文字について、変数型のコンセンサスは取られておらず、どんな変数型にも使われることがわかります。

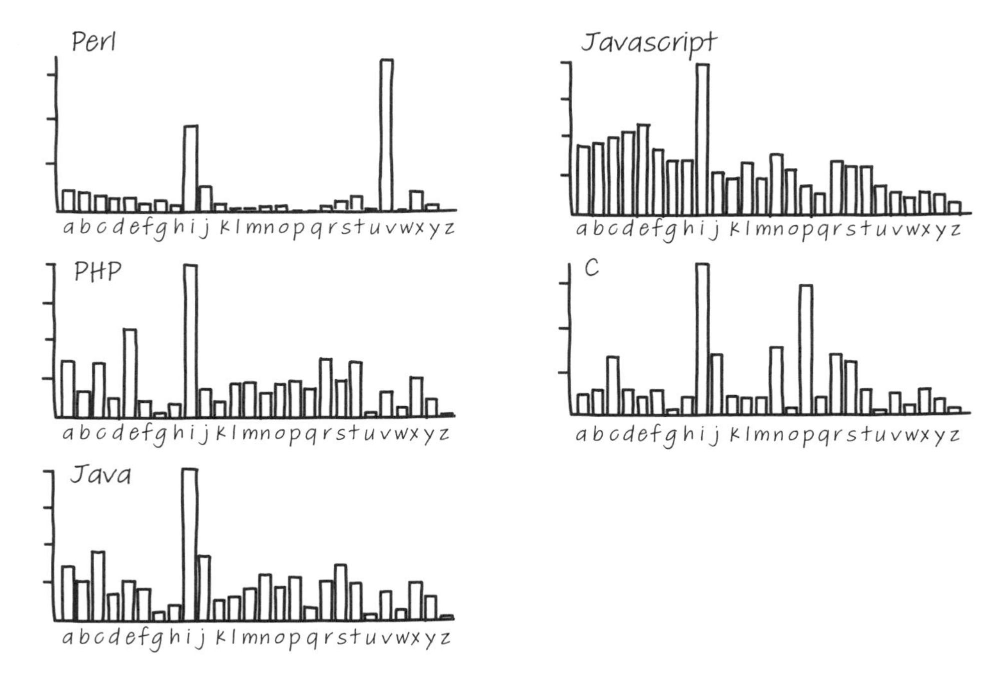

図8.3　ベニアミニ氏が分析した5種のプログラミング言語で使用されている単一文字の変数

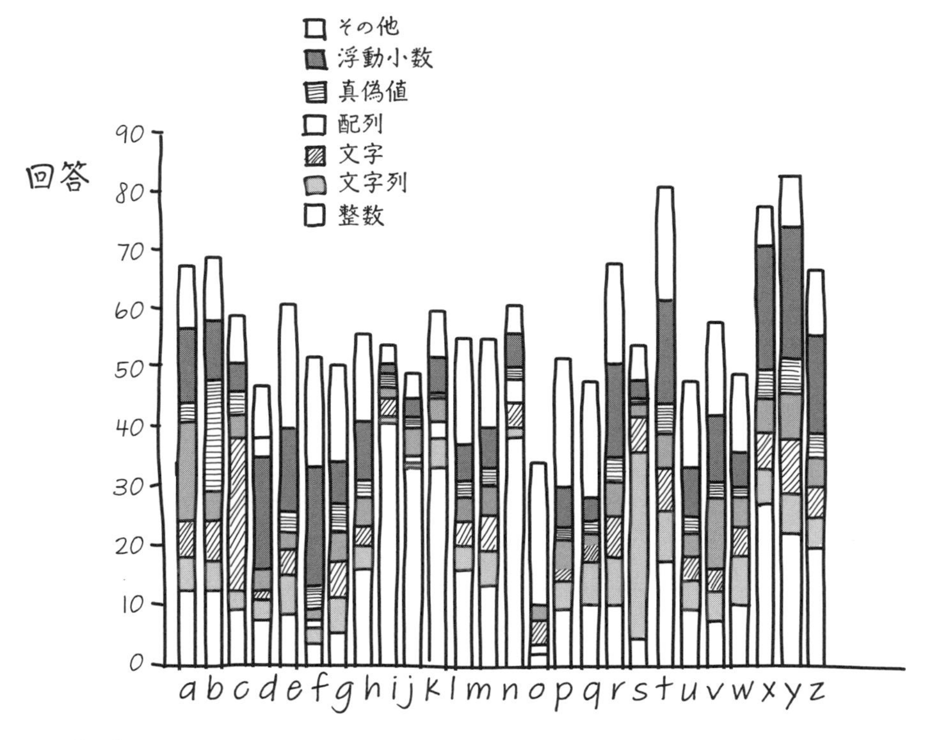

図8.4　単一文字の変数から連想される変数型

意外なことに、d、e、f、r、tは浮動小数を連想させるところがあり、変数x、y、zは浮動小数と同じくらい整数を強く連想させます。これは、これらの変数が座標として多く使われ、座標が整数と浮動小数の両方を使って表されることがあるからかもしれません。ベニアミニ氏のこの調査の結果は、1文字の変数を使った場合に、他の人が自分と同じような印象を持つことを期待してはいけないことを意味しています。私たちは、特定の文字がある変数型の概念を読み手に伝え、その変数の利用が読み手のコード理解を促進するのに役立つと思いがちですが、いくつかの特定の文字を除けば、それはあり得ないことなのです。したがって、変数名には単一文字ではなく単語を利用し、一貫した命名を行うことでしっかり合意を形成することのほうが、将来コードを読む人の理解を助けることになるのです。

演習8.5

次の表にある26個の1文字の変数名すべてについて、あなたがどんな変数型を連想したのかを書き出してみてください。他のチームメンバーとそれを比較してみましょう。他のメンバーは、あなたと異なる変数型を連想していたでしょうか？　あなたが今作業しているコードの中に、そうした異なる変数型を連想させたような1文字の変数は使われているでしょうか？

文字	変数型	文字	変数型	文字	変数型
a		j		s	
b		k		t	
c		l		u	
d		m		v	
e		n		w	
f		o		x	
g		p		y	
h		q		z	
i		r			

8.3.2 スネークケースか、キャメルケースか？

多くのプログラミング言語にはスタイルガイドが用意されており、変数名をどういう形式で定義すべきかが記述されていますが、その形式は言語によって異なります。有名どころとしては、C、C++、C#、JavaなどのC系言語はすべてキャメルケース、すなわちcustomerPriceやnameLengthのように、変数名の最初を小文字に、単語を接続するときにはその単語の先頭を大文字にして表すやりかたを推奨しています。一方で、Pythonではcustomer_priceやname_ lengthのように、それぞれの単語をアンダースコアで区切るスネークケースを使います。

メリーランド州ロヨラ大学のコンピュータサイエンス教授であるデイブ・ビンクレー（Dave Binkley）は、キャメルケースで書かれた変数とスネークケースで書かれた変数の理解度の違いを研究を行いました[※5]。ビンクレー教授の研究には、プログラマーと非プログラマー合わせて135人が参加して、被験者はまず「リストをテーブルに拡張する（Extends a list to a table）」といった変数の役割を説明する文章を見せられました。その後被験者は4つの選択肢から、その文章を表す変数名として適したものを選ぶように指示されました。そして選択肢としては、extendListAsTable、expandAliasTable、expandAliasTitle、expandAliasTableなどが使われていました。

ビンクレー教授の研究結果では、プログラマーと非プログラマーの両方において、キャメルケースを使うほうが、より適切なものを選択する確率が高いことが示されています。具体的には、キャメルケースで書かれた識別子のほうが、正しい選択肢を選ぶ確率が51.5%高いことがわかりました。しかし、キャメルケースを使うと、精度は高くなるものの、それと引き換えに答えを出す速度が遅くなっていました。識別子がキャメルケースの場合、被験者は答えを出すまでに0.5秒多くの時間を必要としていました。

ビンクレー教授は、キャメルケースとスネークケースを比較し、プログラマーと非プログラマーの両方の結果を見るだけでなく、プログラミング教育が被験者の成績に及ぼす影響も調べ、トレーニングを受けていない人とトレーニング年数が長い人の結果も比較しました。ビンクレー教授の研究において、トレーニングを受けた被験者のほとんどは、キャメルケースを使ったトレーニングを受けていました。

ビンクレー教授が経験値の異なる人々を比較したところ、キャメルケースのトレーニングを受けたプログラマーは、キャメルケースで書かれた正しい識別子を見付けるまでの時間が短くなることがわかりました。さらに、ある識別子のスタイルをトレーニングによって習得すると、他のスタイルが利用されている場合のパフォーマンスに悪影響を及ぼすこともわかりました。ビンクレー教授の結果では、キャメルケースのトレーニングを受けた被験者は、まったくトレーニングを受けなかった被験者に比べて、スネークケースで書かれた識別子を見付けるのが遅いということを示されています。

この結果は、これまで認知プロセスについて学んだことを当てはめれば、それほど驚くべきことではありません。キャメルケースの名前を使う練習を何度もすれば、名前のチャンク化や意味の発見が上手になるはずだからです。

もちろん、既存のコードがスネークケースを採用している場合に、この研究の結果に従って、すべての変数名をキャメルケースに変更するというのは賢いやり方ではありません。一貫性はコードの可読性に大きな影響を与えるからです。しかし、コードを書き始める際に命名規則を決める立場になったら、キャメルケースを選ぶとよいでしょう。

※5 Dave Binkley『To Camel Case or Under_Score』（2009）。https://ieeexplore.ieee.org/abstract/document/5090039

8.4 名前がバグに与える影響

ここまで本章では、なぜ命名が重要なのか、どのような名前が理解されやすいのかということを見てきました。さらに、よくない名前を付けてしまうと、バグの発生に直接影響を与えることもあります。

8.4.1 よくない名前が使われているコードはバグを生みやすい

本章の前半で取り上げた命名ガイドラインの研究者であるサイモン・バトラーも、悪い名前とバグの関係を分析しています。バトラー氏は2009年に、TomcatやHibernateなど、Javaで書かれたオープンソースのリポジトリを調査して、悪い命名と悪いコードの関係を調査しました※6。

バトラー氏は、まずJavaコードから変数名を抽出しました。そして、命名ガイドラインの違反を検出するツールを作成し、このツールを使って、8つのコードの中で不適切な命名スタイルが発生している場所を特定しました。8.1節で説明したように、バトラー氏は、アンダースコアが2つ連続しているなどの構造的な命名上の問題と、辞書に登録されているかどうかなどの名前の構成要素の両方を調べています。

次にバトラー氏は、FindBugsという静的解析を用いて潜在的なバグの位置を特定するツールを利用してバグの位置を特定し、コード内の悪い名前が使われている箇所をバグの位置と比較したのです。興味深いことに、バトラー氏の研究からは、悪い命名とコード品質との間に統計的に有意な関連性があることがわかりました。バトラー氏の発見は、不適切な命名スタイルが、単に読みにくくて、理解しにくく、保守しにくいコードになるだけではなく、勘違いを引き起こしやすいコードとなってしまう可能性を示唆しています。

もちろん、バグの場所と悪い名前の存在する場所との相関関係は、必ずしも因果関係を意味するものではありません。初心者や杜撰なプログラマーが書いたコードであれば、バグと悪い名前の両方が同時に発生しているだけである可能性もあります。また、バグが発生する場所が、複雑な問題を解決しようとしている場所である可能性もあります。つまり、そうした複雑な問題が、他の方法で適切な命名をし損ねることにつながっている可能性もあるのです。前にも述べたように、難しい問題を解決するためにプログラマーの認知的負荷が非常に高い状態となり、あまり命名について注意を払えない状況でコードを書いたのかもしれないわけです。また、コードのビジネス領域が複雑で、よい名前を思い付くのが難しく、正しい名前を見付けられないほどの複雑さが影響して、バグが発生したということもありえます。

したがって、命名の問題に対処することが必ずしもバグの解決や防止につながるわけではありませんが、コードを調査して不適切な命名が行われている場所を見付けることは、コード

※6 Simon Butler『Relating Identifier Naming Flaws and Code Quality: An Empirical Study』(2009)。http://oro.open.ac.uk/17007/1/butler09wcreshort_latest.pdf

の改善やバグの防止につながる可能性があります。名前を改善することで、間接的にバグを減らせるかもしれず、少なくとも修正にかかる時間を短縮できるかもしれないからです。

8.5 よりよい名前を選ぶには

不適切な命名がもたらす影響は深刻で、コードの理解度を低下させ、バグの発生確率を高める可能性さえあることがわかりました。フェイテルソン氏は名前の選択に関する研究の他に、開発者がよりよい名前を選択する方法についても研究しています[※7]。

8.5.1 名前の雛形

フェイテルソン氏は、開発者に変数名を選択させる調査において、開発者が他の開発者と同じ変数名を選ぶことはほとんどなくても、他の開発者が選んだ名前を理解することは可能であることを発見しました。彼が行った実験において、ある名前が選ばれた際に、ほとんどの開発者がその名前の意味を理解できていたからです。フェイテルソン氏は、このような現象が起こるのは開発者が**名前の雛形**（name mold）を使っていたからだと述べています。

名前の雛形とは、変数名を決める際に利用される典型的なパターンのことを意味します。たとえば、ある人が1カ月に受け取ることができる最大の手当（benefits）を表す名前が必要だった場合、表8.4に示すような名前が選ばれました。ここでは名前を正規化しているので、maxは、実際にはmaxとmaximumの可能性があり、benefitはbenefitsになる可能性があります。この表は、選ばれた回数の多い順で並べてあります。

表8.4 変数名として選ばれた回数が多かった順の一覧

max_benefit
max_benefit_per_month
max_benefit_num
max_monthly_benefit
benefits
benefits_per_month
max_num_of_benefit
max_month_benefit
benefit_max_num
max_number_of_benefit
max_benefit_amount

※7 Dror G.Fietelson『How Developers Choose Names』。https://www.cs.huji.ac.il/~feit/papers/Names20TSE.pdf

max_acc_benefit
max_allowed_benefit
monthly_benefit_limit

このリストを見ると、フェイテルソン氏の研究で2人の開発者が同じ変数名を選ぶ確率が非常に低かった理由がよくわかります。開発者は、さまざまな雛形を利用していたため、多種多様な変数名が利用される結果になったのです。

これらの名前は概念的には同じ意味を表していますが、その書き方にはさまざまバリエーションがあります。フェイテルソン氏の実験に参加した被験者は、同じコードで作業している人たちではありません。しかし、共同で同じコードを開発している人たちの間であっても、こうした雛形の違いが発生している可能性はあります。認知的負荷と長期記憶の特性について現在までに学んだことを踏まえると、同じコードベースにおいて異なる雛形が複数存在することは、あまりよいことだとはいえないでしょう。

認知的負荷の面では、変数名中の単語（この場合は「benefit」）がどういう概念を指しているのかを考えることと、そうした単語が変数中のどのような場所に位置しているかを調べることは、大きな認知的負荷を発生させます。変数名がどういう意味なのかを理解することと、それがどういう概念を表しているのかを理解することは別物です。本章では、キャメルケースやスネークケースといった変数の書き方が訓練によってより早く認識できるようになることを紹介しました。名前の雛形について、同様の研究はこれまで行われていませんが、おそらく同じ雛形を使った変数を多く読むと、同様に特定の雛形で書かれた変数をより容易に認識できるようになると思われます。

第2に、変数名が類似している場合、同じ型を使うことで長期記憶から関連情報を見付けやすくなる可能性が高くなります。たとえば、max_benefit_amountという変数がコード中にあったとします。同じコード中に以前に最大利息額を計算するためのmax_interest_amountという変数があったとすれば、それを関連付けることができ、理解しやすい可能性があります。最大利息額を計算する変数名がinterest_maximumなどの異なる雛形を利用していたら、長期記憶はそれらを関連付けることに苦労するかも知れません。

類似した雛形を利用することで、長期記憶とワーキングメモリをより効率的に働かせることができるので、1つのコードベース中では、使われる雛形の数をなるべく少なくするのが好ましい状態です。そのためには、プロジェクトを始めるときに変数の雛形について合意を得るとよいでしょう。既存のコードベースで雛形を統一していく場合は、コード中の既存の変数名のリストを作成することから始めて、すでに使用されている雛形を確認し、今後どういう方針にするのかを決めるとよいでしょう。

演習8.6

あなたが作業しているコードから一部を切り出して、変数名と関数／メソッド名のリストを作成してください。一部とは、クラス1つ、1ファイル内のすべてのコード、特定の機能に関与するすべてのコードといったものが考えられるでしょう。リストアップしたそれぞれの名前について、次の表を使って、どの雛形を使っているのかをチェックしてください。表中のXは、付加価値税の利息といった何らかの数量や値を意味し、Yは特定の月や特定の顧客といった、その数量や値を計算するにあたっての範囲やフィルタを表しています。

表が完成したら、チームで話し合いを持ちましょう。どんな雛形がよく使われているでしょうか。コード中の一貫性を保つために、変数の中で別の雛形に書き換えたほうがよいものはあるでしょうか。

雛形	変数	関数／メソッド
max_X		
max_X_per_Y		
max_X_num		
X		
X_per_Y		
max_num_of_X		
max_Y_X		
X_max_num		
max_number_of_X		
max_X_amount		
max_acc_X		
max_allowed_X		
Y_X_limit		
max_X		
その他		

8.5.2 フェイテルソンによる、よりよい変数名のための3ステップのモデル

プログラマーは、同じオブジェクトに対して多くの異なる名前の雛形を使うことが多いのですが、似たような雛形を使えばコードが理解しやすくなることはすでに見てきた通りです。フェイテルソン氏は、これらの知見に基づき、開発者がよりよい名前を選択するための3ステップのモデルを考案しました。

1. 名前に含めるべき概念を選択する
2. それらの各概念を表す単語を選ぶ
3. それらの単語を使って命名を行う

●3ステップモデルの詳細

それでは、この3ステップについて、より詳しく見ていきましょう。最初のステップである名前に含めるべき概念の選択は、そのコードが対象とするビジネス領域に特化したものであり、どのようなレベルの単語を選ぶかは、命名における最も重要な決定になる可能性があります。フェイテルソン氏によれば、何を名前に含めるべきか決める際に最も重要視すべきことは、名前の意図、つまり、そのオブジェクトがどんな情報を保持し、何に使われるかということです。あなたが命名したオブジェクトを説明するためにコメントを添えたくなったり、作業しているコード中で何かの名前のそばにコメントが書かれているのを見たりしたときには、そのコメントで使われている単語を変数名に加えたほうがよいでしょう。場合によっては、それがどんな情報であるのか、たとえば、水平あるいは垂直方向の長さなのか、重量が保存され単位がキログラムであること、ユーザー入力を保持したバッファであるため安全ではないデータが入っている可能性があることなどを名前に入れることも重要でしょう。ときには、データが変換されたときの結果に新しい名前を付けることもあります。たとえば、ユーザーの入力を検証した後には、そのデータがもう安全であることを示す名前を持つ別の変数に格納するといったことが挙げられます。

フェイテルソン氏のモデルの第2段階では、各概念を表す言葉を選択します。正しい単語を選ぶのはそれほど難しくない場合も多く、そのビジネス領域ではよく使われる単語であったり、コード全体で頻出している単語を使えばよいでしょう。しかし、それでも、フェイテルソン氏の実験では、被験者から同じ意味の異なる選択肢が提案されるケースも多く見受けられました。こうした事態が発生すると、開発者がそうした「同義語」について、それがまったく同じ意味を表しているのか、あるいは微妙に違う事柄を指す言葉なのかがわからず、勘違いを引き起こしてしまう可能性があります。**プロジェクトレキシコン（project lexicon）**という、重要な単語とその同義語が登録されているプロジェクトがあり、これは開発者が一貫した名前を選択するのに役立ちます。

フェイテルソン氏は、この3つステップは、必ずしも順番に実行する必要はないと述べています。ときには、変数名に使う言葉を、それが表す概念をあまり考慮せずに先に決めてしまうこともありえます。しかし、そうした場合も、それが表す概念について後からでもきちんと考えることが重要なのです。

フェイテルソン氏のモデルの第3段階は、命名のための雛形を選び、先に選んでおいた言葉を使って名前を作ることです。これまで説明してきたように、雛形を選択する際には、コードベース全体で整合性を取るように気を付けなければなりません。名前の形式に一貫性を持たせることで、後から読む人が、名前の中のどこに重要な情報が書かれているのか、あるいは複数の名前の間にどのような関係性があるのかというようなことがわかりやすくなります。さらに気を付けるべきこととしてフェイテルソン氏が述べているのは、自然言語としても自然な語順になるような雛形を利用すべきだということです。たとえば英語の文章において、「the point maximum」ではなく「the maximum number of points」というように、points_maxよりもmax_pointsのほうが読みやすいというわけです。変数名をより自然に聞こえるようにするもう1つの方法は、indexOfやelementAtのように、前置詞を追加することです。

●フェイテルソンの3ステップモデルの成功

フェイテルソン氏は、この3ステップのモデルを定義したのちに、100人の新規の被験者に対して第2の実験を行いました。研究者たちは、まず被験者にこのモデルを説明し、具体的な例を示しました。説明を聞いた後、被験者は第1の実験の被験者と同じ名前を見せられました。その後、2人のそれまで実験に関わっていない審査員が、参加者がモデルを知らない最初の実験結果と、参加者がモデルの使い方をあらかじめ教えられていた第2の実験結果を、どちらがどちらなのかを知らされない状態で比較しました。

その結果、被験者がモデルを理解した上で選んだ名前のほうが、元の実験でモデル学習なしに選ばれた名前よりも、2:1の割合で優れていることがわかりました。つまり、この3ステップのモデルは、よい命名に有効だといえます。

本章のまとめ

- よい命名方法には、キャメルケースを使うといった形式のルールから、コードベースの一貫性を保つことまで、さまざまな考え方があります。
- キャメルケースの変数は、スネークケースで書かれた変数よりも覚えやすい一方、スネークケースのほうが変数を認識するまでにかかる時間は短くなります。
- コード中で悪い名前の存在する場所はバグも多く発生しますが、そこに必ずしも因果関係があるとは限りません。
- 変数名を構築するにあたってはさまざま雛形がありますが、利用する雛形の数を減らすことで、よりコードが理解しやすくなります。
- フェイテルソンの3ステップモデル（名前にどんな概念を使うか、その概念にどんな単語を使うか、それらをどう組み合わせるか）を適用することで、より品質の高い名前を付けることができるようになります。

Chapter 9

汚いコードとそれによる認知的負荷を避けるための2つのフレームワーク

本章の内容

- **コードの臭いと認知プロセス、特に認知的負荷との関連性を説明する**
- **悪い名前と認知的負荷の関係を調べる**

あなたがプログラマーを生業としているとしたら、読みやすいコードも、理解するのに大変苦労させられるようなコードも読んできたことでしょう。コードが読みづらいと感じるとき、その理由は認知的負荷がかかり過ぎているためです。認知的負荷は、これまでに短期記憶や長期記憶、ワーキングメモリについて学んだ際に出てきたもので、ワーキングメモリがいっぱいになり、脳が適切に処理できなくなった状態のことをいいます。これまでの章では、コードの読み方に焦点を当てて認知的負荷について論じてきました。コードをより簡単に読むためには、その言語の文法や概念、関係するビジネス領域に関する、より多くの知識を得る必要がある場合がありました。

本章では、コードを書くということについて、認知の観点から知られていることを学んでいきます。どのようなコードが高い認知的負荷を引き起こすのか、また、どのようにコードを改善すれば負荷が下がって処理しやすくなるのかを見ていきます。特に、コードが認知的負荷を引き起こす可能性のある2つの原因について考えます。1つ目は、コードが構造的にわかりにくいことであり、2つ目はコードが内容的にわかりにくいことです。コードを読みにくくする原因を調べることで、理解しやすく保守しやすいコードの書き方を学ぶことができます。つまり、チームメンバー（未来のあなたを含む）がコードを読み、適応するための労力が減り、バグのリスクも低くなるのです。

9.1 臭いのあるコードは、なぜ認知的負荷が大きいのか

本章では、他人を混乱させないコードを書く方法、言い換えれば、読者に大きな認知的負荷を与えないコードを書く方法を検討します。なぜコードが読みづらくなるのかを考えるための最初のフレームワークは、「**コードの臭い**（コードスメル：理想的な構造になっていないコードの部分）」と呼ばれるものです。（コードの臭いという概念は、マーティン・ファウラー（Martin Fowler）が、1999年に出版した『Refactoring: Improving the Design of Existing Code』※1の中で使い始めたものです）コードの臭いを感じる例としては、とても長いメソッドや、複雑過ぎるswitch文などが挙げられます。

コードの臭いという考え方にすでに慣れている人もいるかもしれません。しかし、そうではない人のために、次の節で簡単にコードの匂いとは何かを説明します。コードの臭いについて簡単に学んだ後は、コードの臭いと認知プロセス、特に認知的負荷との関連について掘り下げていきます。「このクラスは大き過ぎる」という指摘だけでも、意味のあるものです。しかし、どの程度大きいことを「大き過ぎる」というのか、それを裏付けるものは何かということをもっと知る必要があるため、「大き過ぎる」というだけでは十分ではないかもしれません。

9.1.1 コードの臭いの簡単な説明

ファウラーは、さまざまなコードの臭いの実例と、**リファクタリング**と呼ばれるコードの臭いを緩和する戦略について説明しています。コードの臭いの例としては、非常に長いメソッドや、多くのことを同時に行おうとするようなクラス、複雑過ぎるswitch文などがあります。本書の冒頭でも述べたように、「リファクタリング」という用語は、コードの臭いとは独立して使われるようになってきており、コードの臭いを解消するという意味だけではなく、より一般的な意味でのコードの改善も示すようになっています。たとえば、ループ処理をリスト内包表記に修正することは、ループ自体には必ずしもコードの臭いがしていなかったとしても、ほとんどの人がリファクタリングだと見なすことでしょう。

ファウラーは、著書の中で、表9.1のような22のコードの臭いの一覧を紹介しています。ファウラーはこれらの22のコードの臭いをそれ以上分類はしていませんが、これらは異なるレベルに分類することができます。コードの臭いには「長過ぎるメソッド」のように1つのメソッドのみに関係するものもあれば、「コメント」のようにコード全体に関係するものも挙げられています。では、これらレベル別のコードの臭いについてもう少し掘り下げてみましょう。

※1　邦訳『リファクタリング（第2版）―既存のコードを安全に改善する』（児玉公信、友野晶夫、平澤章、梅澤真史 訳／オーム社／ISBN978-4-274-22454-6）

表 9.1　レベルごとに分類したファウラーのコードの臭いの概要

コードの臭い	説明	レベル
長過ぎるメソッド	1つのメソッドに、異なる処理を複数行わせてはならない	メソッド
長過ぎるパラメータリスト	メソッドは多過ぎるパラメータを受け取ってはならない	メソッド
swicth 文	コードの中に巨大なswitch文が含まれないようにする。ポリモーフィズムを使うことでわかりやすく書ける	メソッド
クラスのインタフェース不一致	ぱっと見では違うのに、よく見るとフィールドやメソッドが類似している複数のクラスが存在してはならない	クラス
基本データ型への執着	1つのクラス内で基本データ型を使い過ぎないようにする	クラス
未熟なクラスライブラリ	メソッドは適当なクラスに追加するのではなく、ライブラリクラスに追加する	クラス
巨大なクラス	クラスは、メソッドやフィールドが多過ぎないようにする。そうしないと、そのクラスがどのような抽象化を提供するのかわからなくなる	クラス
怠け者クラス	クラスは、ただその存在を主張するためだけに小さな仕事をするべきではない	クラス
データクラス	データだけを保持するクラスを作るべきではなく、メソッドも追加するべきである	クラス
一時的属性	クラスには不必要な一時的なフィールドを用意すべきでない	クラス
データの群れ	複数のデータがいつも同じ組み合わせになって使われる場合は、クラス化構造体にまとめるべきである	クラス
変更の偏り	一般に、コードの変更は局所的に、できれば1つのクラスに対して行われるべきである。もし同時に複数の異なる場所を変更しなければならないのであれば、それはコードの構造に問題がある	コードベース
特性の横恋慕	クラスAのメソッドがクラスBから何度も参照されているような場合、そうしたメソッドはクラスBに属するべきなので移動する必要がある	コードベース
不適切な関係	複数のクラスがベッタリと互いに関係し合うようなことがあってはならない	コードベース
重複したコード	まったく同じ、あるいは非常によく似たコードが、同じコードベース上に複数存在してはならない	コードベース
コメント	コメントは、そのコードが何をするかではなく、なぜそのコードが必要なのかを説明する必要がある	コードベース
メッセージの連鎖	あるメソッドが別のメソッドを呼び出し、それがまた別のメソッドを呼び出し……といった長いメッセージの連鎖は避けるべきである	コードベース

仲介人	責務を他のクラスにたくさん移譲しているクラスは、本当に必要なのだろうか	コードベース
パラレル継承	あるクラスのサブクラスを作るとき、別のクラスのサブクラスも作る必要があったとしたら、両方のクラスの機能を1つにまとめられることを示している	コードベース
相続拒否	クラスが自身では使用しない挙動を継承する場合、その継承は必要ないかもしれない	コードベース
変更の分散	コードの変更は1つのクラスに対して局所的に行われるべきであり、もし同時に複数の異なる場所を変更しなければならないようなことがあれば、それはコードの構造に問題がある	コードベース
疑わしき一般化	コードベースには「いちおう念のため」のコードを追加するのではなく、必要な機能だけを追加するべきである	コードベース

● メソッドレベルのコードの臭い

メソッドレベル、すなわち個々のメソッドにおける典型的なコードの臭いの例として、1つのメソッドが、長く、多くの機能を持ってしまうことが挙げられます。こうしたメソッドは「長過ぎるメソッド」あるいは「神メソッド」と呼ばれ、開発者を悩ませています。もう1つの例は、メソッドがたくさんのパラメータを取るケースです。ファウラーの分類では、これは「長過ぎるパラメータリスト」と呼ばれ、こちらも悩みの種となります。

これらの概念に馴染みのない人は、このファウラーの書籍を読まれることをお勧めします。表9.1はファウラーによる22のコードの臭いとその発生するレベルです。

● クラスレベルのコードの臭い

コードの臭いは、メソッドレベルだけでなく、クラスレベルでも発生します。その典型例は「巨大なクラス（**神クラス**とも呼ばれます）」です。巨大なクラスとは、あまりにも多くの機能を持ち、もはや抽象化する意味を見出せないようなクラスのことをいいます。このようなクラスは、一般的に、いきなり作られるのではなく、時間をかけて徐々に大きくなっていくものです。たとえば、顧客のアカウントを表示するためのクラスを作ったとしましょう。そのクラスには名前や役職を表示するprint_name_and_title()や、誕生日を表示するshow_date_of_birth()といった顧客情報をきれいに整形して表示するメソッドが含まれているかもしれません。そして、そのクラスは徐々に拡張されていき、顧客の年齢を計算するdetermine_age()のように簡単な計算を行うメソッドが追加されていきます。さらに時間が経過して手が加えられていくと、個々の顧客ではなく顧客全体を処理するメソッドが追加され、組織の代表者を全部表示するようなメソッドが追加されていきます。ある時点から、このクラスは特定の1人の顧客に関するロジックだけでなく、アプリケーションで扱う顧客に関するすべてのプロセスのロジックを含むようになって、神クラスへと成長していきます。

逆に、クラスにメソッドやフィールドが少な過ぎて抽象化の意味がなくなる場合もあり、ファウラーは「怠け者クラス」と呼んでいます。怠け者クラスは、あるクラスのメソッドが他のクラスに移動された結果として生まれることもあれば、今後拡張することを踏まえてスタブとして作られたのに、結局拡張されなかった場合などにも発生します。

●コードベースレベルのコードの臭い

個々のメソッドやクラスのレベルだけではなく、コードベース全体にわたって発生するコードの臭いもあります。たとえば、あるコードベース内のあちこちに似たようなコードが存在しているような場合、それは「重複したコード」、あるいは「コードクローン」と呼ばれるコードの臭いが発生しています。図9.1に、重複したコードの例を示します。コードベースレベルで発生するコードの臭いとして、もう1つ挙げられるのが、複数のメソッドが連続的にデータを渡し合うケースで、これは「メッセージの連鎖」と呼ばれます。

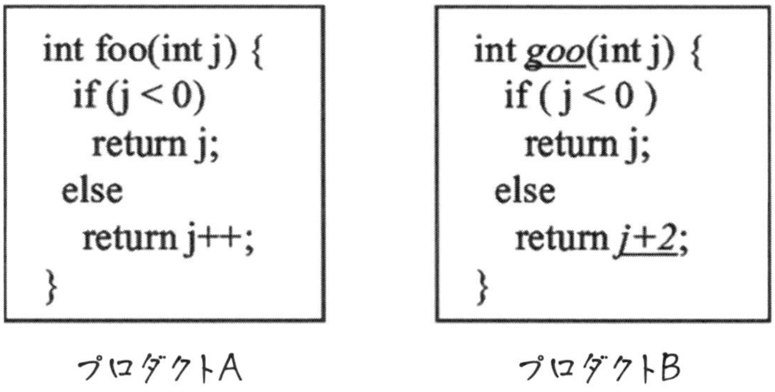

```
int foo(int j) {
  if (j < 0)
    return j;
  else
    return j++;
}
```

プロダクトA

```
int goo(int j) {
  if ( j < 0 )
    return j;
  else
    return j+2;
}
```

プロダクトB

図9.1 コードクローンの例：関数fooとgooはそっくりだが微妙に異なる

●コードの臭いの影響度

コードの臭いがするからといって、そのコードで必ずしもエラーが発生するとは限りません。しかし、臭いのあるコードには、エラーが含まれる可能性が高いことで知られています。カナダのモントリオール工科大学のソフトウェア工学のフォートセ・コーム（Foutse Khomh）教授は、Javaを始めとする言語のIDEとして有名なEclipseのコードベースを調査しました。彼は複数のバージョンのEclipseのコードを調べ、コードの匂いがどのようにエラーに影響を与えるかを調べたのです。その結果、分析したすべてのバージョンにおいて、巨大なクラスがエラーの発生に大きく影響していることを発見し、特にEclipse 2.1においては、その影響が非常に大きいことを発見しました[※2※3]。

※2　Wei Le、Raed Shatnawi『An Empirical Study of the Bad Smells and Class Error Probability in the Post-Release Object-Oriented System Evolution』（Journal of Systems and Software, vol. 80, no. 11, 2007, pp.1120–1128）。http://dx.doi.org/10.1016/j.jss.2006.10.018

※3　Aloisio S. Cairoほか『The Impact of Code Smells on Software Bugs: A Systematic Literature Review』（2018）。https://www.mdpi.com/2078-2489/9/11/273

コーム教授は、コードの臭いがエラーに与える影響だけでなく、そうしたコードの変更頻度についても調べました。そして、臭いを含むコードは、臭いのないコードよりも将来的に変更される可能性が高いことも発見しました。巨大なクラスと長過ぎるメソッドという2つのコードの臭いは、変更のしやすさに著しく悪影響を与えることも示しました。なお、Eclipseのリリース3では、これらのコードの臭いがするクラスの75%は、臭わないクラスに変更されました[※4]。

演習9.1

あなたが最近編集または修正したコードの中で、非常に理解しにくかったものを思い浮かべてください。それはどんなコードの臭いがしたでしょうか？　それらのコードの臭いは、どのレベルで発生していたでしょうか？

9.1.2 コードの臭いは認知にどんな悪影響を及ぼすか

ここまでコードの臭いとはどういったものかについて見てきましたが、ここでコードの臭いと認知の間の根深い問題についてみてみましょう。なぜなら、臭いがするコードを書かないようにするためには、コードの臭いがどんな害を及ぼすかを理解しておくことが重要だからです。そこで、コードの臭いと脳内の認知プロセス、特に認知的負荷との関連について考えていきます。

●長過ぎるパラメータリスト、複雑なswitch文：ワーキングメモリの容量オーバー

ワーキングメモリについて理解していれば、長過ぎるパラメータリストや複雑なswitch文が読みづらいのはなぜかについても理解できるはずです。どちらもワーキングメモリの過負荷によるものだからです。本書の第1部では、ワーキングメモリの容量が6個しかないという話をしました。したがって、パラメータが6個以上あると覚えきれないのは、理屈に合致しています。コードを読みながら、すべてのパラメータの内容をワーキングメモリに記憶しておけないわけなので、メソッドが理解できにくくなるのは当然のことです。

もちろん、正確にいえば、個々のパラメータが必ずしもそれぞれ別のチャンクとして扱われるわけではないので、こう言い切るのは少しやり過ぎかもしれません。たとえば、次のような関数のシグネチャがあったとします。

リスト9.1　2組のX座標、Y座標のパラメータを持つJavaのメソッドシグネチャ

```
public void line(int xOrigin, int yOrigin, int xDestination, yDestination) {}
```

※4　Foutse Khomhほか『An Exploratory Study of the Impact of Antipatterns on Software Changeability』。http:// www.ptidej.net/publications/documents/Research+report+Antipatterns+Changeability+April09.doc.pdf.

脳内では、このパラメータが4つではなく、2つのチャンクとして扱われることが期待できます。1つ目のチャンクが起点のX座標とY座標、もう1つのチャンクが目的とするX座標とY座標です。このように、パラメータの数が少なければ、そのコンテキストやコード内の要素について持っている事前知識に依存してチャンク化できます。ところが、パラメータのリストが長いと、ワーキングメモリに負荷がかかりやすくなってしまいます。複雑なswitch文の場合も、同様のことが起こると考えられます。

●神クラス、長過ぎるメソッド：効率的なチャンク化ができない

コードを扱うとき、私たちは常にコードを整理し、抽象化を行っています。そのため、すべての機能をmain()関数にまとめるのではなく、意味のある名前を持つ小さな関数に分割していくことを好みます。まとまりのある属性値と関数のグループは、クラスとしてまとめることができます。コード中の機能群を関数、クラス、メソッドなどに分けることの利点は、その名前がドキュメントとして機能できることです。

つまり、プログラマーであれば、square(5)を呼び出すと、何が返されるのかがすぐにわかります。さらに、関数名やクラス名のもう1つの利点は、コードの切り分けに役立つことです。たとえば、multiples()という関数とminimum()という関数を含むコードブロックがあった場合、コードを詳しく調査しなくても、このコードブロックは最小公倍数を計算しているということがすぐに理解できるかもしれません。そして、これらのことが、神クラスや長過ぎるメソッドなど、大き過ぎるコードブロックが有害である理由なのです。処理の長さゆえにコードを素早く理解するための十分な特徴を見出しづらく、結果としてコードを1行ずつ読んでいく必要がでてきてしまうからです。

●コードクローン：間違ったチャンク化を引き起こす

コードクローン、つまり重複したコードというコードの臭いは、コード中に僅かな違いのある似たようなコードがたくさんあるときの臭いです。

ワーキングメモリについての知見を元に考えれば、重複したコードが、なぜ臭うとされるのかが理解できるはずです。以前に見た2つのメソッドを図9.2に再び示すので、これを見ながら考えてみましょう。foo()によく似た関数goo()が図のように呼び出された場合、ワーキングメモリは長期記憶からfoo()の情報を取り出すかもしれません。これは、ワーキングメモリが「この情報が使えるかもしれない」と教えてくれている状態です。続いて、goo()の実装をざっと眺めて、foo()に関する知識を元に「ああ、これはfoo()と同じ処理なのだな」と思ってしまう可能性が高くなってしまいます。

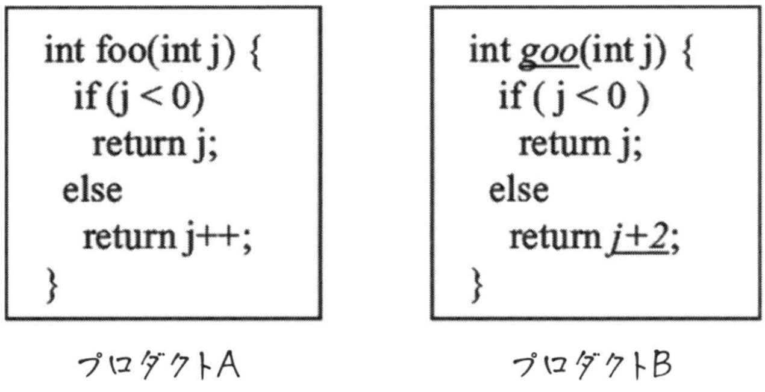

```
int foo(int j) {
  if (j < 0)
    return j;
  else
    return j++;
}
```

プロダクトA

```
int goo(int j) {
  if ( j < 0 )
    return j;
  else
    return j+2;
}
```

プロダクトB

◎図9.2　似たような名前で、似たような、しかしまったく同じではない機能を持つ2つの関数の例。この2つの関数は、名前も実装も非常によく似ているため、脳は両者を混同する可能性が高い。

foo()とgoo()のように、ほとんど差のないメソッドが複数あると、脳はそれらを1つのカテゴリにまとめてしまいます。これは、チェスプレイヤーが、シシリアンオープンの異なるいくつかのバリエーションをすべて「シシリアン」とまとめて考えるのと同じです。その結果、foo()とgoo()は返す結果が異なるにもかかわらず、両者は同じものであると誤認識してしまいます。しかも、以前触れたように、このような誤認識は長く頭の中に残ってしまう可能性があります。goo()が本当はfoo()とは違うということをしっかりと認識するためには、foo()とgoo()が違うということをコードを読む中で何度か認識し直す必要があるでしょう。

演習9.2

演習9.1で調査した臭うコードを再度読み直してください。どのコードを勘違いした理由は、どんな認知プロセスによるものだったのかを考えてみましょう。

9.2 悪い名前が認知的負荷に与える影響

本章では、理解しやすいコードを各方法に注目しています。これまで「長過ぎるメソッド」や「重複したコード」といった、ファウラーのコードの臭いのフレームワークと、それが認知的負荷に与える影響について学びました。

コードの臭いは、**構造的なアンチパターン**が問題を引き起こすものです。つまり、コードに書かれている処理は正しく動作するものの、脳が処理しやすい構造になっていないケースです。コードに発生するアンチパターンとしては、他にも**概念的なアンチパターン**があります。コードの構造は、メソッドも短くクラスも適切なサイズで、正しくなっているにもかかわらず、わかりづらい命名が行われているような場合です。このようなコードの問題は、2番目のフレームワークである**言語的アンチパターン**で説明できます。コードの臭いのフレームワークと言語的アンチパターンのフレームワークは、コードに発生するそれぞれ異なる問題をカバーするため、補完関係にあるといえます。

9.2.1 言語的アンチパターン

言語的アンチパターンは、現在はワシントン州立大学の教授であるヴェネラ・アルナウドヴァ（Venera Arnaoudova）によって最初に定義されました。アルナウドヴァ教授は、言語的アンチパターンを、コード内の言語的要素とその役割の間の不整合であると説明しています。コードの言語的要素とは、メソッドシグネチャ、ドキュメント、属性名、変数型、コメントなど、コードの中で自然言語で書かれている部分のことです。ここで述べているアンチパターンは、そうした言語的要素が、その役割と正しく対応していない場合に発生するものです。たとえば、`initial_element`という変数に要素（element）ではなく要素のインデックス値が格納されていたり、`isValid`のように真偽値が入っていそうな変数に整数が入っていたりするといった例が挙げられるでしょう。

言語的アンチパターンは、変数名だけでなく、メソッド名や関数名において、それがどんな処理をするものなのかを表している場合にもよく見られます。たとえば、関数名が複数のデータのコレクションを返しそうなのにもかかわらず、単一のオブジェクトを返すといった場合が該当するでしょう。`getCustomers`という顧客情報一覧を返しそうなメソッドが真偽値を返すといった具合です。そのメソッドが顧客が存在するかどうかをチェックする場合ものであるなら役に立つ関数ですが、名前は勘違いを引き起こしやすくなってしまっています。

アルナウドヴァ教授は言語的アンチパターンを表9.2に示した6つのカテゴリーに分類しています。

表9.2 アルナウドヴァ教授による言語的アンチパターンの6つの分類

メソッド名に書かれた以上の働きをするメソッド
実際の働き以上のことをするかのごときメソッド名
メソッド名に書かれたのと真逆のことをするメソッド
実際に格納されているよりも多くのものが含まれているかのごとき識別子名
実際に格納されているよりも含まれているものが少ないかのごとき識別子名
実際に格納されているものと真逆な識別子名

言語的アンチパターンを定義した後、アルナウドヴァ教授は7つのオープンソースプロジェクトを対象に、言語的アンチパターンの発生状況を調査しました。そうすると、セッターメソッドのうちの11%は、値をセットするだけでなく、その値を返すようになっていました。また、メソッドのうちの2.5%では、メソッド名とメソッド名に付けられたコメントがメソッドの動作と反対の説明をしています。そして驚くべきことに、64%の「`is`」で始まる識別子が真偽値ではないことがわかりました。

コード中の言語的アンチパターンをチェックする

あなたの関わっているコードに言語的アンチパターンの問題があるのかどうか、気になるでしょう。アルナウドヴァ教授は自身の研究結果に基づいて、Javaコードの言語的アンチパターンを検出する「Linguistic Anti-Pattern Detector (LAPD)」を作成しました。

言語的なアンチパターンは勘違いを引き起こしやすく、認知的負荷が高くなる可能性があるということは、直感的に理解できることではありますが、科学的にも事実として検証されています。とはいえ、言語的アンチパターンが認知的負荷に与える影響を学ぶ前に、まずは認知的負荷をどのように測定することができるかを知っておく必要があるでしょう。

9.2.2 認知的負荷を測定する

すでに、ワーキングメモリの過負荷による認知的負荷については紹介しました。また、高い認知的負荷を引き起こすタスクの例として、関連する情報が多数のメソッドやファイルに分散しているコードを読んだ場合や、見慣れないキーワードやプログラミングの概念が多く含まれるコードを読んだりすることも学びました。しかし、どのように認知的負荷を測定するかについては、まだ説明していませんでした。

●認知的負荷のためのPaasスケール

認知的負荷を測定する際に、科学者は表9.3に示すオランダの心理学者フレッド・パース(Fred Paas：現在はロッテルダムのエラスムス大学教授)が考案したPaasスケールを利用することがよくあります。

Paasスケールは、1つの尺度からなる非常にシンプルなものであるため、これまで批判を受けることもありました。また、被験者が「とても高い負荷」と「とてもとても高い負荷」をきちんと区別できるかどうかについてもはっきりしません。

このような欠点があるにもかかわらず、Paasスケールは一般的に使用されています。これまでコードを読むための戦略と、練習のための方法を取り上げました。そして、慣れないコードを読む際には、Paasスケールはコードと自分との関係を振り返るのに役立ちます。

表9.3 Paasスケールでは、9段階評価で認知的負荷を自己評価する

ごく、ごく低い心的努力
ごく低い心的努力
低い心的努力
比較的低い心的努力
高くも低くもないもない心的努力
比較的高い心的努力

高い心的努力
とても高い心的努力
とてもとても高い心的努力

演習 9.3

読み慣れていないコードを選び、Paasスケールでそのコードを理解するために費やした心的努力を評価してみましょう。そして、なぜこのコードが、あなたにそのレベルの認知的負荷を与えたかについても考えてみましょう。この演習は、どのような種類のコードが自分にとって読みにくいかを理解するのに役立ちます。

	認知的負荷のレベル	理由
ごく、ごく低い心的努力		
ごく低い心的努力		
低い心的努力		
比較的低い心的努力		
高くも低くもないもない心的努力		
比較的高い心的努力		
高い心的努力		
とても高い心的努力		
とてもとても高い心的努力		

●目視での計測

被験者の知覚に基づく測定基準に加えて、最近の研究では、生体測定も利用されるようになってきています。あるタスクに対する身体の反応を測定することで、その瞬間に行っていることについて、どれくらいの認知的負荷がかかっているのかを推定できます。

生体計測の一例として、アイトラッキングがあります。アイトラッカーという装置を使って、人がどれだけ集中しているかを測定できるのです。たとえば、まばたきの回数を調べることで、その人の集中度を確認できます。まばたきの回数は一定ではなく、その時々の状況によって異なることが、いくつかの研究で明らかにされているからです。また、認知的負荷がまばたきに影響することも、いくつかの研究で明らかにされています。タスクが難しくなると、瞬きの回数が減っていきます。目を調べることで認知的負荷を予測できる2つ目の指標は、瞳孔です。困難なタスクに直面して認知的負荷が上がると、瞳孔が大きくなることが研究で示されています[※5]。

まばたきの回数が認知的負荷の高さと相関する理由について現在考えられている仮説は、脳が困難なタスクへの注目を最大化させようとして、できるだけ多くの視覚刺激を得ようとするためだというものです。複雑なタスクの実行時に瞳孔が大きくなるのも、同じ理由で説明できます。瞳孔が大きくなれば、脳が困難なタスクに取り組む際に利用する情報をより多く目から得ることができるためです。

●皮膚での測定

目だけでなく、皮膚からも認知的負荷を把握できます。皮膚体温や発汗量が認知的負荷の指標となります。

しかし、このような生体計測による認知的負荷の測定方法は格好よく聞こえるかもしれませんが、研究の結果を見るとPaasスケールと相関することが多いので、コードの読みやすさを決めるためにわざわざフィットネス器具を使って測定を行わなくても、演習9.3の課題を使うだけで問題なさそうです。

●脳での測定

第5章で、脳がどのような活動をしているかを計測する方法として、fMRI装置を取り上げました。fMRI装置は、計測の精度は高いのですが、大きな制約があります。それは、被験者は装置の中で計測中にじっと横になっている必要があることです。その間にコードを書くことができず、小さな画面に表示することしかできないため、コードを読むこともかなり困難です。画面をスクロールさせてコードを読んだり、識別子をクリックしてコード内の定義にジャンプしたり、Ctrl + F でキーワードや識別子を検索したりすることもできません。fMRIにはこのような限界があるため、脳の活動を記録するための別の方法も利用されます。

脳波計

脳活動を調べるためには、脳波計（EEG）を使うこともできます。EEG装置は、脳活動が引き起こす電圧の変動を測定することによって、脳内の神経細胞の活動の変動を測定する装置です。また、機能的近赤外分光法（functional near infrared spectroscopy：fNIRS）を使うことでも、脳の活動を測定することができます。fNIRSはヘッドバンドを装着して測定す

※5　Shamsi T. Iqbalほか『Task-Evolved Pupillary Response to Mental Workload in Human-Computer Interaction』（2004）。 https://interruptions.net/literature/Iqbal-CHI04-p1477-iqbal.pdf

るため、fMRIに比べて現実的な実験が可能となります。

次節で述べるように、fNIRSは言語的負荷と認知的負荷の関係をより深く理解するために使用されています。

fNIRS装置は、赤外線とそれに対応する光センサーを使っています。血液中のヘモグロビンは光を吸収するため、この装置を使うと、脳内の酸素を検出することができるのです。赤外線は脳内を通過し、ヘモグロビンなどによって一部が吸収され、残りがヘッドバンドの光センサーに到達します。したがって、センサーで感知された光の量を測定し、その部分の酸化ヘモグロビン量と還元ヘモグロビン量を算出することができます。血中のヘモグロビンがより多く酸素化されていれば、認知的負荷が増加していることを示しています。

fNIRS装置は、モーションアーチファクト（体動などによるノイズ）と光に非常に敏感であるため、ユーザーは記録中は比較的静止し、装置に触れないようにする必要があります。fMRIに比べればかなり簡単に計測を行うことができますが、EEGのようにヘッドバンドを装着するだけに比べれば、まだ少し面倒な方法ではあります。

機能的近赤外分光法とプログラミング

2014年、奈良先端科学技術大学院大学の研究者であった中川尊雄氏は、プログラムを読んでいるときの脳活動をウェアラブルfNIRS装置で計測しました※6。被験者が読むプログラムは、たとえばループカウンタなどの値を変更し、変数の更新を不定期かつ頻繁に行うようにしました。ただし、これらの変更は、プログラムの機能を変更するものではありませんでした。

中川氏の実験では、fNIRSヘッドバンドを装着した被験者に、2つのプログラムコードを渡しました。1つはオリジナルのコードで、もう1つはオリジナルを元に意図的に複雑化させたコードです。ただし、被験者が簡単な問題で学習し、その学習をより複雑なプログラムに転移して良好な結果を残してしまう可能性を排除するため、見せる順番は無作為に組み換えました。つまり、ある被験者には最初にオリジナル版を見せ、別の被験者には修正されたほうを最初に見せたのです。

中川氏の研究結果によれば、10人中8人の被験者が、オリジナルのプログラムを読むときよりも、複雑化されたプログラムを読んでいるときのほうが、酸素血流量が大きくなっていました。この結果は、fNIRSによる脳血流測定で、プログラミング中の認知的負荷を測定できる可能性を示唆しています。

※6 中川尊雄ほか『Quantifying Programmers' Mental Workload during Program Comprehension Based on Cerebral Blood Flow Measurement: A Controlled Experiment』。https://posl.ait.kyushu-u.ac.jp/~kamei/publications/Nakagawa_ICSENier2014.pdf.

9.2.3 言語的アンチパターンと認知的負荷

研究者たちは、fNIRSを使用して言語的アンチパターンが認知的負荷に及ぼす影響を測定することができました。現在、アルナウドヴァ教授が指導する大学院生であるサラ・ファーフーリー（Sarah Fakhoury）は、2018年に言語的アンチパターンと認知的負荷についての実験を行いました。その実験では、15人の被験者がそれぞれ、オープンソースプロジェクトから集めたコードスニペットを読みましたが、その中でファーフーリー氏はスニペットに意図的にバグを追加し、被験者にバグを発見するよう求めたのです。しかし、実際には、バグを発見すること自体はそれほど重要ではなく、重要なのはバグを見付け出そうとすることで、被験者がコードをより理解できるようになるかどうかということでした。

ファーフーリー氏は、さらにコードを改良し、4種類のコードスニペットを作成しました。

1. 言語的アンチパターンを含むように変更されたスニペット
2. 構造的な不整合を含むように変更されたスニペット
3. 1と2の両方を含むもの
4. 問題のないコード

被験者は4つのグループに分けられ、学習による影響を排除するために、各グループは異なる順番でスニペットを読みました。

ファーフーリー氏は、アイトラッカーを使用して被験者がコードのどの部分を読んでいるかを検出し、さらにfNIRSを装着して認知的負荷を調べました。研究の結果、まずアイトラッカーの結果から、言語的アンチパターンが発生するコードの部分は、他の部分よりも多く読まれていることがわかりました。

さらに、fNIRS装置の結果から、ソースコードに言語的アンチパターンが存在すると、被験者の平均酸素血流量が大幅に増加する（つまり、スニペットを読むことにより認知的負荷が高くなる）ことが示されました。

この研究の興味深い点は、スニペットの中に、構造的なアンチパターンが意図的に追加されたものが含まれていたことです。具体的には、インデントが適切に行われていなかったり、括弧が同じ行になかったりといったように、コードが従来のJavaのコード規約に反するような整形が行われていました。また、ループ処理を追加するなどして、コードの複雑度を増してありました。

これにより、悪い構造の影響と言語的アンチパターンの影響を比較できました。被験者は構造的に一貫性のないスニペットを嫌い、ある被験者は「ひどい書式設定は読み手の負担を著しく増加させる」というコメントを残していました。しかし、ファーフーリー氏らは、構造的な一貫性のなさが、変更されていないオリジナルのスニペットと比較して、参加者が経験する認知的負荷を増加させるという統計的証拠を見いだすことはできませんでした。

9.2.4 なぜ言語的アンチパターンは混乱をもたらすのか

より多くの言語的アンチパターンが存在するコードは、より大きな認知的負荷を誘発することがわかりました。このような関連性をきちんと確認するためには、脳計測を用いて実験を行うことが必要になりますが、ワーキングメモリと長期記憶について知っていることに基づいて、言語的アンチパターンの効果について推測することもできるでしょう。

言語的アンチパターンを含むコードを読む際に発生する認知的な問題は、2つあると考えられます。本書の第1部では、学習中の転移を取り上げました。自分で書いたのではないコードなど、馴染みのないコードを読んでいるとき、長期記憶の中から関連する事実や経験が検索されます。誤解を招きそうな名前を見付けると、長期記憶からは間違った情報が提示されることになります。たとえば、`retrieveElements()`という単独の要素を返す関数があったとします。関数名からは、普通、要素のリストを返すであろうと考えます。返ってきた要素のリストをソートしたり、フィルタリングしたり、スライスしたりできるというイメージを持つでしょう。そして、このイメージは、単独の要素を返す関数には当てはまらないものです。

言語的アンチパターンによる2つ目の問題点は、コードクローンと同じように「誤ったチャンク化」につながる可能性があることです。たとえば、`isValid`のような変数名が関数の戻り値のリストを格納していたとします。しかし、このような名前を見付けたら、それはおそらく真偽値であると普通は思うでしょう。つまり、この変数が戻り値のリストとして使われているかもしれないといったことは、普通は脳は考えないのです。その結果、エネルギーを節約しようとして、脳は間違った仮定をしたことになります。そして、以前述べたように、この思い込みは、長い間引きずってしまう可能性があるのです。

本章のまとめ

- 「長過ぎるメソッド」などのコードの臭いは、コードの構造的な問題を示しています。コードの臭いが高い認知的負荷を引き起こすのには、さまざまな認知的理由があります。たとえば、重複したコードは、コードを適切にチャンク化することを難しくし、長過ぎるパラメータリストは、ワーキングメモリに負担をかけます。
- 認知的負荷を測定する方法は数多くあり、まばたきの回数や皮膚体温を測定するような生体センサーを使う方法も存在します。自分自身の認知的負荷を測定したい場合は、一般的にPaasスケールが信頼できる計測方法です。
- 言語的アンチパターンとは、コード中において、存在する名前が示唆するものと実際のコードが異なっているもののことで、これは高い認知的負荷を引き起こします。その原因は、長期記憶が思考をサポートしようとする際に、間違った事実を検索してしまうことが原因であると考えられます。また言語的アンチパターンは、実際の実装とは異なる処理内容を脳が推測してしまうため、間違ったチャンク化が行われてしまう可能性があります。

Chapter 10

複雑な問題をより上手に解決するために

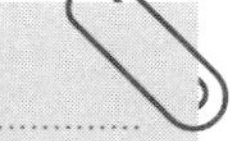

本章の内容

- 問題解決において異なる記憶システムが果たす役割を比較する
- 小さなスキルを自動化することで、より大きな問題、より難しい問題を解決することができるかを調べる
- より簡単に問題を解決するために、長期記憶を強化する方法を学ぶ

ここまで、主にコーディング中にやるべきではないこと、および、その理由について学んできました。第8章では悪い名前の影響について、第9章ではコードの臭いがコードの理解に与える影響について触れました。

第6章では、プログラミングの課題を解決する際に、ワーキングメモリの働きを助けるためのさまざまな戦略について説明しました。本章でも、引き続き問題解決に役立つ手法を紹介していきますが、特に長期記憶を強化する方法に重点を置きます。

まず、問題を解決するとはどういうことかについて考えていきます。問題解決について深く掘り下げた後は、問題解決を上手に行う方法について学んでいきます。本章を読み終える頃には、プログラミングと問題解決のスキルを向上させるための手法を2つ知っていることでしょう。最初に取り上げるテクニックは、自動化（小さな作業を考えずにできるようになること）です。これは、細かい事柄を考えることに費やす時間が少なくなればなるほど、難しい問題に時間を割くことができるようになるため、とても有効です。そして、自分の問題解決能力を向上させる手段として、他人の書いたコードを使った問題解決について探っていきます。

10.1 問題解決とは何か

本章の目的は、問題解決における長期記憶の役割を検討することにより、問題解決能力を向上させるための戦略を学ぶことです。しかし、よりよい問題解決の方法を学ぶ前に、まずは問題解決に取り組むとはどういうことなのかについて考えてみましょう。

10.1.1 問題解決を構成する要素

問題解決は、3つの重要な要素で構成されています。

- ゴール状態：何を達成したいかという目的となる状態を意味します。ゴールに到達したとき、その問題は解決したと見なされます。
- スタート状態：問題を解決するにあたってのスタートとなる状態
- ルール：スタート状態からゴール状態に到達するための規定

たとえば、三目並べを考えてみましょう。その場合、スタート状態は空のマスであり、ゴール状態はバツ印が3つ並んだ状態だといえます。ルールは、盤上のマスの中で空のマスにはバツ印を置くことができるというものです。既存のWebサイトに検索ボックスを追加する場合を考えたら、スタート状態は既存のコードであり、ゴール状態はユニットテストに合格することや、ユーザーの満足度を上げることになるでしょう。プログラミングにおける問題解決時のルールは、JavaScriptで機能を実装することであったり、新機能を実装する際に既存のテストが成功する状態を保持するといった制約の形で現れることがよくあります。

10.1.2 状態空間

プログラムを解くときに考えうるすべてのステップを、問題の**状態空間**（state step）と呼びます。三目並べをするときは、すべての空いているマス目が状態空間です。三目並べのような小さな問題では、状態空間全体を簡単に可視化できます。図10.1は、三目並べゲームの状態空間の一部を示したものです。

Webサイトにボタンを追加するような例では、そのために書くことができるJavaScriptプログラムが状態空間となります。スタート状態からゴール状態に到達するために、どのような手を打ち、どのようなコードを書くかは、問題解決者に委ねられています。つまり、問題解決とは、状態空間を最適な方法で遷移していき、できるだけ少ないステップでゴール状態に到達することであると定義できます。

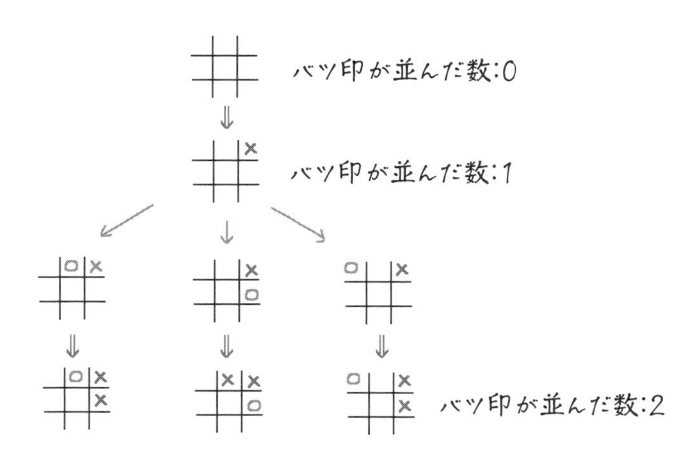

図10.1 三目並べゲームの状態空間の一部。マル印側の動きを普通の矢印、バツ印側の動きを二重矢印で示している。バツ印側のゴール状態は、バツ印を3つ並べること。

演習10.1

ここ数日以内にあなたが記述したコードを思い出してください。あなたが行った問題解決を振り返ってみましょう。

- あなたが達成したかったゴールの状態は何だったのでしょうか。
- ゴール状態に到達したことはどのように確認しましたか？：あなた自身、あるいは他の誰かが手動で確認、あるいはユニットテストや受け入れテストが行われたのでしょうか？
- どのようなスタート状態だったのでしょうか。
- どのようなルールと制約が適用されていたでしょうか。

10.2 プログラミングの問題を解決する際に長期記憶はどのような役割を果たすのか

問題を解くとはどういうことかを定義したので、続いては問題を解くときに脳内で何が起こっているのかを考えてみましょう。第6章では、プログラミングの問題を解くときにワーキングメモリで何が起こっているのかを説明しました。認知的負荷が大き過ぎると、脳は適切に処理できず、適切なコードを書くのが難しくなります。そして、これから紹介しますが、長期記憶も問題解決についての役割を担っているのです。

10.2.1 問題解決は、それ自体が認知プロセスなのか

問題解決は一般的なスキルであり、脳の中にそれ専用のプロセスが存在するという考え方をする人もいます。ハンガリーの数学者ジョージ・ポリア（George Pólya）は、問題解決に関

する有名な思想家でもあります。1945年、ポリアは『How to Solve It』※1という有名な本を書きました。この本は、どんな問題でも解決するための「思考のシステム」として、次の3つのステップを提案しています。

1. 問題を理解する
2. 計画を立てる
3. 計画を実行する

しかし、汎用的なアプローチが有名であるにもかかわらず、問題解決は汎用的なスキルでも認知プロセスでもないことが、研究によってわかっています。一般的な問題解決方法がうまく機能しない理由は2つあり、どちらもに長期記憶の役割に関係しているのです。

●問題を解くときには長期記憶を使っている

問題を解決する際には、望ましいゴール状態や、私たちが従わなければならないルールについて考えなければなりません。問題そのものが、どのような解決策を採れるかに影響を与えるのです。プログラミングの例で、事前知識によって採りうる解決方法に違いが出る例について考えてみましょう。与えられた入力文字列sが回文であるかどうかを検出するコードを実装しなければならないとします。この問題に対して、Java、APL、BASICでそれぞれコードを書くことが求められています。ポリアの解決のステップを見ながら、どのようにこの問題を解決すればよいかを考えてみましょう。

- 問題を理解する

  プログラマーであるあなたにとって、問題を理解することは問題ではないでしょう。また、自分の書いたコードをチェックするためにテストケースを作成することもできるはずです。

- 計画を立てる（翻訳）

  ポリアのステップの2番目は、1番目よりも難易度が上がってきます。立てるべき計画は、実装するプログラミング言語によって大きく異なってくるからです。

  たとえば、配列を逆順にする関数をその言語が標準で提供しているかどうかを、まずは考える必要があります。そういった関数が利用可能なら、文字列sと`reverse(s)`が等しいかどうかを調べればよいだけです。Javaでは`StringBuilder`に`reverse()`関数があることを知っているかもしれません。しかし、BASICやAPLにそのような関数はあるでしょうか。そうした情報にアクセスする手段がない場合、計画を立てるのは難しくなってしまいます。

※1　邦訳『いかにして問題をとくか』（柿内賢信 訳／丸善出版／ISBN978-4-621-04593-0）。

■ 計画を実行する（解決）

ポリヤのシステムにおける第3のステップがうまくいくかどうかは、対象とするプログラミング言語をきちんと理解しているかどうかに影響を受けます。APLにはreverse()関数が存在しています（BASICにはありません）。しかし、APLの知識を多少持っている場合、APLのキーワードがすべて演算子として扱われるため、単純にreverse()を呼び出せばよいわけではないことがわかり、計画実行が簡単ではないことがわかります。

● 見慣れた問題なら、脳はより簡単に解決できる

一般的な問題解決方法がうまく動かない2つ目の理由は、長期記憶の働きに関係しています。第3章で、長期記憶において記憶は互いに関連しながらネットワークとして保持されていることを説明しました。本章においても、問題について考える際に、脳は長期記憶からその問題に関係ありそうな情報を取り出すことについて説明しました。

ポリヤの「計画を立てる」のような一般的な問題解決技法を用いた際には、認知的な問題が発生してしまいます。あなたは多くの有用な戦略を長期記憶に保持しているかもしれないので、脳は問題を解決するときにそれを取り出そうとします。しかし、このような一般的な手法で問題を解決しようとした場合、関連する戦略が見付からないかもしれないのです。第3章で述べたように、長期記憶は正しい記憶を取り出すための手がかりを必要とするからです。手がかりが具体的であればあるほど、正しい記憶が見付かる可能性は高くなります。たとえば、筆算のように割り算を分解して解く処理を書かなければならなかったとしましょう。そんな場合に、どんな計画を考えたところで、長期記憶が保持している何らかの方法を見付けるのに十分な手がかりを与えるとは考えにくいはずです。しかし、割り算を被除数の倍数の引き算であると考えた場合には、正しい計画を発見できる可能性が高くなります。

第7章で取り上げたように、チェスのような特定の領域から、数学のような別の領域への知識の転移は起こりづらいものなのです。同様に、問題解決という非常に一般的な領域から、他の領域への転移も起こる可能性は非常に低いのです。

10.2.2 長期記憶に問題解決を教える方法

ここまでは、問題解決が認知的なプロセスではないことを学んできました。このことから、「問題解決のために、どのようなトレーニングをすればよいのか」という疑問が湧いてくるのではないでしょうか。その答えを知るためには、脳がどのように思考しているのかをさらに深く掘り下げる必要があります。本書の前半では、思考はワーキングメモリで形成されることを説明しました。また、ワーキングメモリは単独で思考を形成するのではなく、長期記憶と短期記憶の両方と強力に連携して動作していることも学びました。

特定の問題について考えるとき、たとえばWebアプリケーションにソートボタンを実装する場合、何を実装するかはワーキングメモリが決定します。しかし、そのような決定をする前に、

ワーキングメモリは2つのことをする必要があります。まず短期記憶から、ボタンの要件や、先だって調べた既存のコードなど、問題のコンテクストに関する情報を取り出します。

それと同時に、ワーキングメモリは長期記憶から関連する背景知識も検索します。ソートアルゴリズムの実装方法や対象となるコードベースに関する過去に知った情報など、あなたが持っているかもしれない関連した記憶がワーキングメモリに送られます。問題解決をもっと理解するためには、長期記憶を検索する2番目のプロセスを探る必要があります。

10.2.3 問題解決において重要な役割を担う2種類の記憶

本章ではこれから、問題解決能力を強化するための2つの手法について見ていきます。その前に、人々が持つさまざまな種類の記憶と、それらが問題解決の際にどのような役割を果たすのかを知っておきましょう。記憶の種類を理解することが重要なのは、記憶の種類によってどのように形作られるかが異なっているためです。

長期記憶には図10.2に示すように、異なるタイプの記憶を保存できます。まず挙げられるのは、**手続き記憶**（**潜在記憶**と呼ばれることもあります）です。これは、運動技能を始めとする、意識せずに行うことができる技能に関する記憶のことです。潜在記憶には、たとえば、靴ひもの結び方や自転車の乗り方などが含まれます。

問題を解くときに活躍する2つ目の記憶のタイプは、**宣言的記憶**（**顕在記憶**と呼ばれることもあります）です。これは、あなたが記憶していることを自覚している記憶のことで、たとえばバラク・オバマが第44代アメリカ合衆国大統領であるという事実や、Javaのforループの書き方は「`for (i = 0; i < n; i++)`」であることなどが挙げられます。

図10.2に示すように、宣言的記憶には、エピソード記憶と意味記憶の2つにさらに分けることができます。エピソード記憶とは、私たちが一般的に「記憶」という言葉を使うときに意味するもののことです。たとえば、14歳の時にサマーキャンプに行ったこと、初めて配偶者に会ったときのこと、3時間かけてバグを追いかけ、ユニットテストにエラーがあることを発見したことなどの経験に関する記憶が挙げられます。

意味記憶は、フランス語でカエルが「grenouille」ということ、5×7は35であること、Javaのクラスはデータと機能の組み合わせに使われるということなど、意味や概念、事実に関する記憶のことを意味します。

第3章でフラッシュカードを使って訓練した記憶が、意味記憶です。エピソード記憶は、意味記憶と同様に、よく考えたことのある記憶ほど検査強度が高くなりますが、意味記憶のように自分で努力をしなくても作られます。

●問題を解くときにはどのタイプの記憶が役に立つのか

図10.2に示すように、プログラミングを行う際には、これらの記憶すべてが何らかの役割を果たします。プログラミングの際に役立つ記憶といえば、まず思い浮かぶのは顕在記憶かもしれません。Javaでコードを書く際には、ループの作り方を記憶から取り出して利用します。しかし、図10.2に示すように、他のタイプの記憶も利用されているのです。

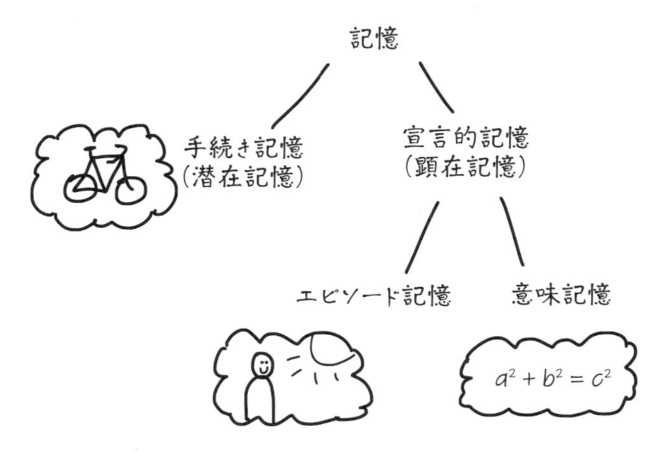

◎図10.2 記憶にはさまざまなタイプがある。手続き記憶（潜在記憶）は、何かを行う方法を示すもので、そして、宣言的記憶（顕在記憶）は私たちが自分が知っていることを意識している記憶である。さらに、宣言的記憶は、経験したことであるエピソード記憶と、知識として知っている意味記憶に分けられる。

エピソード記憶は、過去に問題を解決した方法を覚えているときに使われます。たとえば、階層構造についての問題を解くとき、過去に木構造を使ったことを思い出すかもしれません。特に専門家は、問題を解くときにエピソード記憶を多用していることが研究で明らかになっています。専門家は、慣れ親しんだ問題に直面した際には、解決するというより、ある種の再現を行っているともいえるでしょう。つまり、新しい解決策を発見するのではなく、以前同じような問題でうまくいった解決策を再び使っているというわけです。本章では、さらに、どのようにエピソード記憶を強化すれば、より優れた問題解決を行えるかを見ていくことにします。

図10.3に示したように、プログラミング活動では、顕在記憶に加えて、潜在記憶も利用されます。たとえば、多くのプログラマーはタッチタイピングができますが、これは手続き記憶です。アルファベットの入力だけでなく、間違えたときにCtrl＋Zを押したり、開き括弧に閉じ括弧を自動的に付けたりするなど、明示的に意識しなくても使えるキー操作は数多くあるはずです。さらに、問題解決の場面において、バグがありそうな行に自動的にブレークポイントを置くなど、潜在記憶が活躍するタイミングは他にもあります。いわゆる直感と呼ばれるものは、実際には、以前に解いたことのある問題と似たような問題を解いたときに起こるもので、なぜそれをすべきかはよくわからないまま、何をすればよいのかだけがわかるのです。

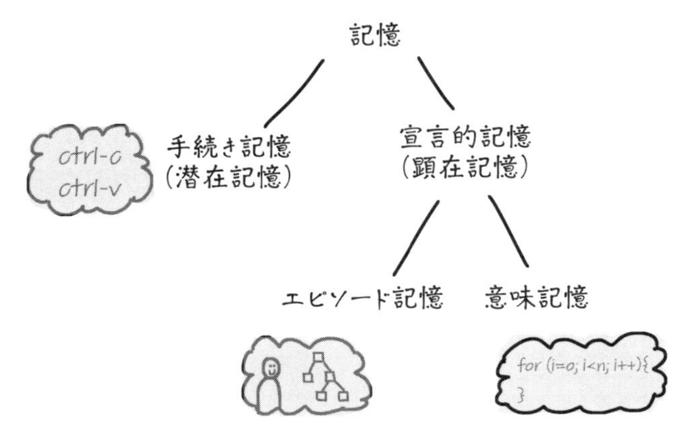

図10.3 異なるタイプの記憶とそれらがプログラミング中に果たす役割

●アンラーニング

潜在記憶は既知のタスクを素早く実行するのに役立つことがわかりましたが、潜在記憶を持つことはよいことばかりとは限りません。第7章で「負の転移」という考え方を説明したことを思い出してください。これは、何かの知識が、他のことを学ぶ上で障害となりうるという話でした。同様に、潜在記憶を多く持っている場合に、柔軟性が損なわれる可能性があるのです。たとえば、Qwertyキーボードのタッチタイピングを一度覚えてしまうと、Dvorakキーボードの使い方を覚えるのは、Qwertyを覚えていない人よりも難しくなってしまいます。これは、直感的に「こうすればいい」と思ってしまう記憶が大量に残ってしまっているからです。

また、最初に学んだ言語とはまったく異なる構文を持つプログラミング言語を2番目の言語として学んだことがある人は、潜在記憶から逃れる難しさを経験したことがあるかもしれません。たとえば、C#やJavaからPythonに移行した場合、しばらくの間はブロックや関数の周りを無意識に中括弧で囲んでしまうことがあります。私自身、数年前にC#からPythonに移行しましたが、リストを反復処理する際にforではなくforeachと、いまだによく入力してしまいます。これは、C#のプログラミング時に構築した潜在記憶が今も強く残っているためです。

演習10.2

コードを書くときに、使用する記憶のタイプを意識してチェックしてみましょう。

次に示した表を使って、どのような種類のプログラムや問題が、どのようなタイプの記憶を活性化させるかを考えてみましょう。異なるプログラムについて、この演習を数回行うとおもしろいかもしれません。この演習を数回行って、しばらく経過を観察すると、馴染みのないプログラミング言語やプロジェクトの場合は意味記憶に多くを頼り、よく知っている言語や状況では手続き記憶やエピソード記憶を使うことがわかると思います。

プログラム、あるいは課題	手続き記憶	エピソード記憶	意味記憶

10.3 自動化：潜在記憶の形成

問題解決がなぜ難しいのか、そして問題を解決するときに、そのタイプによって記憶がどのような役割を果たすのかを理解したところで、問題解決能力を高める2つのテクニックを学んでいくことにしましょう。1つ目のテクニックは「自動化」です。歩く、本を読む、靴ひもを結ぶなど、特定のスキルを何度も練習して、何も考えずにできるようになったら、そのスキルは自動化されたと考えることができます。

多くの人は、自動車の運転や自転車の乗り方といった日常的な技能だけではなく、数学のような専門的な技能についても自動化しています。たとえば、$x^2 + y^2 + 2xy$のような方程式を因数分解することを学んだかもしれません。連立方程式の分配法則が自動化されている人であれば、この式を$(x + y)^2$とすぐに変換でき、この方程式を理解するのにほとんど苦労はしないでしょう。ここで重要なことは、労力をかけずに方程式を因数分解できるようになると、より複雑な計算ができるようになるということです。筆者はよく、自動化をゲームにおける新しいスキルのアンロックに例えることがあります。たとえば、アクションゲームで二段ジャンプができるようになると、それまで到達できなかった場所に行くことができるようになるわけです。

同様に、方程式の因数分解を考えずにできるようになると、次のような方程式を見ても、すぐに答えが$(x + y)$であることがわかるようになります。因数分解を自動化していない場合、この問題を解くのは不可能ではないにせよ、かなり大変な作業になります。

$$\frac{x^2 + y^2 + 2xy}{(x + y)}$$

つまり、より大きく、より複雑な問題を解決できるようになるためには、プログラミングスキルの自動化が鍵となるのです。しかし、どうすれば自分の持つスキルを自動化することができるのでしょうか。

スキルを自動化するには、まずはプログラミングに関する潜在記憶を強化する方法を考えなければなりません。本章の前半で、新しいプログラミング言語を学ぶ際に、例えばPythonのコードに中括弧をついつい書いてしまったりするといったように、潜在記憶が邪魔になることがあることを紹介しました。そんなものは小さなミスだと思うかもしれませんが、これは、さらなる認知的負荷の原因になってしまいます。第9章で説明したように、認知的負荷とは、あなたの脳がどれだけ忙しいか、あるいは満杯になっているかを示しています。認知的負荷が大き過ぎると、考え続けることが非常に難しくなります。潜在記憶の興味深い点は、潜在記憶を十分に訓練しておくと、その記憶を呼び起こすことに脳はほとんどエネルギーを必要としなくなるという点です。たとえば、自転車の乗り方やタッチタイピングの仕方を知っていると、繰り返し実行することに何の苦労もなくなります。そうなったタスクはほとんど認知的負荷を生じないので、自転車に乗りながらアイスクリームを食べたり、話しながら車を運転したりすることができるようになるのです。

10.3.1 時間経過と潜在記憶

プログラミングのための潜在記憶が多ければ多いほど、認知的負荷に余裕ができるので、大きな問題を解くことが簡単になります。それでは、どうすれば潜在記憶を増やすことができるのでしょうか。その方法を知るためにはまず、脳内で潜在記憶がどのように作られるかを知る必要があります。

第4章では、フラッシュカードに覚えたいことを書き込んで、そのカードを何度も読み返すなどして、記憶を作り出す方法を説明しました。しかし、このようなテクニックは、主に宣言的な記憶に対して有効な手法なのです。顕在記憶に事実を記憶するには、はっきりと記憶しようとすることが必要となります。たとえば、Javaの`for`ループを「`for (i = 0; i < n; i++){}`」と書くということを覚えるのに、かつて時間を費やしたでしょうが、その際にはきちんと覚えようと明示的に行動したはずです。こうした記憶は顕在記憶と呼ばれ、記憶するには、はっきりとした注意をその対象に向ける必要があります。

一方で、潜在記憶は、繰り返しによって作られるものなのです。小さい頃には、スプーンでスープを食べることに何度も繰り返し挑戦し、それができるようになったはずです。このように、潜在記憶は、考えることではなく実践することで作られます。潜在記憶と呼ばれるのは、そのためです。潜在記憶は図10.4のように、3つの段階を経て作られます。

●認知的段階

新しいことを学んでいる人は、まずは認知的段階と呼ばれる段階にいます。この段階では、新しい情報は、より小さな部分に分割する必要があり、目の前のタスクについて説明的に考えなければなりません。

たとえば、インデックスが0から始まる（ゼロベース）のリストのインデックスについて学習したとき、図10.4の左端の図に示すように、おそらくインデックスを記録するために1つ1つ考え、エネルギーを消費する必要があったはずです。認知的段階では、スキーマの形成や更新が行われることになります。たとえば、ゼロから始まるリストのインデックスを学習したとき、あなたの脳には、すでにプログラミング以外のところで数を数えることに関するスキーマが保存されていたでしょう。通常、数を数えるときには1から数え始めるので、ゼロから数え始める可能性を含むように、あなたの脳内のスキーマを適応させる必要があったはずです。

図10.4　情報の記憶の3つの段階：認知的段階、連合的段階、自律的段階

●連合的段階

認知的段階の次は、連合的段階です。この段階では、パターンに反応できるようになるまで、新しいコードを対象として繰り返し作業する必要があります。たとえば、括弧を書いたときに、対応する閉じ括弧がどこにあるかわからなくて心配になるかもしれません。さらに、括弧を書くとき、閉じ括弧も一緒に先にタイプすることは、括弧の閉じ忘れを防止できる素晴らしいテクニックだと気付くかもしれません。そういった効果的な行動は記憶され、非効果的な行動は忘れられていきます。

難しい課題であればあるほど、連合的段階に時間がかかります。簡単な事実やタスクは、より早く覚えることができるからです。たとえば、ゼロからインデックスが開始されるリストの例では、しばらくすると、取り出したい要素の場所が前から何番目なのかを思い浮かべて、そこから1を引けば正しいインデックスになることに気付くかもしれません。

●自律的段階

そして最終的にあなたの潜在記憶は、スキルが完成する自律的段階（手続き段階とも呼ばれます）に到達します。たとえば、リストのインデックスに対するイメージが、文脈、データ型、リストに対する操作に関係なく、常に正しく行えるようになったら、自律的段階に到達したことになります。リストとリスト操作を見れば、前から数を数えたり、明示的に引き算を考えたりすることなく、すぐにその数が直感的に思い浮かぶような状態のことです。

自律的段階に到達すると、そのスキルは自動化されたといえます。また、そのスキルを実行しても、もはや認知的負荷が増加することもありません。

演習10.3を見て、自動化の力を実感してみましょう。もしあなたがJavaプログラマーとしての経験を十分に積んでいるなら、おそらく何も考えずにコードの空白部分を埋めることができるはずです。forループのパターンは非常によく知られているので、逆ループのようなやや珍しい状況でも、境界を考えずに完成させることができるでしょう。

演習10.3

次のJavaプログラムを読み、____となっている部分を埋めてプログラムを完成させてください

```
for (int i = ; ___ <= 10; i = i + 1) {
  System.out.println(i);
}

public class FizzBuzz {
  public static void main(String[] args) {
    for (int number = 1; number <= 100; ___++) {
      if (number % 15 == 0) {
      System.out.println("FizzBuzz");
    } else if (number % 3 == 0) {
      System.out.println("Fizz");
    } else if (number % 5 == 0) {
      System.out.println("Buzz");
    } else {
      System.out.println(number);
    }
   }
 }
}

public printReverseWords(String[] args) {
  for (String line : lines) {
    String[] words = line.split("\\s");
    for (int i = words.length - 1; i >= 0; i___)
      System.out.printf("%s ", words[i]);
    System.out.println();
  }
}
```

10.3.2 自動化するとなぜプログラミングが速くなるのか

テクニック（懐疑的な人はトリックというかもしれませんが）の引き出しをたくさん作ることで、さまざまな状況に対応できるテクニックの永遠に成長し続けるツールボックスともいえるものを形作ることができます。アメリカの心理学者ゴードン・ローガン（Gordon Logan）は、自動化は、長期記憶のエピソード記憶部分から、記憶を取り出すことによって行われると主張してい

ます。長期記憶には毎日の生活に関する一般的な記憶も保存されています。方程式を解いたり、文字を読んだりといったタスクを実行すると、新しい記憶が形成されます。そのタスクに関する記憶をクラスに見立てると、そのインスタンスであるといえます。そう考えると、すべての記憶は「因数分解に関する記憶」といったように、より抽象的なクラスのインスタンスであると考えることができます。この考え方は、**インスタンス理論（instance theory）**と呼ばれています。

インスタンス理論では、前に経験したのと同じようなタスクに直面すると、そのタスクについて何かを推論する（そのタスクに関するインスタンス記憶が足りていない人は推論をするかもしれませんが）のではなく、かつてどのようにそのタスクを実行したのかを思い出し、同じ方法を適用します。ローガンによると、タスクの実行が完全にエピソード記憶の情報のみによって行われ、一切の推論を行わなくなったときに、完全な自動化が達成されることになります。自動化されたタスクの実行では、そのタスクについて明示的に考えるよりも、記憶から検索するほうがずっと高速であり、ほとんど意識することなく実行できるため、自動化されていないタスクの実行よりも素早く、苦労なく実行できます。また、考えながらタスクを実行したときには、完了後に再度確認するようなこともやりたくなりますが、完全に自動化されたタスクであれば、そんな必要を感じることもありません。

プログラミングや問題解決に必要なスキルの多くについて、あなたはすでに自律的な段階に達していると思われます。forループの記述、リストへのインデックス付け、クラスの作成などは、すでに自動化されていることでしょう。そのため、これらのタスクはプログラミング中の認知的負荷を増加させることはありません。

しかし、経験やスキルレベルによっては、実行に苦労するタスクもあるでしょう。前述したように、筆者自身、Pythonを学び始めた頃は、forループの書き方に苦戦しました。フラッシュカードを使って練習もしていましたし、もちろんforの構文が覚えられないわけではありません。しかし、forをキーボードで入力しようとすると、指が勝手にforではなくforeachと打ち込んでしまうことがよくありました。筆者の潜在記憶は、配線を組み替える必要があったのです。潜在記憶を呼び覚ますテクニックを紹介する前に、自分の現在のスキルをチェックして、どこが改善できるかを知っておくとよいでしょう。

演習10.4

新たにプログラミングを始めて、その中で自分が利用しているタスクやスキルについて考えてみましょう。各スキルについて、そのスキルやタスクがどの程度自動化されているかを考え、その結果を次の表に書き込んでください。そして、次に挙げた質問は、あなたのスキルのレベルを決定するのに役立つでしょう。

- そのタスクはしっかり考えないと行えないタスクでしょうか。もしそうだとしたら、まだ認知的段階にいます。

- そのタスクはあまり考えなくても遂行できますが、何かしらのテクニックや法則を頭の中に描いて実行しているでしょうか。もしそうだとしたら、連合的段階にいます。
- その課題は、他の別の問題を考えながら、簡単にこなすことができるものでしょうか。もしそうだとしたら、自律的段階に達しています。

タスクやスキル	認知的	連合的	自律的

10.3.3 潜在記憶の改善

スキルを習得するにあたっての3つの段階について理解したところで、まだ自律的段階に達していないスキルを向上させるために、どういった意図的な練習をすることができるかを考えてみましょう。第2章で説明したように、意図的な練習とは、非常に小さな課題を使い、完璧な状態になるまで繰り返し行う練習のことです。たとえば、スポーツのインターバルトレーニングではスピードを上げるためのランニングが意図的な練習であり、音楽では運指を訓練するためのトーンラダーが意図的な練習であるといえます。

プログラミングでは、意図的な練習はあまり行われてはいません。ミスなくforループを描けるようになるために、100回forループを書いて練習するといった方法は、プログラミングの文化圏ではあまり行われません。しかし実際には、このような小さなスキルをしっかり身につけることで、より大きな問題を簡単に解決することができるようになり、そうした大きな問題に対する認知的負荷が軽減されます。

意図的な練習を行う方法はいろいろあります。まず挙げられるのは、習得したいスキルを利用する、少しずつ違った新しいプログラムをたくさん書くことでしょう。たとえば、forループを練習するのであれば、正順や逆順、ステップ数の異なるステッパー変数を使うなど、さまざまなスタイルのforループをたくさん書けばよいのです。

また、より複雑なプログラミングの概念について難しさを感じているときは、ゼロからプログラムを書くのではなく、既存のプログラムを改良してみることを考えるのもよいでしょう。プログラムを改良することで、新しい概念とすでに知っている概念との違いに注目することができます。たとえば、リスト内包表記が苦手な人であれば、まずはループを使ったプログラムをたくさん書きます。その後、そのプログラムがリスト内包表記を使うようにコードを修正します。変更を行ったコードを再び元の状態に戻してみて、その違いを振り返ることも効果的です。異なる形式のコードを積極的に比較することで、第3章でフラッシュカードを使用したときのように、プログラミング概念の等価性が記憶の中で強化されていきます。

今回の場合も、フラッシュカードと同じように、間隔を空けて繰り返し練習することが学習の鍵となります。毎日、時間を決めて練習し、何の苦労もなくそのタスクをこなせるようになるまで続けましょう。この練習のやり方はプログラミングの文化圏では珍しいので、奇妙に感じるかもしれませんが、それでもまずは続けてみてください。この方法は、ウェイトリフティングのようなものです。1回反復するごとに、あなたはほんの少しずつ強くなっていくのです。

10.4 コードとその説明から学ぶ

本章では、一般的な問題解決能力などというものは存在せず、ただプログラミングをたくさんこなすだけでは問題解決能力が向上する可能性は低いということを見てきました。また、意図的な練習をすることで、小さなプログラミングスキルを向上させることができることも学びました。さまざまな小さなスキルを自律的段階にまで習得することは重要ですが、かといって、それだけあれば大きな問題を解決できるというわけではありません。

問題解決能力を向上させるために使える2つ目のテクニックは、他の人がどのように問題を解決したかをじっくりと研究することです。他の人がどのように問題を解決したかという解決策は、しばしば**範例**（worked examples）と呼ばれます。

第4章で取り上げた認知的負荷の考え方を導入したオーストラリアのジョン・スウェラー教授は、問題解決能力における分野別の戦略の重要性についても広く研究しています。

スウェラー教授は、子供たちに数学を教えており、そこで代数方程式を解かせていましたが、従来型の代数の問題にただ取り組むだけでは、子供たちが数学を学習することがほとんどできないという不満を抱くようになりました。そこで、スウェラー教授は、問題解決の教え方について実験することに興味を持ったのです。より詳しくそれについて知るために、1980年代に、いくつかの実験を行いました。まず彼が行ったのは、問題解決に関する実験で、オーストラリアの高校に通う中学3年生（14～15歳）20人を対象にしました。生徒を2つのグループに分け、どちらのグループにも「a = 7 - 4aであるときのaの値を求めよ」といったような典型的な代数の方程式を解いてもらいました。

図10.5に示すように、2つのグループの間には与えられた情報に違いがありました。どちらのグループも同じ代数方程式を解いているのですが、グループ2は、高校時代のテストで代数方程式を解いたように、方程式だけが示されていました。一方で、グループ1にも方程式が配布されましたが、同時にその解き方を詳しく説明した範例も配布されました。この範例は方程式の解き方を詳しく説明したもので、料理のレシピのようなものだと考えることができます。

図10.5 2つのグループとも同じ代数の方程式を解こうとしたが、左のグループは、問題の解き方を段階的に説明するレシピ、すなわち範例も受け取っていた。

両グループの子供たちが方程式を解いた後、スウェラー教授とクーパー氏は、子供たちの成績を比較してみました。最初のグループのほうが成績がよかったのは、驚くべきことではありません。第1グループの成績は、第2グループと比較して素晴らしく優れており、さらにグループ2の学生の5倍の速さで方程式を解くことができました。

スウェラー教授とクーパー氏は、2つのグループの成績を、いくつかの異なる問題でテストしてみました。このような解き方のレシピを使った授業はあまり好まない人もいて、その理由は子供たちが頭を使わずにただレシピに従うだけで問題を解いたところで、実際には何も学べていないのではないかと考えるからです。しかし、そうではないことが、この実験からはわかりました。グループ1の学生たちは、方程式の両辺から同じ値を引く、両辺を同じ値で割るなどのレシピに書かれていた計算ルールが使える別の問題を解かせたときでも、グループ2の学生よりもよい成績を収めたのです。

この範例の効果は、数学、音楽、チェス、スポーツ、プログラミングなど、さまざまな年齢層や科目において、多くの研究で再現されています。

10.4.1 新しいタイプの認知的負荷：学習関連負荷

職業プログラマーのみなさんは、スウェラー教授の結果には驚くかもしれません。我々はしばしば、子供たちを優れた問題解決者にしたいのであれば、問題をたくさん解決させるべきであり、優れたプログラマーにしたいのであれば、たくさんプログラミングをさせるべきであると考えます。しかし、スウェラー教授の実験の結果からは、それが正しくないことを示しているように見えます。その理由について考えて見ましょう。なぜレシピをもらったグループは、自分で問題を解かなければならなかったグループよりも、別の問題を解かせても成績がよかったのでしょうか。それについて、スウェラー教授は、ワーキングメモリの認知的負荷を使って説明をしています。

ワーキングメモリとは、問題を解くために割り当てられている短期記憶を意味します。したがって、第2章で説明したように、短期記憶が2～6個の要素しか保持できないのと同様に、ワーキングメモリは2～6個程度のスロットに入った情報しか処理できません。

また、ワーキングメモリがいっぱいになると、適切に思考できなくなることもすでに学びました。ワーキングメモリが一杯になると、脳はさらにもう一つできないことが出てきてしまいます。それは情報を長期記憶に戻して保持することです。図10.6を見てください。

認知的負荷には、問題そのものがもたらす課題内在性負荷、問題の表現がもたらす課題外在性負荷の2種類があることを見てきました。しかし実際にはさらにもう1つ、これまで取り上げていない「学習関連負荷（germane cognitive load）」があります。

学習関連負荷は、脳が情報を長期記憶に戻して保存するのにかかる負荷のことです。認知的負荷の容量が課題内在性負荷と課題外在性負荷ですべて占められてしまうと、学習関連負荷のための余地が残りません。その結果として脳が情報を長期記憶に戻せなくなり、問題解決をした後で、解決した問題と、その解決方法を後で思い出せなくなってしまいます。したがって、コーディングのセッションが終わった後に、何のために、どんなコードを書いたのかが思い出せなくなることがあります。脳があまりに忙し過ぎて、やったことを記憶できなかったのです。

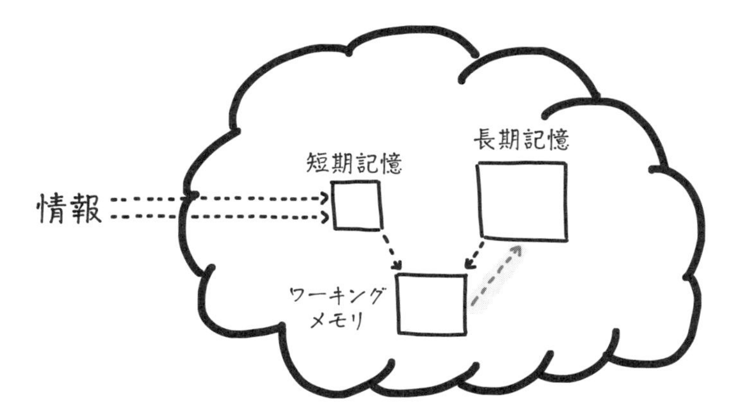

●図10.6　学習関連負荷は、ハイライトした矢印の流れを司り、ワーキングメモリの情報を長期記憶に保持するために必要となる。ワーキングメモリが忙し過ぎる場合（つまり負荷が高過ぎる場合）、情報が長期記憶に保持されなくなってしまう。

このように、認知的負荷には3つのタイプがあります。その最後の1つである学習関連負荷を理解したところで、オーストラリアの中学3年生の実験について再び考えてみましょう。レシピを使用したグループのほうが別の新しい方程式についても多くの正解を出すことができた理由も、この学習関連負荷に関連しています。問題を解くこと自体の認知的負荷がそれほど高くなかったため、レシピを振り返り、認知的負荷がそれほど高くなかったため、レシピを振り返り、長期記憶に保持する余裕があったということなのです。彼らは、代数の問題を解くときに、移項、つまり反対の辺に方程式の一部を移動させるのがよいアイデアかもしれないこと、その際にプラスをマイナスに変える必要があること、さらには常に両辺を同じ値で割ることができることなどを、きちんと学び、記憶できたのです。

レシピから学んだスキルは汎用的で、ほとんどすべての代数の問題で役に立つアプローチであり、最初のグループは、それを別の問題を解く際にも適用できました。一方で、2番目のグループは、深く問題について考えてはいたものの、一般的なルールよりも目の前の問題に焦点を合わせていたのでした。

レシピをすぐに教えることで学習が滞ると考える人たちは、実は逆効果なことをやっているのです。子供たちに問題をうまく解決してほしいなら、問題解決の実地練習を積むのが一番という考え方は確かにとても直感的ではあります。同じような考え方は、プログラミングの世界でもよく見かけます。よいプログラマーになりたいなら、たくさんプログラミングをしましょう。サイドプロジェクトを始めて、とにかくいろいろなことを試してみれば、きっと優れたプログラマーになれるはずというものです。しかし、どうもそれは真実ではないようです。

スウェラー教授の実験は数学教育に焦点を当てたものでしたが、プログラミングを対象として同様の実験も行われています※2。オランダの心理学者ポール・キルシュナー（Paul Kirschner）がいうように、「専門家になるには、専門的なことをすればいいというものではない」のです。

10.4.2 実世界で範例を活用する

コードを積極的に学習し、コードをどのように生み出すかという過程を理解することで、プログラミングスキルが強化されることがわかりました。そして、コードを学習する際に利用可能な情報源は世の中にたくさんあります。

●同僚と共同作業する

まずコードの勉強は、1人でやる必要はまったくありません。誰かと一緒にやるほうがずっと有意義でしょう。職場で、コードの勉強に興味のある同僚と一緒に、コードリーディングクラブを始めるのもいいでしょう。誰かと一緒に勉強をすれば、定期的にコードを読む習慣を続けやすくなります（https://code-reading.org/）。クラブに所属していれば、お互いにコードを解説しあうことで、学び合うこともできます。

第5章では、コードを理解するためのテクニックとして、コードの要約を作成する方法を取り上げました。この要約は、コードを読むときに使う説明文として利用できます。もちろん、自分の書

※2 Marcia C. Linn、Michael J. Clancy『The case for case studies of programming problems』（Communications of the ACM, vol. 35, no. 3, 1992）。https://dl.acm.org/doi/10.1145/131295.131301

いたコードや要約を使って学習を行うこともできますが、まず同僚とそれぞれが自分が書いたコードの要約を書き、それを交換して相手のコードから学ぶという段階を踏むと、より強力です。

●GitHubを探検する

あなたが1人でコードリーディングを行おうとしているなら、オンラインにたくさんのソースコードやドキュメントが存在しているので、そういったものが利用できます。たとえば、GitHubは、コードリーディングを始めるのに最適なサイトだといえるでしょう。自分が使っているライブラリなど、何となく知っているリポジトリのコードにアクセスし、コードを読むだけでよいわけです。ただし、知らない言葉や概念によって余計な認知的負荷がかからず、プログラム自体に集中できるように、多少は馴染みのある分野のリポジトリを選ぶとよいでしょう。

●ソースコードに関する本やブログ記事を読む

何らかのプログラミングに関する問題を解決した人が、どのように解決したのかを記述したブログ記事はたくさん公開されていて、これらも勉強の道具として利用可能です。また、それほど多くはないものの、コードとその解説の書かれた本もいくつかあります。たとえば、エイミー・ブラウン（Amy Brown）とグレッグ・ウイルソン（Greg Wilson）による『The Architecture of Open Source Applications』全2巻や、エイミー・ブラウンとマイケル・ディベルナルド（Michael DiBernardo）による『500 Lines or Less』などが挙げられます。

本章のまとめ

- プログラミングに携わっている人の多くが、問題解決は一般的なスキルであると主張しますが、実際にはそうではありません。プログラミングに関して、これまで持っていた知識と現在解決しようとしている問題の関係が、プログラミングの問題をどれだけ早く解決できるかに影響します。
- 長期記憶にはさまざまな種類の記憶が保存されており、問題を解くときに、それぞれ異なる役割を果たしています。記憶には、潜在記憶と顕在記憶の2つのカテゴリがあります。潜在記憶は「筋肉の記憶」であり、タッチタイピングのように考えなくても実行できるタスクを記憶しています。顕在記憶とは、forループの構文の書き方など、積極的に思い出す必要のある、自分でも意識している記憶を意味します。
- プログラミングに関する潜在記憶を強化するには、タッチタイピングやキーボードショートカットの使い方など、関連するスキルを自動化するとよいでしょう。
- プログラミングに関連する顕在記憶を強化するには、既存のコードについて学び、可能なら、そのコードがどのように設計されたかについて説明を受けるとよいでしょう。

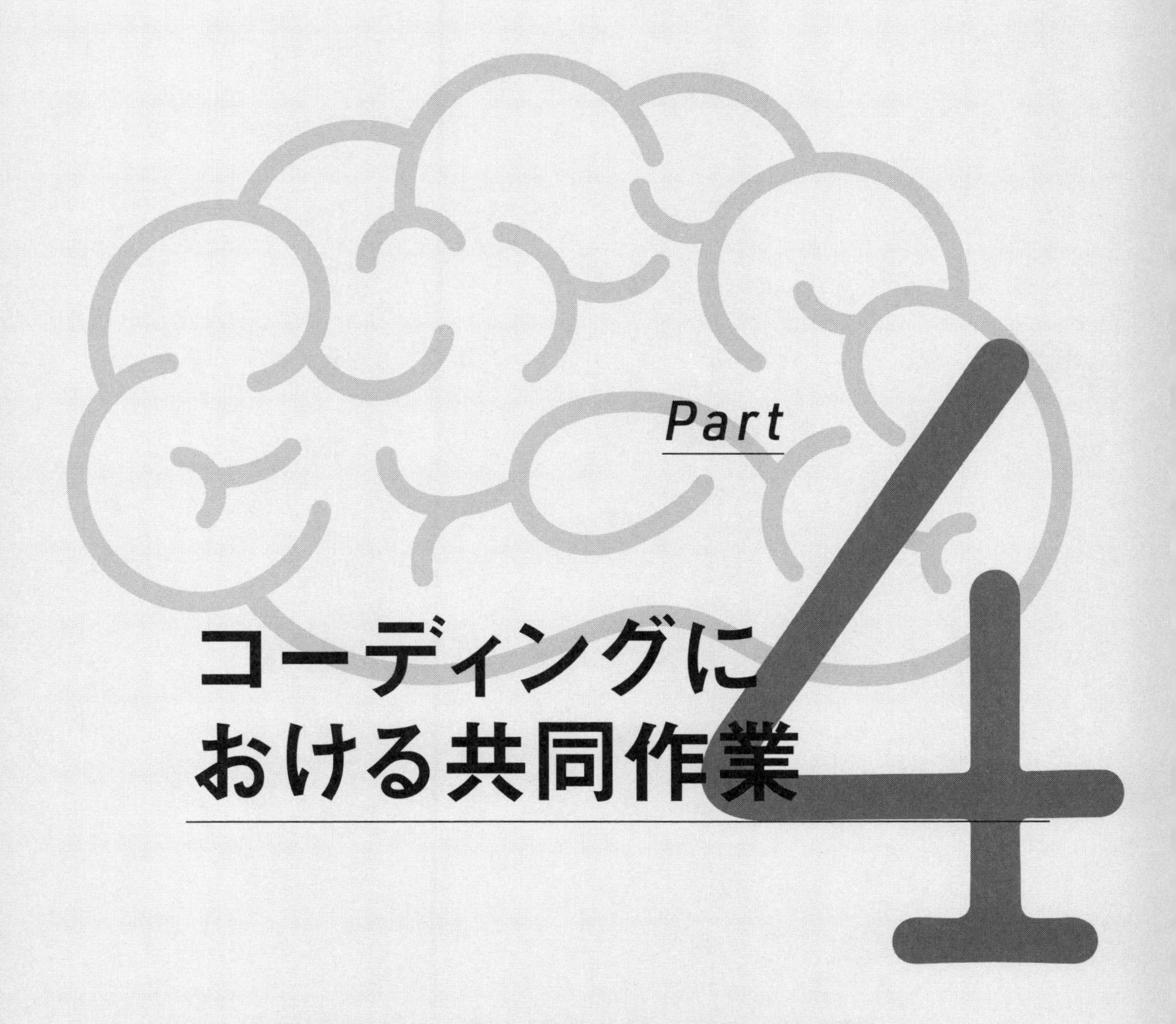

Part 4 コーディングにおける共同作業

ここまで本書では、開発者個人に焦点を当てて解説を行ってきました。しかし実際には、ソフトウェアはチームで開発されるものです。本書の最終部では、同僚に邪魔されることなく、コーディングに集中したフロー状態になる方法について説明します。また、大きなシステムにおいて、他の人が簡単にプロジェクトに参画できるようにする方法や、オンボーディングのプロセスについても説明します。

Chapter 11

コードを書くという行為

本章の内容

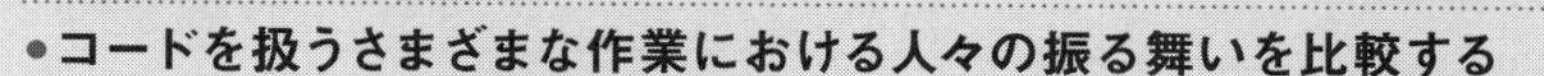

- コードを扱うさまざまな作業における人々の振る舞いを比較する

- 様々な作業をより効果的に行うため、どのように脳をサポートすればよいかを試す
- 作業の中断が、開発者の仕事にどのような影響を与えるかを調べる
- 作業の中断から回復するための記憶の使い方を理解する

本書ではここまで、コードを読んだり書いたりするときに、どのような認知プロセスが関わっているかを調べてきました。そして前章では、コードを読みやすく書く方法と、問題をうまく解決する方法について学びました。

本章では、コードそのものに注目するのではなく、人がプログラミングという行為を行う際に、どのような認知プロセスが働いているかを見ていきます。まずは、誰かが「プログラミングをしている」というとき、それがいったい何を意味しているのかを調べてみましょう。そして、プログラミングという行為を構成するさまざまな作業を見ていき、そうした作業をサポートするベストな方法について考えていきます。

その後、プログラマーにとって非常に忌まわしいイベントである「割り込み」の認知的意味について考察してみます。プログラミング中に割り込みが発生することがなぜ厄介なのかを調べ、割り込みを少なくするために何ができるかを検討します。本章を読み終える頃には、プログラミング活動をよりうまく行い、割り込みに対処する能力を身に付けることができているはずです。

11.1 プログラミング中のさまざまな活動

プログラミングをしているとき、あなたはさまざまな異なる作業を行っています。これらの活動は、英国の研究者トマス・グリーン（Thomas Green）、アラン・ブラックウェル（Alan Blackwell）、マリアン・ペトラ（Marian Petre）（彼らの研究は第12章でより詳しく取り上げます）らによるCDN（cognitive dimensions of notation）というフレームワークによって説明されたものです。このフレームワークでは、プログラミング中に行う作業を「検索」「理解」「転写」「増強」「探索」という5種類に分類しています。

図11.1では、それらの5つのプログラミングにおける活動と、それぞれで具体的にはどういうことを行っているのか、その活動を難しくしている原因は何かということをまとめたものです。

活動	タスク					記憶システム
	実行	コーディング	テスト	リーディング	リファクタリング	
検索	✓			✓		短期記憶
理解	✓		(✓)	✓	(✓)	ワーキングメモリ
転写		✓				長期記憶
増強	✓	✓	✓	✓	(✓)	3つともすべて
探索	✓	✓	✓	✓	(✓)	3つともすべて

図11.1　プログラミング活動の概要と使用頻度の高い記憶システム

11.1.1 検索

検索は、コード内を調べ、特定の情報を探す作業のことを指します。その情報とは、たとえば、対処すべきバグの正確な位置、特定のメソッドが呼び出されるすべての箇所、変数が初期化される位置などが挙げられます。

検索を行う際には、コードを読んだり実行したり、その際にブレークポイントやデバッガを使ったり、print文を使って処理内容を出力したりします。検索という作業は、短期記憶に負担をかけます。何を検索したのか、コードのどの場所をすでに検索したのか、なぜ検索したのか、さらに詳しく検索する必要があるのかなどを覚えておく必要があるからです。したがって、この活動は、メモを用意して、覚えていることの一部を紙やコード上の別のドキュメントに書き記しておくことによって、負担を軽減できます。どのような情報を探しているのか、次にどこを探すのか、すでに何を見付けたのかなどを書き留めましょう。

リファクタリングを説明する際に述べたように、コードに一時的な変更を加えることで、作業をやりやすくするという手法があります。コード内を検索する場合には、なぜそのコードを訪れたのか、コメントで自分用の小さな痕跡くずを残しておくと便利でしょう。たとえば、「このメソッドを読んだのは、pageクラスの初期化に関係しているかもしれないと思ったから」というようなコメントは、さらに検索を進めるにあたって同じ部分を再び読んだときに役立つでしょう。会議や終業時間が迫っていて、検索をそれまでに終えることができないと感じたときなどには、特にこの方法が有効です。検索したステップを書き留めておくと、後で検索を再開した際に役立つはずです。

11.1.2 理解

理解という活動は、コードを読んで実行し、その機能を把握することを意味します。検索と似ていますが、理解は、そのコードが何をするのかの詳細をよく理解していない状態であることが前提となります。そのコードを書いたのが随分と前で詳細を忘れてしまっていたり、誰か他の人が書いたコードであったりといったことが、その理由として挙げられるでしょう。

第5章でも触れたように、開発者は既存のソースコードを理解するのに平均して58%もの時間を費やしています。

コードを読んで実行することに加えて、コードがどのように動作するかを理解するためにテストコードを実行することも理解という活動に含まれます。また、第4章で説明したように、コードを理解しやすくするためのリファクタリングも理解という活動に含まれます。

理解という活動は、ワーキングメモリに負担をかけるものであるため、コードのリファクタリングが役に立ちます。まだ完全に理解していないコードについて、推論を行う必要があるため、ワーキングメモリの働きを助けるようなテクニックは、理解という活動に対して最も有効に働きます。コードのモデルを図に書き起こし、新しい情報を知るたびに、それを更新するようにしましょう。そうすれば、自分の脳から情報を取り出すのではなく、外部の媒体から情報を取り出すことができるようになり、より楽に作業を進めることができます。また、手元にモデルがあることで、コードに対して抱いていた誤解を発見することもできる可能性があります。また、万が一、理解のための作業を途中で中断しなければならなくなった場合でも、メモとモデル図があれば、作業を再開することも難しくなくなります。

11.1.3 転写

転写は、「単にコードを書く」という活動です。コードに何を追加したり、あるいは既存のコードを変更するような具体的な計画をすでに立てていて、それを実行する作業です。最も純粋な形は、単にコーディングをしているだけで、他に何もしていない状況です。

転写は主に長期記憶に負担をかける作業です。なぜなら、コードを書くためには、プログラミングの文法を思い出す必要があるからです。

11.1.4 増強

増強は、検索と理解、転写をすべて組み合わせたものです。コードを増強するというのは、新しい機能を追加するという意味です。そのために、既存のコードの中で、コードを追加する場所を検索し、コードを追加する場所と方法を理解し、実装のアイデアを実際に構文に転写する必要があります。

増強は、さまざまな活動の集合体であるため、3つの記憶システムすべてに負担がかかる可能性があります。そのため、プログラマーにとって最も一般的である増強活動は、メモや理解のためのリファクタリングといった形で、記憶を補助することがとても重要になってきます。

利用しているプログラミング言語、および対象とするコードベースに関する経験は、どの記憶システムに最も大きな負担を与えるかに影響します。そのプログラミング言語をよく知っているなら、長期記憶は構文を思い出すことにあまり負担を感じないかもしれません。一方で、対象とするコードベースをよく知っていれば、ワーキングメモリと短期記憶はコードの検索と理解に大きな負担を感じない可能性があります。

しかし、コードベースとプログラミング言語のどちらか（あるいは両方）にあまり馴染みがない場合、増強は大変な作業になる可能性があります。そういった場合は、可能であれば、そのタスクを小さなサブタスクに分割するようにしてみてください。どのようにサブタスクに分割するかを考えることによって、それぞれの記憶システムに適切な補助を与えることができます。関連する情報を検索することから始め、それを理解し、必要なコードを追加していくというプロセスを強く意識しましょう。

11.1.5 探索

グリーン、ブラックウェル、ペトラが提唱した5番目の活動はコードの探索です。探索というのは、いわばスケッチを描くようにコードを書くことです。つまり、最終的にどういう形にしたいかということについては漠然とした考えしかないままにプログラムを書き始め、プログラムを書き続ける中で、何が問題であるか、どういうコードを書かなければならないかを徐々に明らかにしていくことをいいます。

増強の作業と同様に、探索中は、コードを書き、コードを実行し、正しい方向に進んでいるかどうかを確認するためにテストを実行し、既存のコードを読み、徐々に明らかになる計画に沿うようにコードをリファクタリングするなど、プログラミングに関する多くの異なる作業を次々と行うことになるはずです。

そういった作業の例としては、小さな変更がテストに影響を与えたかどうかを確認するためにテストを実行したり、自動リファクタリングツールを使用したり、コードをすばやくナビゲートするために「依存関係の検索」に頼ったりすることが挙げられます。

探索には、IDEなどのツールが大いに頼りになるでしょう。たとえば、小さな変更を行ったとき、それが他のテストに影響を与えたかどうかをチェックするためにテストを実行したり、コード内を素早く行き来するために、「依存関係を探す」といった機能を利用するはずです。

探索もまた、さまざまな活動に依存しているため、3つの記憶システムすべてに負担がかかります。そして、プログラミング中に、その場その場で計画や設計を行っているため、特にワーキングメモリに負担がかかります。そんなときは、計画をドキュメントに書き残すとよいでしょう。そんなことをすると考えが中断され、速度が遅くなると感じるかもしれません。しかし、設計の方向性や決定事項を大まかにメモしておくことで、問題をより深く考えるための精神的な余裕が生まれるので、非常に役に立つはずです。

11.1.6 デバッグはどう分類するか

このフレームワークについて議論するとき、なぜデバッグが5つの活動に含まれていないのかと不思議に思う開発者は少なくないでしょう。その答えは、デバッグしているときには、この5つの活動すべてが関わっているケースが多いからです。デバッグは、バグを修正すること自体ももちろん含まれますが、それ以外に、修正する前にバグの場所を見付けることから始めなければならない場合も多々あります。

したがって、デバッグは、探索、検索、理解、そしてコードを書くという順序で行われることが多く、5つの活動の混合と表現することができるわけです。

演習 11.1

何かのコードを書く際に、CDNフレームワークの5つの活動について意識してみましょう。あなたはどの活動を最も多く実行していたでしょうか。検索、理解、転写、増強、探索それぞれの作業の中で、どのような障壁に遭遇しましたか。

	活動	タスク	費やした時間
探索			
検索			
理解			
転写			
増強			

11.2 中断されるプログラマー

近年、多くのプログラマーは、仕切りのないオープンな空間のオフィスで仕事をしています。こういう空間は、集中を妨げ、思考に割り込みを発生させる要素がたくさんあります。このような割り込みは、私たちの脳と生産性にどのような影響を与えるのでしょうか。現在オランダのデルフト工科大学に所属しているリニ・バン・ゾーリンゲン（Rini van Solingen）教授は、1990年代半ばにすでにプログラマーの割り込みについて研究を行っていました。

バン・ゾーリンゲン教授が2つの異なる組織で調査を行ったところ、どちらの組織でも驚くほど同じような結果が得られました。そこで働く人たちは、頻繁に割り込みが発生する状況にあり、一度割り込みが発生すると、15～20分は割り込まれた作業にかかってしまうことがわかったのです。開発者の時間の約20%は、そうした割り込みの作業に費やされていたのです。そしてSlackなどのメッセージングアプリの利用が増えた現在では、割り込みはより頻繁に起こるようになっているでしょう[※1]。

割り込みについては、最近も研究が進んでいます。第3章に登場したクリス・パーニン教授も、86人のプログラマーの1万回のプログラミングセッションを記録して、割り込みの研究を行っています。この研究で、パーニン教授はバン・ゾーリンゲン教授の割り込みがよくあることだという発見が正しいことを確認しました。パーニン教授の研究によると[※2]、平均的なプログラマーが2時間のコーディングセッション中に一度も邪魔されないのは、1日に1回だけだったとのことです。開発者自身も、そうした割り込みによる作業の中断が問題であることに同意しています。マイクロソフトの調査によると、62%の開発者が割り込みによる中断から元の作業へ復帰する手間が、深刻な問題だと考えていることが明らかになっています[※3]。

11.2.1 プログラミング作業にはウォームアップが必要

第9章において、認知的負荷の測定に用いる手法としてfNIRS装置について触れました。fNIRSの活用によって、どのようなコードが認知的負荷を引き起こすかだけでなく、認知的負荷がどのようにタスクに分布しているかについても研究が進んでいます。

2014年、奈良先端科学技術大学院大学の中川尊雄氏は、fNIRS装置を使って脳活動を測定しました[※4]。この研究では、C言語で書かれた同じアルゴリズムの2種類の異なる実装例を参加者に読んでもらいました。1つ目は一般的な実装、2つ目は研究者が意図的に複雑になるように実装したものです。たとえば、ループカウンタやその他の値を頻繁に不規則に更新されるようにするなどの変更が加えられていました。ただし、そうした変更はプログラムの機能を変更するものではなく、あくまでも動作は同じものでした。

※1 Rini van Solingenほか『Interrupts: Just a Minute Never Is』（IEEE Software, vol. 15, no. 5）。https://ieeexplore.ieee.org/document/714843

※2 Chris Parnin、Spencer Rugaber『Resumption Strategies for Interrupted Programming Tasks』。https://ieeexplore.ieee.org/document/5090030

※3 Thomas D. LaTozaほか『Maintaining Mental Models: A Study of Developer Work Habits』。https://dl.acm.org/doi/10.1145/1134285.1134355

※4 Takao Nakagawaほか『Quantifying Programmers' Mental Workload during Program Comprehension Based on Cerebral Blood Flow Measurement: A Controlled Experiment』。https://posl.ait.kyushu-u.ac.jp/ ~kamei/publications/Nakagawa_ ICSENier2014.pdf.

その実験から、2つの興味深い結果が得られました。まず10人中9人の被験者について、タスク中を通じての認知的負荷が大きく変化していたことです。これは、プログラミング中にはずっと難しい作業が続くわけではなく、難しい瞬間もあれば、比較的簡単な瞬間もあったことを意味します。また、タスクの中で最も血流が増加する時間帯、すなわち認知的負荷が最も大きくなるのがいつだったのかを調べました。その結果、タスクの途中での認知的負荷が最も高いことがわかりました。

この結果から推測できることは、プログラムの理解タスクには、ある種のウォームアップとクールダウンの段階があり、その間に最も困難な作業が行われているのかもしれないということです。職業プログラマーは、コードのメンタルモデルを構築し、転写活動を開始する準備をするために必要なウォームアップの時間を「ゾーンに入る」と認識しているのでしょう。本章の前半で説明したように、より大きなプログラミングのタスクを行う際には、その中で行われる活動をなるべく意識しておくことが有効です。

11.2.2 割り込みが発生すると、その後どうなるのか

パーニンは、割り込みが発生して作業が中断してしまうと、その後どうなるのかを調べ、当然のことながら、割り込みによる中断は生産性を著しく低下させることを突き止めました。作業が中断された後、コードの編集を開始できるまでには約25分かかることがわかったのです。メソッドの編集中に中断された場合、プログラマーが1分以内に作業を再開できたケースは、調査した全体のうちのたった10%に過ぎませんでした。

コードの編集作業に戻るために、人々はどんなことをしているのでしょうか。パーニンの実験の結果から、ワーキングメモリは、プログラマーが作業しているコードに関する重要な情報を中断によって失っていることがわかります。この研究では、プログラマーは、コードに関するコンテクストを再構築するために、意識的な努力を必要することがわかっています。また、被験者たちは後で戻ってくるために、目印を残すこともよく行いました。たとえば、適当な文字を挿入してコンパイルエラーが起こるようにしておくといったことです。パーニンは、このことを**ロードブロックリマインダ**と呼んでいます。これは、作業の途中で続きをやるのを忘れてしまわないように、何をやっていたのかを確実に思い出せるようにしておくことを意味します。また、最後の手段として、現在のソースコードとmasterブランチの間のdiffをとる被験者もいましたが、その方法は実際の変更場所を知るのが少し面倒かもしれません。

11.2.3 割り込みに備えるためのよい方法

ということで、割り込みの発生は日常茶飯事であり、そこからの回復には時間がかかることがわかりました。そこで、こうした割り込みにうまく対応できるように、割り込みを受けたときに脳内で何が起こっているのかをもう少し詳しく見てみることにしましょう。ここでは、割り込みに対処するためのテクニックを3つ紹介します。

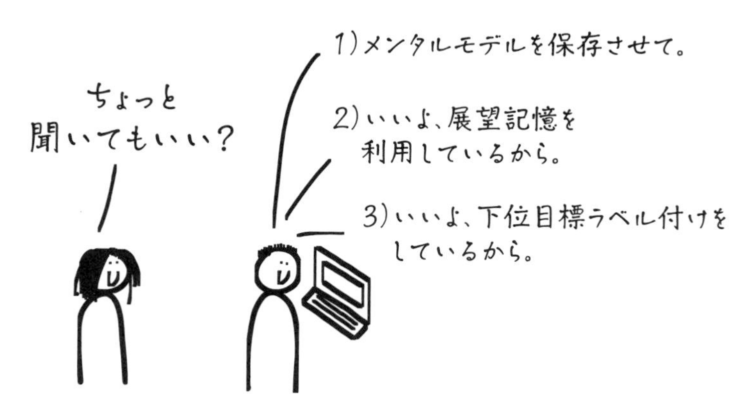

図11.2　割り込みからの回復を助ける3つのテクニック

● メンタルモデルを保存する

本書では、メモを取ったり、モデルを描いたり、コードをリファクタリングして脳に負担をかけないようにするなど、ワーキングメモリや短期記憶をサポートするために使えるさまざまなテクニックについて説明しました。これらのテクニックは、割り込みから復帰する際にも有効に利用できます。

中川氏の調査結果から、理解活動にはウォームアップ期間が必要で、それは手元のコードのメンタルモデルを構築することに使われる可能性が高いことがわかりました。したがって、メンタルモデルの一部をコードとは別に、どこかに記録しておけば、その分、そのモデルを素早く頭の中に再構築することができるのです。また、コード中にコメントでメンタルモデルに関するメモを残すこともよいでしょう。

コードはそれ自身がドキュメントとして機能するため、コメントは不要と考え、コメントを多く残すことに批判的な開発者もいます。しかし、コードだけで「プログラマーの思考過程」を説明できることはほとんどなく、コードだけで作成者のメンタルモデルを適切に表現できていることは、かなり稀です。たとえば、利用しているアルゴリズムを選定した理由、コードの目標、他にどんな実装方法を検討したのかといった情報は、コードから読み取ることは難しいでしょう。しかし、こうした背景情報がどこにも書かれていないとしたら、コードの文脈から読み取れることはあまり多くない上に、時間のかかる作業になってしまいます。ジョン・オースターハウト（John Ousterhout）氏は著書『The Philosophy of Software Design（ソフトウェア設計の哲学）』（Yaknyam Press, 2018）の中で、このことを「コメントの持つ大きな目的は、設計者の頭の中にあったものの、コードで表現できなかった情報を捕らえることである」と述べています。

ドキュメントを残すことは、コードを読む他の人にとって非常に有益であるだけでなく、あなた自身にとっても、自分自身のメンタルモデルを一時的に外部に保存して、後でプログラミングを続けることを容易にしてくれます。フレデリック・ブルックス（Frederick Brooks）氏は著書『The Mythical Man-Month』(Addison-Wesley, 1995)[※5]の中でも、「コメントは常に存在しており、プログラムの理解のプロセスにおいて最も重要なものである」と述べています。紙に書いたメモやドキュメントも大切ですが、コーディングを再開する際に関連するドキュメントを探すことは、それ自身が余計な負荷になってしまう可能性があります。

電話の呼び出しのように、割り込みが即座に対応しなければならないものではなく、Slackのメッセージや、声をかけてきてくれた同僚に「少し待ってほしい」といえる場合などは、コードの最新のメンタルモデルをコメントに書き出しておく「ブレインダンプ」を行うとよいかもしれません。常にというわけにはいきませんが、作業の再開がとてもやりやすくなる可能性があるからです。

●展望記憶を補助する方法

2つ目のテクニックを紹介するにあたって、記憶の種類をもう少し深く掘り下げてみる必要があります。第10章では、潜在記憶と顕在記憶、あるいは宣言的記憶と手続き記憶と呼ばれる2つのタイプの記憶について学びました。

実はもう1つ、過去ではなく未来に関係する記憶のタイプがあり、それは「展望記憶(prospective memory：前方視的記憶、予期的記憶とも呼ばれる)」という名前が付けられています。このタイプの記憶は、計画や問題解決と密接な関係があります。帰り道で牛乳を買うのを忘れないようにと自分に言い聞かせたり、ある汚いコードの一部を後でリファクタリングすることを心に留めておくようなとき、展望記憶を使っています。

開発者がどのように展望記憶を利用しているかということを調べた研究は、いくつか存在しています。それらの研究では、開発者が展望記憶の抱える問題に、どのように対応してきたのかが明らかになってきています。たとえば、開発者は作業中のコードに「TODO(後で実装する)」というコメントを追加して、後で未完成のコードを完成させたり改善したりすることを忘れないようにしようとします[※6]。しかし、皆さんもおそらく経験があるでしょうが、こうしたTODOコメントはずっとコード中に残り続け、実際に後で書かれないままになってしまうこともよくあります。図11.3に示したのは、GitHubで「TODO」という単語を含むコードを検索した結果で、その結果、この時点で1億3,600万件ものTODOがコード上に残っていることがわかりました。

※5　邦訳『人月の神話 新装版』(滝沢徹、牧野祐子、富澤昇 訳／丸善出版／ISBN78-4-621-06608-9)

※6　Margaret Ann Storeyほか『TODO or to Bug: Exploring How Task Annotations Play a Role in the Work Practices of Software Developers』。https://dx.doi.org/doi:10.1145/1368088.1368123.

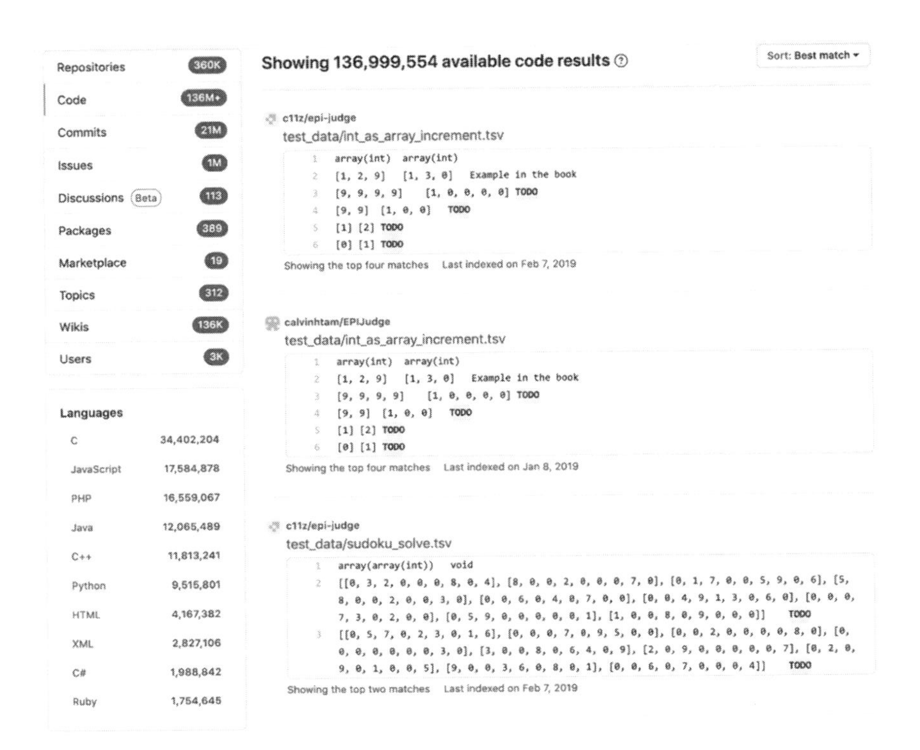

図11.3　コードにはTODOコメントが解決されずに残ってしまうことがある

プログラマーは、TODOコメントや意図的なコンパイルエラーだけではなく、デスクワークをする他の職種の人と同じように、付箋を机に貼ったり自分宛にメールを送ったりして、展望記憶を補助しようとすることもあります。紙のメモやメールは、コードから切り離されている情報なので、デメリットはあるものの、役に立つことも事実でしょう。

パーニンは、展望記憶を補助できるようなVisual Studioのプラグインも開発しています※7。このプラグインを使うと、たとえばコードにTODO項目を追加し、期限を設定することで、タスクに取り組むのを忘れないようにすることができます。

●下位目標のラベル付け

下位目標（Subgoal：サブゴール）のラベル付けとは、問題を小さなステップに分割し、それをテキストとして記述することです。たとえば、テキストを解析して再構築するタスクの場合、次のような手順が考えられます。

1. テキストを解析し、木構造を構築する
2. その木構造をフィルタリングする
3. 木構造をテキストに戻す

※7　https://marketplace.visualstudio.com/items?itemName=chrisparnin.attachables

このタスクのケースでは、ステップ自体は考えるのも覚えるのも難しくないのですが、それでもなお、割り込みによって途中で作業を中断されると、作業を再開した時に何をしようとしていたかを思い出すのは面倒なことです。筆者は、大きめのプログラミングタスクを作業する場合には、まず次のようにコードにステップをコメントとして書くようにしています。

```
# テキストを解析
# 木構造を取得する
# 木構造をフィルタリング
# 木構造をテキスト形式に戻す
```

こうしておけば、何をしようとしていたかは、このコメントを見るだけでいつでも思い出すことができるようになります。ジョージア州立大学の学習科学部学習技術学科のローレン・マーギュリウス（Lauren Margulieux）教授による研究では、下位目標をあらかじめ提供すると、プログラマーは解決策を頭の中で整理する際にそれを利用することが示されています※8。

下位目標は、割り込みによる中断後に自分の考えを再び整理するのに非常に役立ちますが、利点はそれだけではありません。たとえば、コード中で下位目標のうちのいくつかはコメントとして記述され、それが後でドキュメントとして機能することになります。また、シニアプログラマーが下位目標を設定し、それを元に、他のプログラマーが大きなタスクの各部分を分担して実装するといった共同作業にも利用できます。

11.2.4 プログラマーに割り込みを行う場合

第9章では、対象人物の認知的負荷を検出する方法として、質問票を用いたり脳の活動を測定したりといった、さまざまな方法を取り上げました。しかし、あるタスクが生み出す認知的負荷を調べる方法は、他にもあります。

その例としては、二重課題の測定が挙げられるでしょう。二重課題とは、被験者がある課題に取り組みながら並行して行う、もう1つ別の課題のことです。たとえば、数学の方程式を解いている最中に、無作為なタイミングで画面上にAという文字が表示されるとします。それが表示されたら、被験者はできるだけ早くそのAの文字をクリックしなければなりません。このような2番目のタスクをどれだけ早く正確に行うことができるかが、認知的負荷の大きさを測る上でのよい指標となるのです。研究者は、二重課題の測定が認知的負荷を推定するよい方法であることを発見しました。しかし、二重課題を使った評価は、欠点もあることはすぐにわかるのではないでしょうか。2番目の課題自体が認知的負荷をさらに与えてしまうことで、元の課題に影響を与える可能性があるのです。

二重課題の測定を用いて、認知的負荷と割り込みによる中断の関係を調査する研究も行

※8 Lauren E. Margulieuxほか『Subgoal-Labeled Instructional Material Improves Performance and Transfer in Learning to Develop Mobile Applications』。https://doi.org/10.1145/2361276.2361291.

われています。イリノイ大学のコンピューターサイエンスの教授であるブライアン・P・ベイリー（Brian P. Bailey）氏は、そのキャリアの大部分を割り込みの因果関係を明らかにすることに捧げています。

彼の2001年の研究※9では、50人の被験者に、割り込みを受ける状況下でタスクを実行するように求めました。この実験では、マス目の中の単語の出現を数えるタスクや、文章を読んでその文章に関する質問に答えるタスクなど、さまざまなタイプのタスクが用いられ、これらの一次課題を実行している間に、被験者はニュース速報の見出しや株式市場の最新情報など、無関係な情報による割り込みを受けました。この研究は、2つのグループで行われました。一方のグループは主要なタスクの実行中に割り込みを受け、対照として、もう一方のグループはタスクを完了した後に割り込みを受けました。

この実験の結果はそれほど驚くものではなかったのですが、割り込みによる作業の中断について、より深い洞察を与えてくれるものではありました。タスクを行う際に割り込みが発生すると、割り込みが発生していない場合に比べて時間がかかること（割り込み中の別のタスクを行っている時間は計算に入れない）、割り込みが発生した際には、発生していない場合に比べて完了が困難であると人々が感じるようになることがわかったのです。

ベイリー氏は、タスクにかかる時間と難易度の関係だけではなく、被験者の感情についても調査しました。その実験では、割り込みタスクが発生するたびに、被験者はイライラや不安の度合いについての質問に答えさせられました。これらの質問の結果、割り込みタスクが発生することと、イライラや不安の度合いには関連があることがわかりました。あるタスクをこなしている最中に割り込みが発生したグループでは、タスクの後に割り込みが発生したグループよりもイライラ度が増していたのです。不安度についても同様で、タスク実行中に割り込みが発生したグループのほうが多く不安を感じていることがわかりました。2006年に、類似した条件で行われた追試では、タスク実行中に割り込みが発生した場合、ミスをする度合いも2倍に増えることがわかりました※10。

この結果からは、プログラマーに割り込みを行わなければならない場合にも、都合のよいタイミング（たとえば作業を完了した後）にできれば、有益であるという結論が導き出せます。この結果に基づいて、当時チューリッヒ大学の博士課程に在籍していたマニュエラ・ズーガー（Manuela Züger）氏は、は、「フローライト」というインタラクティブな照明を開発しました。

「フローライト（https://emea.embrava.com/pages/flow）」は、開発者が机の上や画面の上に置くことができる物理的な照明器具です。フローライトは、タイピング速度やマウスのクリックなどのコンピュータの操作の仕方に基づいて、プログラマーがそのタスクに深く集中しているか、高い認知的負荷を経験しているかを検出します。これは、一般的に「イン・ザ・フ

※9 Brian P. Baileyほか『The Effects of Interruptions on Task Performance, Annoyance, and Anxiety in the User Interface』。http://mng.bz/G6KJ.

※10 Brian P. Bailey『On the Need for Attention-Aware Systems: Measuring Effects of Interruptions on Task Performance, Error Rate, and Affective State』（Computers in Human Behavior, vo.22, no.4, pp.685-708, 2006）。http://mng.bz/zGAA.

ロー」「イン・ザ・ゾーン」とも呼ばれる状態です。プログラマーがゾーンに入っていて割り込みをかけるべきではないときには、フローライトは赤く点滅します。プログラマーの活動が少し低下すると、点滅は止まって赤く点灯し、プログラマーがフロー状態を脱し、割り込みをかけてもよい状態になると緑色になります。

ズーガー氏は、12カ国から400人以上の被験者を集めた大規模なフィールドスタディを行い、フローライトが割り込みを46%減らせることを示しました。実験終了後も多くの参加者がフローライトを使い続け、フローライトは現在では商品化されています※11。

11.2.5 マルチタスクに関するいくつかの考察

ここまで割り込みについて説明してきましたが、その中で、みなさんはマルチタスクという概念を思い出したかもしれません。割り込みによる中断は、本当に悪いことなのでしょうか。私たちの脳は、マルチコアプロセッサのように同時に複数のことを実行できないのでしょうか。

● マルチタスクと自動化

残念なことに、人は認知的負荷の高い作業をマルチタスクでこなすことはできません。それには、非常に多くの証拠があります。とはいっても、それだけでは納得しないかもしれません。あなたは、もしかしたら音楽を聴きながら本書を読んでいるかもしれませんし、ランニングや編み物をしながら本書をオーディオブックで聴いているかもしれません。それなのに、どうして人は同時に2つのことができないと言い切れるのでしょうか。

情報を記憶する際の「認知的」「連合的」「自律的」という3つの段階を思い出せば、その理由が理解できるはずです。つまり、自律的段階に達していない2つ以上のタスクは、同時にこなすことができないのです。母国語で文章を読むこと自体は、意識的に学んだりする必要のないことなので、編み物などの他の自律的段階にある作業を行いながらでも行うことができます。しかし、これまでに知らなかった情報がたくさん含まれている難しい内容を説明している文章を読んでいるときには、集中力を高めるために手を止めたり音楽を小さくしたいと考えるのではないでしょうか。つまり、あなたの脳が「今はマルチタスクは無理です」といっているのです。車を駐車する際に、ラジオの音を小さくするのも、これと同じ理由です。

この説明を聞いてもまだ、自分の脳が信じられないのであれば、マルチタスクが思ったほどうまく機能しないことを示す科学的知見を見てみましょう。

● マルチタスクに関する研究

現在、マサチューセッツ総合病院医療専門職研究所の定量的手法の教授であるアニー・ベス・フォックス（Annie Beth Fox）は、2009年にインスタントメッセンジャーを使いながら

※11 Manuela Züger『Reducing Interruptions at Work: A Large-Scale Field Study of FlowLight』。https://www.zora.uzh.ch/id/eprint/136997/1/FlowLight.pdf

文章を読んでいた学生と、文章だけに集中していた学生の比較を行いました※12。どちらのグループも同じように文章を理解はしていましたが、インスタントメッセンジャーを使っていたグループは、文章を読むのにも、その後にそれに関する質問に答える際にも、約50%多くの時間を必要としました。

先に発言を紹介した、オランダの心理学者ポール・キルシュナーは、2010年に約200人の学生を対象に、Facebookの使い方に関する調査を行いました。その結果、Facebookのヘビーユーザーの学生も、そうでない学生も、同じように勉強をしていましたが、ヘビーユーザーの成績平均は著しく低くなっていました。特に、メッセージを受信したら即座に返信するタイプの学生には、その傾向が強く見られました。ただし、興味深いのは、マルチタスクをする人自身は、それが非常に生産的な行為だと感じていることが多いという点です※13。

学生があるタスクを実行しながら、メッセンジャーを使ってパートナーとなる被験者とコミュニケーションをとるという実験では、学生自身は自分のパフォーマンスに満足していたものの、パートナーとなる被験者は、パフォーマンスについて遥かに低い評価を下していました※14。このことは、Slackでチャットしながらプログラミングをすることは、仕事をきちんと終わらせる上での最適な方法ではない可能性を示していません。

本章のまとめ

- プログラミングを行う際には、検索、理解、転写、増強、探索といった、さまざまなプログラミング活動を組み合わせて実行しています。それぞれの活動は、異なるタイプのメモリシステムに負担をかけるため、個々の活動を効果的に行うためのテクニックは、各々で異なります。
- プログラミング中の割り込みは、単に煩わしいというだけではなく、コードのメンタルモデルを再構築するのに時間がかかるため、生産性を低下させてしまいます。
- 割り込みによる中断にうまく対処するには、メンタルモデルを、メモ、ドキュメント、コメントなどに書き出しておくのが効果的です。
- タスクを完了できない場合は、今後の予定を文章として書き出しておくことで、展望記憶の働きを助けることができます。
- フローライトやSlackのステータスの設定などで、認知的負荷が低いとき以外に割り込みが発生しないように周りにアピールしましょう。

※12 A Annie Beth Foxほか『Distractions, Distractions: Does Instant Messaging Affect College Students' Performance on a Concurrent Reading Comprehension Task?』(Cyberpsychology and Behavior, vol. 12, pp.51–53, 2009)。https://doi.org/10.1089/cpb.2008.0107

※13 Paul A. Kirschner、Aryn C. Karpinski『Facebook® and Academic Performance』(Computers in Human Behavior, vol. 26, no. 6, pp.1237–1245, 2010)。http://mng.bz/jBze

※14 LingBei Xu『Impact of Simultaneous Collaborative Multitasking on Communication Performance and Experience』(2008)。http://mng.bz/EVNR

Chapter 12

より大きなシステムの設計と改善

本章の内容

- コードの理解のしやすさが、コードの設計の方針によってどのように影響を受けるのかを調べる
- コードの設計方針によるトレードオフを理解する
- 既存のコードベースの設計を改善し、より認知的な処理をやりやすくする

本書ではこれまで、コードの読み書きを最適化する方法について説明してきました。その中で、コードを読んだり書いたりするときに、認知プロセスがどのような役割を果たすかについても学ぶことができました。大規模なコードベースでは、そのコードが理解しやすいかどうかということは、コードの各部分の読みやすさや理解しやすさだけではなく、コード全体をどのように構築しているのかということも大きく影響します。このことは、ライブラリやフレームワーク、モジュールといった、他のプログラマーが変更はしないものの頻繁に利用するようなコードでは特に当てはまります。

ライブラリやフレームワーク、モジュールなどについて言及する際に、どんな言語で書かれているかなどの技術的な側面について話題にすることは少なくありません。しかし、そうしたコードベースは、認知的な側面から見ることもできます。本章では、そのようにコードを認知的側面から調査する手法であるCDNについて解説します。CDNは、既存の巨大なコードベースについて、「このコードは他の人が変更が容易か」とか「このコードは他の人が内部の情報を見付けやすいか」といった質問に答える助けとなるものです。技術的側面だけではなく、認知的側面からコードを分析することで、人々がどのようにコードに接するかについて、より深く理解できるようになります。

CDNについて解説し、CDNがコードベースの理解にどのように役立つかを理解したら、続いて既存のコードの設計を改善するためにCDCB（cognitive dimensions of codebases：コードベースの認知的次元）というフレームワークを利用して、CDNをどのように活用するかを検討していきます。

前章では、5種類のプログラミングに関する活動を学びました。本章では、コードベースの特性がそれらの活動にどのような影響を与えるかについても見ていきます。

12.1 コードベースの特性を調べる

ライブラリやフレームワーク、モジュールなどについて言及する際に、技術的側面に言及することは少なくありません。「このライブラリはPythonで書かれています」であるとか、「このフレームワークはnode.jsで構築されています」「このモジュールはプリコンパイルされています」というような表現は、皆さんもお馴染みのものでしょう。

プログラミング言語について議論する場合、技術的な特性、たとえば、そのパラダイム（オブジェクト指向、関数型、またはその両方の混合）、型システムの存在、その言語がバイトコードにコンパイルされるのか他の言語に変換されるのかといった話はよく話題に出てきます。また、その言語やフレームワーク、ライブラリがどういう環境で動作するのか、たとえば、このプログラムはWebブラウザ上で動作するのか、仮想マシン上で動作するのかなどにも注目できます。これらはすべて、技術的な領域（つまり、その言語ができること）に関わる話題です。

しかし、こうしたライブラリやフレームワーク、モジュールなどについての議論の中で、コンピュータではなく、あなた自身の脳に何をもたらすかについて議論することもできます。

演習 12.1

最近読んだコードの中で、あなたが自分で書いたのではないものを1つ思い出してください。何らかのライブラリで、関数を呼び出す方法を調べるためにコードを読む必要があった場合や、フレームワークのバグを修正するためにコードを読んだ場合などが挙げられるでしょう。

そのコードに関して、次の質問に答えてみましょう。

- あなたの作業を簡単にしたものはありましたか（たとえば、きちんと書かれたドキュメント、適切な変数名、コメントなど）。
- あなたの作業を難しくしたものはありましたか（たとえば、読みづらいコードやドキュメントの不備など）。

12.1.1 認知の特性

CDN（cognitive dimensions of notation：表記法の認知特性）は、既存の大規模なコードベースのユーザビリティを評価するために使用できます。CDNは、もともとイギリスの研究者であるトマス・グリーン、アラン・ブラックウェル、マリアン・ペトラによって作成されたもので、いくつかの異なる特性から構成されており、それぞれが手元のコードベースを調査する異なる方法を表しています。これらの特性は、もともとフローチャートなどの可視化の手法のために作られたものなので、このような名前が付けられていますが、その後、プログラミング言語にも適用されるようになりました。プログラミング言語は、フローチャートと同様に、思考やアイデアを表現するための表記法と見なすことができるのです。

グリーン、ブラックウェル、ペトラによる特性は、もともとは表記法、すなわち可視化の手法のためでしたが、本書ではプログラム言語やコードを対象に拡張を試みます。拡張したCDNを、本書では**CDCB**（cognitive dimensions of code bases：コードベースの認知特性）と呼び、コードベースを調査し、改善できるかを明らかにするために利用します。CDCBは、ライブラリやフレームワークなど、他のプログラマーがその思想を受け入れ、頻繁に呼び出して使うようなコードにおいて特に有効です。

まず、それぞれの特性について解説し、それぞれの特性がどのように相互作用するのか、そして、それらの特性が既存のコードベースを改善するためにどのように利用できるのかを見ていくことにします。

●エラーの発生しやすさ

最初に議論すべき次元は、**エラーの発生しやすさ**（error proneness）と呼ばれる特性です。ミスの起こしやすさは、プログラム言語によって異なり、ミスを発生させやすい言語というものが存在します。JavaScriptは現在最も人気のある言語の1つですが、少し変わった振る舞いをすることで知られている言語でもあります。

JavaScriptを始めとする動的型付け言語では、変数が生成されるときに、特定の型で初期化されることはありません。実行時にオブジェクトの型が不明確なので、プログラマーは変数に含まれるデータの型を間違えてしまい、それがエラーにつながることがあります。また、ある型の変数が、予期せず暗黙的に別の型に変換されることも、エラーの原因になりえます。Haskellのような強力な型システムを持つ言語は、コーディング時に型について意識せざるを得ないため、エラーが起こりにくいと考えられます。

また、プログラミング言語だけではなく、コードベースにも、コーディング規約の不徹底、ドキュメントの不足、名前の曖昧さなど、エラーが発生しやすくなる原因があります。

コードベースは、利用されているプログラミング言語から特性を引き継ぐことがあります。たとえば、Pythonで書かれたモジュールは、C言語で書かれたよく似たライブラリよりもエラーを起こしやすいでしょう。なぜなら、Pythonには、C言語ほど強力な型システムがないため、エラーを検出しづらいからです。

型システムはエラーを防ぐ

型システムがエラーを防ぐというのは、本当なのでしょうか。ドイツの研究者シュテファン・ハーネンベルグ（Stefan Hanenberg）氏は、JavaとGroovyをさまざまな角度から比較した実験を行い、型システムはプログラマーがより早くエラーを発見して修正するのに役立つことを実証しました。ハーネンベルグ氏の実験では、コンパイラがエラーを指摘した場所は、動的型付けの言語で書かれたコードにおいて、実行時にクラッシュする場所と同じであることが多かったのです。そしてもちろん、コードを実行するほうがコンパイルよりも時間がかかるので、実行時のエラーに頼ると開発速度は遅くなってしまいます。

ハーネンベルグ氏は、動的型付けの言語で書かれたコードでもエラーを減らすために、IDEのサポートを活用したりドキュメントを充実させたりとさまざまな方法を試しましたが、それでもなお、プログラマーがバグを発見するのにかかる時間やその精度は、静的型付けの言語のほうが動的型付けの言語よりも優れていました。

●一貫性

プログラミング言語やコードベースと開発者との将来の関係を予測するもう1つの方法は、**一貫性**がどれくらいあるかを調べることです。一貫性とは、同じような事柄がどれくらい同じように表現されているのかということを意味します。たとえば、第8章では識別指名の雛形について触れましたが、すべての変数が同じ雛形を使って表現されているかどうか、それは異なるファイル間でも同様に整合性がとれているかということは、一貫性の指標になるでしょう。

プログラミング言語における一貫性を計る上でよく用いられるのが、関数の定義です。あまりそういったことに気を留めてこなかったかもしれませんが、組み込み関数は、ユーザー定義関数と同じユーザーインターフェイスを持っており、まったく同じように呼び出すことができます。すなわち、print()やprint_customer()というような関数が呼び出されていても、それを見るだけでは、誰がその関数を作ったのかはわかりません。もしかしたら、それらは組み込み関数で、プログラム言語自体の開発者が作ったのかもしれないし、同じコードベース上のどこかに定義されているのかもしれません。

命名規約が定まっておらず、命名に一貫性がないフレームワークや言語は、より高い認知的負荷を引き起こします。なぜなら、それぞれの名前が何を意味するのかを理解するのに脳が多くのエネルギーを必要とし、関係する情報を見付け出すのに、より時間がかかってしまうからです。

第9章でも見たように、一貫性がないことは、バグの発生も多くしてしまいます。言語的なアンチパターン（たとえば、関数の名前がその実装と一致していないなど）が存在するコードは、よりエラーを起こしやすく、より高い認知的負荷を引き起こします。

● 拡散性

コードを読みづらくするようなコードの臭いについては、本書ですでに取り上げました。そして、よく知られているコードの臭いの1つに、長過ぎるメソッドがあります、これは、メソッドや関数が、あまりにも長く、理解するのが難しくなっている状態を意味します。

メソッドが長くなる原因は、プログラマーが必要以上に複雑な書き方をしてしまったり、1つのメソッドに多くの機能を詰め込もうとしてしまうことなどが挙げられます。また、プログラミング言語によっては、他の言語よりも多く書かないと同じ機能が実現できないようなものもあります。このような問題についての特性が**拡散性**（diffuseness）です。拡散性とは、プログラミングにおける構成要素が、どれだけ多くの記述や長さを必要とするかを表しています。

たとえば、Pythonではforループは次のように書きます。

```
for i in range(10):
    print(i)
```

C++で同じことを実現するには、次のようにします。

```
for (i=0; i<10; i++){
    cout << i;
}
```

単純にコードの行数だけを数えた場合、C++は3行、Pythonは2行になっています。しかし、拡散性はコードの行数だけではなく、コードがいくつのチャンクで構成されているかも考慮します。それぞれのチャンクの数を数えると、図12.1に示すように、Pythonは7、C++は9のチャンクで構成されています。

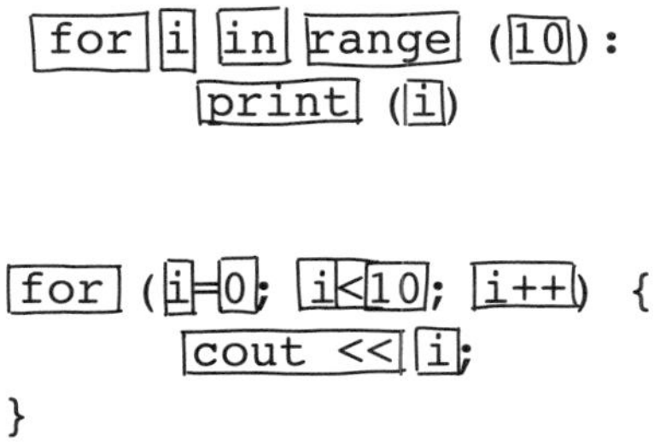

```
[for] [i] [in] [range] ([10]):
        [print] ([i])

[for] ([i]=[0]; [i]<[10]; [i++]) {
        [cout <<] [i];
}
```

⊗図12.1 Python（上部）とC++（下部）におけるシンプルなforループのチャンクの違い。

チャンク数に違いが出るのは、C++にPythonにはない要素（たとえばi++）があるためです。
同じプログラミング言語の中でも、同じ機能を記述するのに異なる拡散性のコードを書くこともできます。先にPythonにおけるリスト内包表記の例を取り上げましたが、ここでそれを再度見てみましょう。次に示す2つのコードは、まったく同じ処理を行うものです。

```
california_branches = []
for branch in branches:
    if branch.zipcode[0] == '9'
        california_branches.append(branch)
```

```
california_branches = [b for b in branches if b.zipcode[0] == '9']
```

下のコードのほうが拡散性が低くなっており、これは読みやすさと理解のしやすさに影響を与えるでしょう。

●隠れた依存関係

隠れた依存関係（hidden dependencies）という特性は、依存関係がどの程度までユーザーに見えるようになっているのかを表します。隠された依存関係が高いシステムの例として、JavaScriptで押下時の処理が記述されたボタンのあるHTMLページを考えてみましょう。この場合、JavaScriptのコードからは、どのHTMLページからボタンのコードが呼び出されているのかがわかりにくくなっています。別の例として、そこに存在するコードファイルとは別に、ビルドや実行に何らかのライブラリやフレームワークを必要とするコードベースなども挙げることができるでしょう。そうした場合、コードを正しく実行するにあたって、どんなライブラリやフレームワークが必要なのかを調べることが難しいかもしれません。

一般的にいって、コード中に書かれ、どこか他のところから呼び出される関数は、その呼び出し元よりも見えやすいものです。そうした関数は、その内容さえ読めば、どんな処理を行っているのかを確認できるからです。

最近のIDEは、図12.2のように、隠れた依存関係を発見するための機能が用意されていますが、それでもなお、隠れた依存関係を発見するためにマウスをクリックしたりショートカットを利用したりする必要はあります。

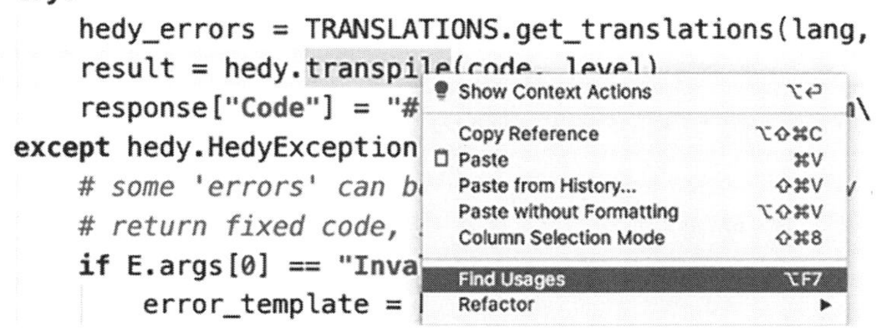

●図12.2　PyCharmにおける、関数の呼び出し元の場所をすべて見付ける機能

コードを書いた開発者は、ドキュメントを書くことで、隠れた依存関係をわかりやすく記述できます。チーム内で、新しい依存関係が生み出された際にきちんとドキュメントに記載することをポリシーとして定めるのもよいかもしれません。

●暫定性

暫定性（provisionality）とは、走りながら考えることがどれくらい容易にできるのかということを表す特性です。第11章でも述べたように、今作業しているものが、どういう方向に向かうのかはっきりとわからないままに、探索的にプログラミングをするという状況は、時として発生します。探索は、ペンと紙やホワイトボードを使って行う場合もあるでしょう。そうしたツールは、自由にスケッチしたりメモを取ったりも可能で、不完全や間違いのあるコードを書くこともまったく問題がなく、究極の暫定性を持ったツールだということができます。

しかし、実際にコードを書き始めてしまうと、どうしても自由度は下がってしまいます。構文的に間違ったコードを書いてしまうと型のチェックで引っかかってしまい、コードを実行することもできません。こうした型のチェックの仕組みは、実際にバグのないコードを書く上では便利ですが、試行錯誤の途中で、コードを実行目的ではなく、思考の手段として使う場合には妨げになってしまいます。

したがって、コードベース自身や利用しているプログラミング言語が厳密な書き方を要求する場合（たとえば、型、アサーション、事後条件など）、コードを試行錯誤のツールとして使うことが難しく、このような状態を暫定性が低いと表現します。

特定のシステムやコードベース、プログラミング言語に不慣れな開発者は、曖昧な考えや不完全なコードを使って試行錯誤を行うことが必要になる場合があります。初心者が型や構文を考えながらコードの構想を練るのは、認知的負荷が大き過ぎるのです。

●粘性

暫定性に関係する別の特性として、**粘性**（viscosity）があります。これは、現在のシステムのコードがいかに変更するのが難しいかを表す特性です。一般に、動的型付け言語で書かれたコードは、静的型付け言語で書かれたコードに比べて、変更が容易です。なぜなら、コードを変更する際に、対応する型定義をすべて変更する必要がないからです。また、あまりモジュール分割などの構造化がされていない、大きなメソッドやクラスを含むコードも、一カ所だけを変更すればよく、複数の関数やクラスに跨った変更をしなくてもよいという意味では、変更しやすいコードであるといえます。

システムが変更しやすいかどうかは、プログラミング言語やコードベースそのものだけでなく、コードベースを取り巻く要因も影響します。たとえば、コードベースのコンパイルやテストの実行に時間がかかる場合などは、粘性が高いということができます。

●段階的評価

段階的評価（progressive evaluation）という特性も、暫定性に関連しています。これは、与えられたシステムにおいて、部分的な作業をチェックしたり実行したりすることがどれだけ簡単なのかを意味します。暫定性に富むシステムでは、利用者は不完全なアイデアをスケッチしたり、あれこれ試すことができます。段階的評価が可能なシステムでは、利用者は書きかけのコードや不完全なコードの一部を実行することもできます。

プログラミングシステムの中には、開発者がライブプログラミングを行うことができるものがあります。その場合、プログラマーは、コードを実行したまま、それを停止することなく、コードを変更し、再実行することができます。Smalltalkは、このようなプログラミングシステムの1つです。

Smalltalkはライブプログラミングをサポートした最初の言語環境で、コードの実行中にオンザフライで検査やコードの変更を行うことができました。Smalltalkに大きく影響を受けた子供向けプログラミング言語であるScratchも、再コンパイルせずにコードを変更できます。

コードベース全体やライブラリの設計を行う際、ユーザーが部分的にコードを実行し、その結果を検証できます。段階的評価を可能にする設計の例として、提供する関数のパラメータを省略可能にすることが挙げられます。ライブラリの関数のパラメータが省略可能になっていれば、それを呼び出そうとする開発者は、デフォルト値を使ってコードを書いてコンパイルし、システムが動作することを確認してから、パラメータを1つずつ変更していくような使い方ができます。別の例として挙げられるのは、プログラミング言語Idrisが採用している「Hole」（穴）という仕組みです。これは、未実装の部分をホールという形で一旦書いておくことができるもので、コードを部分的に実行した際に、コンパイラがそのホールに適合する有効な解決策を提案してくれる機能が備わっています。そして、少しずつコードを書き進めながら、ホールを小さくしていくことができます。これによって、コンパイラが探索を妨げる制約が取り除かれ、コンパイラをツールとして使ってコードを書きながら解決策を探索できるようになります。

段階的評価のやりづらいシステムでは、利用者が未完成な状態でコードを実行することが難しく、暫定性が低くなる可能性があります。

●役割表現力

役割表現力（role expressiveness）という特性は、コード中のさまざまな部分において、その役割をどれだけ簡単に理解できるかを表します。役割表現力の簡単な例を挙げましょう。多くのプログラミング言語では、パラメータを持たない関数の呼び出しは、たとえば`file.open()`のように、最後に空の括弧を付けて記述されます。この括弧は省略可能に設計されている場合もありますが、この括弧があることで、これが関数であることがわかりやすくなっています。したがって、この括弧の存在は役割表現力を高めるために有効であるといえるわけです。

役割表現力の例として、もう1つ挙げられるのは、シンタックスハイライトです。多くのIDEでは、変数などに他の文字とは異なる色を付けることで、それぞれの要素がどのような役割を果たしているのかをわかりやすく表現しています。

役割表現力は、コードの書き方でも向上します。たとえば、真偽値を返す関数をsetではなくis_setという名前にすれば、変数の役割が理解しやすくなります。

第9章でも、言語的アンチパターンということで同じような点に注目してきました。あなたの関わるコードが言語的アンチパターンに苦しんでいるのであれば、その原因の1つには、関数やメソッドのような構成要素の名前がわかりづらく、誤解を招きやすいことが挙げられます。これは、そのコードの役割表現力が低いことを意味しています。

●マッピングの近接度

マッピングの近接度（closeness of mapping）という特性は、プログラミング言語やコードの内容が、問題を解決しようとしているビジネス領域にどれだけ近いかを意味しています。プログラミング言語の中には、マッピングの近接度が高いものがあります。本書では、APLというプログラミング言語を何度か紹介しました。APLは非常にわかりにくい言語だと思われたかもしれませんが、この言語は、実はベクトル計算の領域と非常に高いマッピングの近接度を有しているのです。

リスト12.1　APLでの二進数表現を出力するコード

❶ここに書くような、ちょっとした文章をコードに書くことができる

```
2 2 2 2 2 ⊤ n ❶
```

APでは、⊤が2のリストに対して実行されることからもわかるように、すべての変数はベクトルです。このような設計は、ベクトル演算に慣れていて、しかも解きたい問題がベクトル演算で解決できることが多い場合には、非常に有効です。他の例として、COBOLはビジネスや金融の領域とのマッピングの近接度が高い言語としてよく知られています。Excelもまた、マッピングの近接度が高いツールの例といえるでしょう。行と列で構成されたレイアウトは、コンピュータが誕生する以前から金融業界での計算に利用されていた方法そのものだからです。

Java、Python、JavaScriptなど、現代のプログラミング言語の多くは、どんな領域のプログラムでも書くことができるため、特定のビジネス領域とのマッピングの近接度には欠けています。もちろん、それは悪いことではありません。プログラマーは、新しいプロジェクトや顧客のために新しいプログラミング言語を学ぶ必要がないからです。

また、コードベースそのものも、特定のビジネス領域と高いマッピングの近接度を持つことができます。対象とするビジネス領域の専門用語や概念を利用しているコードは、一般的な用語だけを使っているコードと比べて、読み手が理解しやすいものとなるのが普通です。たとえば、executeQuery()（クエリの実行）というメソッド名は、findCustomers()（顧客の検索）

というメソッド名に比べると、マッピングの近接度が低くなります。

近年、私たちの扱う分野においては、ビジネス領域の知識をコードにうまく取り込むことに関心が高まっています。たとえば、ドメイン駆動設計の理念は、コードの構造と識別子をビジネス領域（ドメイン）に一致させようとしています。これは、コードのマッピングの近接度を高めるためのものです。

演習12.2

対象とするコードベースを決めて、その中のすべての変数名、関数名、クラス名をリストアップしてください。それぞれの名前について、マッピングの近接度を調査しましょう。各識別子名について、次の質問に答えてください。

- その変数名は、対象とするビジネス領域の言葉を使っているでしょうか？　その名前が実際のビジネス領域のどのプロセスを参照しているかは明確になっていますか？
- その名前が、コード外のどのような実体を参照しているのかが明確になっているでしょうか？

●ハードな心的操作

システムの中には、ユーザーがかなりがんばって思考し、システム外において非常に**ハードな心的操作**（hard mental operations）を行うことを要求するものがあります。たとえば、Haskellのような言語では、すべての関数とパラメータの型について、ユーザーがしっかりと考えることを強制します。関数の型シグネチャを無視してHaskellで動作するコードを書くことは、ほぼ不可能です。同様に、C++では、多くの場面でオブジェクトではなくポインタを使い、その意味をきちんと理解することが求められます。

ハードな心的操作は、もちろん悪いことばかりではありません。厳密な型システムにおけるエラーの減少や、ポインタにおける性能の向上やメモリ利用の効率化というメリットをもたらすために、これらの言語ではそうした方針をとっているからです。

しかし、自分が設計したシステムの中で、このようなハードな心的操作をユーザーに要求する場合には、そのことを意識して、慎重に検討する必要があるでしょう

コードベース内で発生しがちなハードな心的操作を求める例としては、多くのことを記憶しておかないと使えない設計が挙げられます。たとえば、多数のパラメータを正しい順序で呼び出すような設計は、その順番を覚えることを開発者に求めてしまうことになり、短期記憶に大きな要求をするため、ハードな心的操作であるといえます。

曖昧な関数名のマッピングの近接度が低いことはすでに述べましたが、このような名前もハードな精神的作業を要求します。`execute()`や`control()`のような情報量の少ない関数名は、開発者の長期記憶に記憶することを要求するため、これもハードな精神的作業といえる

でしょう。

もう1つだけ例を挙げましょう。それは、ワーキングメモリに負担をかけるタイプのハードな精神的作業です。たとえば、2つの異なる情報源から異なる形式のデータをそれぞれダウンロードして、それをさらに別の形式にまとめなければならないとしましょう。この場合、開発者はそのすべての形式を把握し、処理を書かねばなりません。

●副次的表記

副次的表記（secondary notation）というのは、プログラマーが、正式な仕様として決められていない、余計な意味をコードに追加する可能性を表す特性です。ソースコードに付けられたコメントが、副次的表記の最も一般的な例といえます。コメントは、少なくともプログラムの動作に影響を与えないという意味で、正式な言語の一部ではありません。しかし、コメントはコードの読み手の理解を助けることができます。別の例として挙げられるのは、Pythonにおける名前付きのパラメータです。次のリストで示すように、Pythonではパラメータに名前を付けることができます。この場合、呼び出し元と関数定義でパラメータの順番が違っても正しく動作します。

リスト12.2 Pythonにおける名前付きパラメータの例
❶ Pythonにおける、さまざまな関数の呼び出し方の例。引数を順番に指定したもの、名前を付けて順番は変えていないもの、名前を付けて順番を変えたもの

```
def move_arm(angle, power):
    robotapi.move(angle,power)
# three different ways to call move_arm
move(90, 100)                   ❶
move(angle = 90, power = 100)   ❶
move(power = 100, angle = 90)   ❶
```

Pythonの関数呼び出しでは、パラメータに名前を追加しても、コードの実行方法は変わりません。しかし、関数が呼び出されたときの各パラメータの役割をIDEで表現することが可能になります。

●抽象化

抽象化（abstraction）の特性とは、システムの利用者が、そのシステムに元からある抽象化と同等の抽象化を行えるかどうかということを表しています。ほとんどのプログラミング言語で可能な抽象化の例として挙げられるのは、関数、オブジェクト、クラスなどを作ることができる言語仕様です。プログラマーは自分で関数を定義することができ、その関数は組み込み関数と多くの点が共通しています。入出力のパラメータを持つことができ、組み込み関数と同じように呼び出せます。ユーザーが関数を作成できるということは、ユーザーが独自の部品を

自ら構築し、独自の抽象化を行えることを意味します。現在使われているほとんどのプログラミング言語は、このような独自の抽象化を行う機能を有しています。現代のプログラマーのほとんどは、アセンブラや一部のBASIC言語のような抽象化のための仕組みを持たない言語で仕事をした経験がありません。

ライブラリやフレームワークもまた、ユーザーに独自の抽象化を行うための仕組みを提供しています。たとえば、ライブラリのクラスを既定クラスとしてサブクラスを作り、機能を追加するようにできるようなライブラリは、単にAPIを提供するだけのライブラリよりも強力な抽象化の機能を提供しているといえます。

●視認性

視認性（visibility）は、システムのさまざまな部分をどれだけ簡単に見ることができるかを示します。コードベースでは、コードがさまざまなファイルに分割されて存在している場合、どのようにそれぞれのクラスが関連し、どのようにシステムが構築されているのかを確認するのが難しいケースがあります。

ライブラリやフレームワークは、ユーザーにさまざまなレベルの視認性を提供できます。たとえば、データを取得するAPIは、文字列、JSONファイル、プロパティが定義されたオブジェクトなど、さまざまな形でデータを返すことができますが、視認性はその形式に依存します。単なる文字列が返された場合、データの形式を確認することは難しく、フレームワークの提供する視認性は低いということになってしまいます。

12.1.2 CDCBを利用してコードベースを改善する

ここまで、プログラムが持ちうるさまざまな特性について学んできました。それぞれの特性の違いは、開発者がコードベースとどのように付き合うかに大きな影響を与えます。たとえば、コードベースの粘性が高い場合、後からそのコードに触れる開発者は、変更を加えるのをためらうかもしれません。その結果として、コードベースをきちんと変更することを避け、その場しのぎの煩雑なパッチが作成されてしまう可能性があります。オープンソースのコードがハードな心的操作を必要とするようなものだった場合、メンテナーを探すのに苦労するかもしれません。それゆえ、あなたが作業しているコードについて、さまざまな特性の状態を把握することは、とても重要なことなのです。

認知的特性の一覧表は、コードベースのチェックリストのようなものとして利用することができるでしょう。当然のことながら、すべてのコードで、すべての特性が重要であるわけではありません。しかし、それぞれの特性をチェックし、コードベースがどのような状態であるのかを判断することで、利用しやすさを維持することができるはずです。理想的には、たとえば1年に1回など、決まった期間ごとに、コードの特性を分析してみてください。

演習 12.3

次の表に必要事項を記入し、それぞれの特性を理解しましょう。あなたの関わっているコードベースにとっては、どの特性が重要でしょうか。また、改善できそうな特性はありますか。

特性	関連性があるか	改善できそうか
エラーの発生しやすさ		
一貫性		
拡散性		
隠れた依存関係		
暫定性		
粘性		
段階的評価		
役割表現力		
マッピングの近接度		
ハードな心的操作		
副次的表記		
抽象化		
視認性		

12.1.3 設計上の処置とそのトレードオフ

あなたのコードベースにおいて、特定の特性を改善するために変更を加えることを**設計上の処置**（design maneuver）と呼びます。たとえば、コードベースに型の概念を導入することは、エラーの発生しやすさを改善する設計上の処置であり、関数名をコードが対象とするビジネス領域の用語に変更することは、マッピングの近接度を改善するための設計上の処置であるといえます。

演習 12.4

演習12.3で作成したリストを用いて、改善が可能な特性を見付けましょう。どんな設計上の処置が適用可能でしょうか。また、その設計上の処置により、他の特性にどのような影響があるかも考えましょう。

特性	設計上の処置	よい影響のある特性	悪い影響のある特性

設計上の処置（つまり、特定の特性に対する改善）が、別の特性に影響を与えることは珍しくありません。それぞれの特性がどのように相互作用するのかは、コードベースに大きく依存しますが、ここでいくつか一般的なトレードオフを見ておきましょう。

●エラーの発生しやすさと粘性

ライブラリやフレームワークにおいて、そのユーザーがエラーを起こすのを防ぎたい場合、ユーザーに追加の情報を入力させることがよくあります。エラーの発生しやすさを下げる最も一般的な例は、ユーザーがエンティティに型を記述できるようにすることです。コンパイラがエンティティの型を知ることができれば、その情報を使うことで型の間違い、たとえば間違えて文字列にリストを追加しようとするといったミスを防げます。

しかし、システム内のすべてのものが型付けされているということは、ユーザーに余分な作業を強いることになりかねません。たとえば、変数を別の型にキャストして別の型にしないと、実行できない作業が発生するといったケースです。型付きのシステムがエラーを未然に防ぐことができるという利点があるにもかかわらず、それを嫌う人もいて、そういう人は型があることによって粘性が高まることを嫌っている場合が多いのです。

●暫定性と段階的評価 vs エラーの発生しやすさ

暫定性と段階的評価を多用したシステムでは、ユーザーは未完成のコードや不完全なコードでも実行できてしまいます。未完成のコードは、その特徴によって誰かの思考を助ける可能性もありますが、削除されずにコード中に残ってしまうかもしれません。また、不完全なコードが改善されず、後になってなぜそこにあるのかわからないコードとして残り、デバッグの邪魔をするかもしれません。そうした事態は、エラーの発生しやすさを増加させてしまいます。

●役割表現力 vs 拡散性

役割表現力は、名前付きパラメータのような追加の構文要素によって向上させることができました。しかし、何かを追加するということは、その分、コードが長くなることを意味します。型アノテーションも同様で、変数の役割をより明確にしてはくれるものの、コードのサイズを大きくしてしまいます。

12.2 特性と活動

前章では、検索、理解、転写、増強、探索という5種類のプログラミングにおける活動を取り上げました。それぞれの活動は、認知的特性に異なる制約を与えるため、それぞれに合わせた最適化を必要とします。表12.1に、特性と活動の関係を示します。

12.2.1 特性がそれぞれの活動に与える影響

第11章でプログラミング中に行う5つの活動について解説しました。この活動は、オリジナルのCDNフレームワークに由来するものです。ブラックウェル、ペトラ、グリーンは、それらの活動と特性の相互作用を説明しています。表12.1に示すように、ある活動が特定の特性の高さを必要とする場合もあれば、ある特性が低い場合にスムーズに行うことができる活動もあります。

●検索

検索を行う際には、いくつかの特性が重要な役割を果たします。たとえば、隠れた依存関係は、検索に悪影響を与えます。どのコードがどこから呼ばれているのかということがわかりづらいと、次にどこを読むべきかが判断しづらくなり、検索が遅くなってしまうからです。拡散性によってコードが長くなった状態も、検索すべきコードが多くなってしまうため、検索を遅くしてしまいます。

一方で、副次的表記は、コメントや変数名によって情報の存在する場所がわかりやすくなるため、検索に役立ちます。

●理解

コードを理解する際に、特に重要な特性もあります。たとえば、コードの視認性が低い場合、それぞれのクラスや関数がどのように相互作用しているのかが、理解がしづらくなります。

一方で、役割表現力は、理解力を高める働きがあります。変数などの種類と役割が明確であれば、より理解しやすくなるのです。

●転写

転写（あらかじめ定義された計画に基づいて機能を実装すること）を行う場合、特性によっては、本来有益であるにもかかわらず、害を及ぼす場合があります。一貫性が、その典型例です。一貫性のあるコードは、理解はしやすいものの、新しい機能を実装しようとすると、一貫性を崩さないようにコードを書かなければならず、より多くの心的努力を必要とします。もちろん、その労力は長い目で見れば価値のあるものですが、それでも多くの労力を必要とすることに変わりはありません。

●増強

コードベースに新しい機能を追加するときには、ビジネス領域へのマッピングの近接度によって、その難易度が変わってきます。マッピングの近接度が高く、目的がわかりやすいコードになっていれば、新しいコードを追加することは楽になるでしょう。一方で、粘性の高いコードベースは、コードを追加する難易度が大きくなってしまいます。

●探索

探索、すなわちコードベースにおける新しい設計のアイデアを見付け出す作業は、暫定性が高く、段階的評価が可能なシステムのほうが容易に行えます。

ハードな心的操作や抽象化は、プログラマーに高い認知的負荷を与え、問題やその解決方法の探索に費やすことができる余裕を減らしてしまうため、探索に害を及ぼしてしまいます。

表12.1　活動とそれを助けたり害を与える特性の概要

特性	助ける活動	害を及ぼす活動
エラーの発生しやすさ		増強
一貫性	検索、理解	転写
拡散性	検索	
隠れた依存関係		検索
暫定性	探索	
粘性		転写、増強
段階的評価	探索	
役割表現力	理解	
マッピングの近接度	増強	
ハードな心的操作		転写、増強、探索
副次的表記	検索	
抽象化	理解	探索
視認性		理解

12.2.2 想定される活動のためにコードを最適化する

これまで、それぞれの活動が、システムにどのような制約を与えるのかを見てきました。そして、それに対応するためには、あなたが今扱っているコードに対して、これから先に他の開発者たちがどのような活動を行う可能性があるのかを知っておく必要があります。古くて安定したライブラリは、増強よりも検索が行われる可能性が高くなります。新しいアプリケーションなら、増強や転写が行われる可能性のほうが高いでしょう。つまり、コードベースのライフサイクルの中で、最も行われる可能性の高い活動に合わせた設計上の処置が必要になることを意味します。

演習12.5

自分が関わったコードベースを思い描いてください。

どの活動が一番起こる可能性が高いでしょうか。その活動は過去数カ月間に安定して発生していたでしょうか。どのような特性がその活動にどのような影響を与えているでしょうか。

本章のまとめ

- CDNは、プログラミング言語が、その言語で書かれたコードが利用者にどのような認知的影響を与えるかをプログラマーが予測できるようにするためのフレームワークです。
- CDCBは、CDNを拡張したもので、プログラマーが、自分のコードベース、ライブラリ、フレームワークが利用者に与える影響を理解するのを助けるフレームワークです。
- 複数の特製のトレードオフが発生するケースは、よくあります。つまり、ある特性を改善すると、別の特性が低下する場合がよく見られます。
- 既存のコードベースの設計をCDNの認知的特性に基づいて改善することは、設計上の処置と呼ばれます。
- 5つのそれぞれの活動の最適化は、それぞれ異なる特性に基づいて行うことができます。

Chapter

13 新しい開発者のオンボーディング

本章の内容

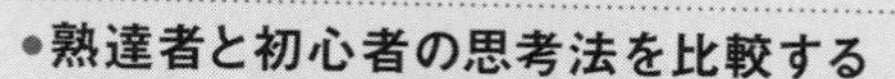

- 熟達者と初心者の思考法を比較する

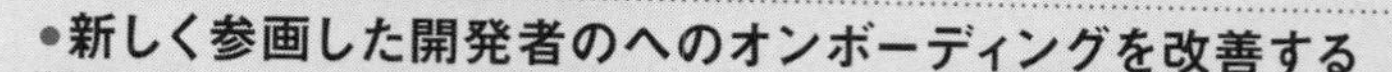

- 新しく参画した開発者のへのオンボーディングを改善する

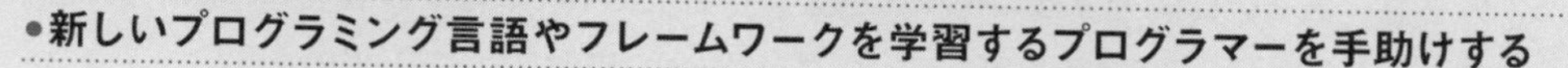

- 新しいプログラミング言語やフレームワークを学習するプログラマーを手助けする

本書ではこれまで、コードの読み方や整理の仕方について、いろいろと学んできました。しかし、シニアな開発者になると、自分自身の問題だけではなく、一緒に働いているジュニアな開発者の抱える問題に悩まされることも多くなります。多くの場合、後輩が経験している認知的負荷を管理し、彼らがより効果的に学習できるようにしたいと思うはずです。

本章では、経験豊富な開発者や初心者のプログラマーが、新しいコードベースに参加する場合のオンボーディングプロセスを改善する方法について考えていきます。

そのために、まず熟達者と初心者の考え方や行動が、どのように違うのかを調べることにします。そして、新しいチームメンバーを迎え入れるために、チームができるさまざまな事柄について考えます。本書を読み終える頃には、新人開発者を効果的にサポートするための3つのテクニックと行動様式がしっかり身に付いていることでしょう。

13.1 オンボーディングプロセスにおける問題点

シニアな開発者になると、プロジェクトチームやオープンソースプロジェクトへの新人のオンボーディングを手伝わなければならない立場になった経験があるでしょう。多くの開発者は、教えたり指導したりといった訓練を受けているとは限らないので、オンボーディングは双方にとってストレスの溜まるものになる場合も少なくありません。本章では、オンボーディングプロセスで、新人の脳の中でどういうことが起こっているのか、そして、それをうまく管理するにはどうすればよいのかを掘り下げていきます。

筆者がこれまで目撃したオンボーディングプロセスは、多かれ少なかれ、次のような感じでした。

- シニアな開発者は、新人にたくさんの新しい情報を一度に投げつけてしまいます。その結果、情報量が多過ぎて処理しきれず、新人の脳に高い認知的負荷がかかります。シニア開発者は、たとえば、コードが対象とするビジネス領域、開発ワークフロー、コードベースの内容などを一気に紹介してしまいがちです。
- 紹介が終わると、シニア開発者は、新人に質問をしたりタスクを与えたりします。シニア開発者は、小さなバグを治したり、小さな機能開発をするなどのタスクを与えますが、シニア開発者本人は、それを非常に簡単なタスクだと考えがちです。
- ところが、新人は、そのビジネス領域やプログラミング言語における関連するチャンクの不足、あるいは関連するスキルが完全に自動化されていないがゆえに、高い認知的負荷を引き起こし、うまくオンボーディングできない状態になってしまいます。

このシニア開発者と新人のやりとりは、一体何が問題だったのでしょうか。この場合の最も大きな問題は、シニア開発者が新人に同時に多くを学ぶことを求めていることです。そのために、新人のワーキングメモリの容量に過剰な負荷がかかってしまい、うまくオンボーディングができなくなってしまっています。ここで、本書でこれまで学んだ重要な概念について思い出してみましょう。第3章では、「認知的負荷」、つまり与えられた問題に対して、脳がどのようにがんばるのかということを取り上げました。認知的負荷が大き過ぎると、効率的な思考が阻害されるということにも触れました。

このことから、新人のワーキングメモリが過負荷に陥ると、新しいコードベースの理解が効果的に進まず、新しい情報も記憶できにくくなってしまうことがわかります。それが原因となって、双方にフラストレーションが溜まり、間違った思い込みが発生してしまうケースを、筆者は何度も目にしてきました。チームリーダーは新人のことをあまり頭がよくないと感じ、新人はこのプロジェクトはとても難しいと感じてしまうかもしれません。これは、これから一緒に働いていく上で、あまりよいスタート地点とはいえないでしょう。

シニアになればなるほど、新人への説明やトレーニングを効果的に行えなくなる理由の1つに

「専門知識の呪い（curse of expertise）」があります。これは、何かのスキルや知識を十分に習得してしまうと、その習得がいかに大変だったのかを忘れてしまうということを意味します。この呪いにかかると、その習得がそんなに難しいものに感じられず、新人が同時に処理できる新しい物事の数を過大評価してしまうようになってしまうのです。

ここ数カ月の間に、どこかで何かについて「それほど難しくない」とか「実はとても簡単だ」「些細なことだ」などと、誰かに向かっていったことがあるかもしれません。しかし実際には、それらの多くは、習得するまでに実はかなりの時間を要したものだったのではないでしょうか。「わあ、簡単だなあ！」と思ったら、専門知識の呪いに陥っている瞬間かもしれないのです。オンボーディングを失敗しない秘訣は、あなたが簡単だと思うことであっても、学ぶ側にとっては、必ずしも簡単ではないかもしれないと認識することです。

13.2 熟達者と初心者の違い

熟達者は、初心者について、自分と同じように考えることができるか単に遅いだけ、あるいはコードベースに対する理解が不完全であるだけであると考えてしまいがちです。本章で理解してほしい最も重要なことは、熟達者と初心者はまったく異なる考え方をしており、まったく異なる行動をとるということです。

すでにここまでで、なぜ熟達者が異なる考え方をするのかを説明しました。熟達者は大量の関連する記憶が長期記憶に蓄積されており、それをワーキングメモリが取り出して利用することができるようになっています。それらの記憶の中には、「まずテストを書く」というような、意識的に学んだ戦略や、「サーバを再起動する」という過去に試みたエピソード記憶などが含まれます。実際には、熟達者だからといって、すべての答えを知っているわけではありません。しかし、一般的にいって、熟達者は解くべき問題についてすでに知識があり、どのようにアプローチしたらよいかをある程度理解しているものです。

さらに、熟達者は、コードを非常に効率的にチャンク化できるだけではなく、同じように、エラーメッセージ、テスト、問題、解決策などのコードに関連するさまざまな関連知識にも対応できるのです。たとえば、コードの一部を見ただけで、「これはキューを空にする処理だな」というように、その処理の目的を認識できたりします。しかし、初心者はコードを1行1行読む必要があるかもしれません。熟達者であれば、「Array index out of bounds」のような単純なエラーメッセージでも、どういうことが起こっているのかという概念として理解できます。初心者にとってはそうはいかず、単なる「Array」「index」「out of bounds」という言葉として受け止め、理解するためにより大きな認知的負荷を必要とします。新しく参画した同僚を「あまりレベルの高いプログラマーではないな」と思ってしまう状況の多くは、実は新しい環境に不慣れなために過剰な負荷を受けているだけかもしれません。これが、まさに「専門知識の呪い」なのです。

13.2.1 初心者の行動をより深く理解する

初心者プログラマーの行動をよりよく理解するために、新しい情報に直面したときの人々の行動を説明することができる、新ピアジェ主義という有用な心理学的フレームワークについて考えてみましょう。新ピアジェ主義は、幼児の発達の4つの段階に注目した発達心理学者ジャン・ピアジェ（Jean Piaget）の研究を基にしたものです。では、新しいプログラミング言語、コードベース、パラダイムを知ったばかりのプログラマーが、どのように行動するかを新ピアジェ主義で説明してみましょう。

●ピアジェのオリジナルモデル

プログラマーが不快な環境で学習を行わなければならない際にどのように振る舞うかを知る前に、幼児期から始まる行動段階について理解しておきましょう。ピアジェの幼児期のオリジナルのモデルを表13.1に示します。第1段階は0歳から2歳の子供の行動であり、子供たちは計画を立てたり状況を把握したりすることはできず、単に物事を経験し（sense：感覚）、行動する（motor：運動）だけで、あまり戦略的な行動はとりません。第2段階は2歳から7歳までの子供の行動で、仮説を立てられるようになりますが、その仮説はまだ、あまり強力なものではありません。たとえば、4歳児が立てる「雨が降っているのは、雲が悲しんでいるからだ」というような仮説が例に挙げられるでしょう。この仮説は正確ではないものの、自分達の観察したものに対して、説明を見付けようとしていることがわかります。

第3段階（7～11歳）になると、仮説を立てて説明することができるようになります。ただし、それは具体的な場面に限られており、たとえば、ボードゲームのプレー中によい手を決めることはできても、その手が異なる盤面でも常によい手であるかどうかといったような思考や理由を一般化することはまだ困難です。このような形式的な推論ができるようになるのは、11歳を超えて、最終段階である形式的操作期に到達してからです。

表13.1 ピアジェの認知発達理論における各段階の概要

段階	振る舞い	例
感覚運動期	計画や戦略は立てることができず、ただ感覚に基づいて動くことしかできない	0～2歳
前操作期	仮説や計画を立て始めるが、それを確実に思考に活かすことはできない	2～7歳
具体的操作期	目に見える具体的なものについては仮説を立てられるようになるが、一般的な結論を出すのはまだ難しい	7～11歳
形式的操作期	形式的な推論をすることができるようになる	11歳以上

●プログラミングのための新ピアジェ主義モデル

ピアジェのモデルは、彼が自分の子供を使ってモデルを作成したことなどもあって、批判されることもありました。しかし、彼の研究は、初級プログラマーの思考を理解する上で大きな価値を持つ新ピアジェ主義の基礎を築きました。新ピアジェ主義の中心となる考え方は、ピアジェの段階の区分は一般的なものではなく、領域ごとに異なる段階だということです。たとえば、Javaでのプログラミングでは形式的操作期に達していても、Pythonでのプログラミングでは感覚運動期であるといったことがありえます。また、ある特定のコードベースでは形式的操作期に達していても、新しいコードベースでは低い段階に戻ってしまうということもあるでしょう。表13.2は、オーストラリアのレイモンド・リスター（Raymond Lister）教授による新ピアジェ主義のモデルをどのようにプログラミングに適用するかを述べたものです[※1]。

表13.2　新ピアジェ派の発達段階とそれに対応するプログラマーの行動

段階	特徴	プログラマーの行動
感覚運動期	計画や戦略は立てることができず、ただ感覚に基づいて動くことしかできない	プログラムの実行について、まったく正しくない理解しか持たない。この段階では、プログラマーはプログラムを正しく読み、追いかけることはできない
前操作期	仮説や計画を立て始めるが、それを確実に思考に活かすことはできない	トレース表を作成するなどして、複数行のコードの結果を手作業で確実に予測することができるようになる。前操作期のプログラマーは、コード全体ではなく、一部のコードについてどんな処理をしているかを推測することが多い
具体的操作期	目に見える具体的なものについては仮説を立てられるようになるが、一般的な結論を出すのはまだ難しい	前操作期的な帰納的アプローチではなく、コードそのものを読んで、演繹的にコードについて理由付けを行うことができる
形式的操作期	形式的な推論をすることができるようになる	論理的で一貫性のある、体系的な推論ができる。形式的操作的な推論には自分の行動を振り返ることも含まれ、これはデバッグには不可欠である

図13.1の一番左にいるプログラマーは、最も初期のレベルを表しています。このプログラマーは、プログラムを正しくトレースすることができません（つまり、第4章で説明したようなトレーステーブルを作成できないということです）。プログラミング経験がまったくなかったり少なかったりするケースでは、この段階になることが多いものです。ただし、それ以外にも、これまで知っているのとは性質の異なる新たな言語を学んだときにも、この段階になり得ます。たとえば、JavaScriptからHaskellへの移行を考えてみましょう。この2つの言語はプログラム

※1　Raymond Lister『Toward a Developmental Epistemology of Computer Programming』。https://dl.acm.org/doi/10.1145/2978249.2978251

の実行方法が大きく異なるため、JavaScriptの経験者がHaskellのプログラムをトレースするのは困難です。彼らにとって、Haskellで書かれたコードを理解するのは難しく、コードの集中する必要があります。したがって、コードを読んでいるときに、同時に別の事柄を説明することは、よい教育方法とはいえません。感覚運動期のプログラマーがデータベース関連のコードを読んでいるときに、コードの別の場所でデータベースがどのように初期設定されているかを説明しても、何の役にもたたないでしょう。なぜなら、彼らは、まずその実行モデルを理解する必要があるからです。

◎図13.1　プログラマーにおける新ピアジェ主義の4段階

第2段階は前操作期です。この段階のプログラマーは、コードのごく一部をトレースできるようになっています。とはいえ、彼らが新たに獲得したトレーシングのスキルを利用してコードの一部をトレースすることが、彼らがコードを理解するために可能な唯一の手段なのです。前操作期のプログラマーは、コードの意味を説明することはまだ難しく、コードそのものに非常に集中しているため、ダイアグラムなどのコード外の情報に目を向けることもなかなかできません。前操作期のプログラマーがコードを読み書きする際にダイアグラムを渡して手伝おうとしても、役には立たないでしょう。前操作期のプログラマーは、コードについて帰納的に考え、何回かのトレース作業によってコードの動作を推測することがよくあります。

この第2段階は、プログラマーにとって、最もフラストレーションのたまる段階でしょう。オンボーディング中のメンバーや、それを教えている人たちにとっても同様です。前操作期の段階にいるプログラマーは、コードの深い意味を理解することが難しく、そのため推測で物事を進めがちです。そのせいで、この段階にいるプログラマーは、一貫性がないように見えてしまうことがあります。彼らが行う推測は、転移によって得られた事前知識に基づいた（あるいは、単にたまたま）的確なものになる場合もありますが、その5分後にはまったく検討はずれな推測になってしまう場合もあったりします。そのせいで、教える側からみると、「このプログラマーは頭がよくない」とか「やる気がない」と見えてしまい、イライラしてしまうのです。しかし、この前操作期の段階は、次の段階に進むために必要な段階です。それゆえ、フラッシュカードでコードに関する語彙を増やすといったことで新人をトレーニングし、前進させる必要があります。

第3段階の具体的操作期に入ったプログラマーは、コードのすべてをトレースしなくても、コードに対して推論をすることが可能になります。彼らは事前知識を用いてコード内の見知ったチャンクを発見し、コメントや識別子の名前を調べ、必要なときだけ（たとえばデバッグをする際に）コードをトレースします。リスターは、プログラマーが思考を巡らせる際にダイアグラムなどが有効に使えるのは、具体的操作期だけであると述べています。具体的操作期のプログラマーは、コードについて適切に推論を働かせ、コードを書く計画をきちんと立てて実行するなど、プログラマーとして適切な振る舞いをし始めます。しかし、コードベースに対する全体的な理解がまだ不十分な場合もあったり、選択した戦略が適切なものであったかを正しく判断できない場合もあります。このことは、最初に決めた戦略に過剰に執着してしまうといった形で現れることがあったりします。たとえば、若手プログラマーがあるバグを修正するために、一歩下がって選んだ戦略が正しいかどうかを見直すといった作業をせずに、失敗と再挑戦を延々と繰り返して丸一日を費やしてしまうようなケースです。

そして、最終の段階は形式的操作期です。形式的操作期のプログラマーとは、コードと、自分自身の振る舞いについて、適切な意思決定ができる経験豊富なプログラマーであり、このようなプログラマーは、オンボーディングはほとんど必要ないでしょう。彼らはコードを自分で詳しく読み解くことに抵抗がなく、必要なときだけ助けを求めることができるからです。

●新しい情報を学ぶと、一時的に物事を忘れてしまうことがある

ここでは、この4つの段階を独立したものとして説明していますが、実際はそうではありません。新しいプログラミングの概念を学んだり、初めて扱うコードベースを調べる際、プログラマーは一時的に低い段階に戻ることがあります。たとえば、ある程度のPythonの経験があり、すべての関数を追いかけなくても読み解くことができるプログラマーであっても、*argsを使った可変長引数の概念に馴染みがなければ、それらをスムーズに読み解けるようになるまでに、いくつかの関数の呼び出され方を実際に追いかけ、どのような処理が行われているのかを確認する必要があるかもしれません。

演習13.1

会社内での研修などにおいて、新ピアジェ派の発達段階の違いを観察できます。実際に見た例を挙げて、それぞれどの段階の事象なのかを表に記入してみましょう。

段階	振る舞い	例
感覚運動期		
前操作期		
具体的操作期		
形式的操作期		

13.2.2 概念を具体的に見るか抽象的に見るかの違い

ここまで、初級プログラマーと熟達のプログラマーでは、行動や思考が異なるということを学んできました。研究によれば、熟達者は何らかの概念について語る際にも、非常に一般的で抽象的な用語を使い、初心者とは異なる方法を用いることがわかっています。Pythonの可変長引数について語る際にも、熟達者なら「受け取る引数の数が可変の関数」といった説明をするかもしれません。しかし、そうした場合、すべての引数にアクセスするにはどうしたらよいのか、各引数の名前はどうなるのか、引数の数に制限はあるのかといったさまざまな具体的な疑問は不明なままになってしまいます。

一方、初心者の場合、抽象的な形式と具体的な形式の両方の説明から学ぶことができます。理論的には、初心者の理解のプロセスは、オーストラリアの科学者カール・マトン（Karl Maton）が定義した概念である、**意味波**（semantic wave）に従うとされています※2。

意味波に従うと、まず初心者は一般的な概念を理解する必要があります。一般的な概念とは、それが何のために使われるのか、なぜそれを知る必要があるのかというようなことです。たとえば、可変長引数を持つ関数が便利なのは、関数の中で必要なだけの引数を自由に使うことができるからです。

初心者が一般的な概念として、それが何をするものなのかを理解した後は、意味波のカーブに沿って抽象度の度合いは低いほうへと進んでいきます。これは**アンパッキング**（unpacking）として知られるプロセスです。このようにして、その概念の詳細を学ぶ準備が整っていきます。例としては、Pythonでは「*」が可変長引数を示すのに使われること、Pythonは複数の引数をリストとして実装しているので、実際には複数の引数が変数として存在するのではなく、関数のすべての引数を要素として含むリスト変数を受け取れることなどが

※2 Karl Maton『MakingSemanticWaves:AKeytoCumulativeKnowledge-Building』（LinguisticsandEducation,vol.26, no.1, pp.8–22, 2013）。https://www.sciencedirect.com/science/article/pii/S0898589812000678.

挙げられるでしょう。

最後に、初心者の理解は具体的な内容から離れて抽象的なレベルまで戻り、概念が一般的にどのように機能するかを知って、しっかり腹落ちする必要があります。これを**リパッキング**（repacking）と呼びます。リパッキングには、例えば「C++は可変長引数関数をサポートしているが、Erlangはサポートしていない」というように、すでに持っていた知識とのネットワークを長期記憶に構築する作業も含まれます。

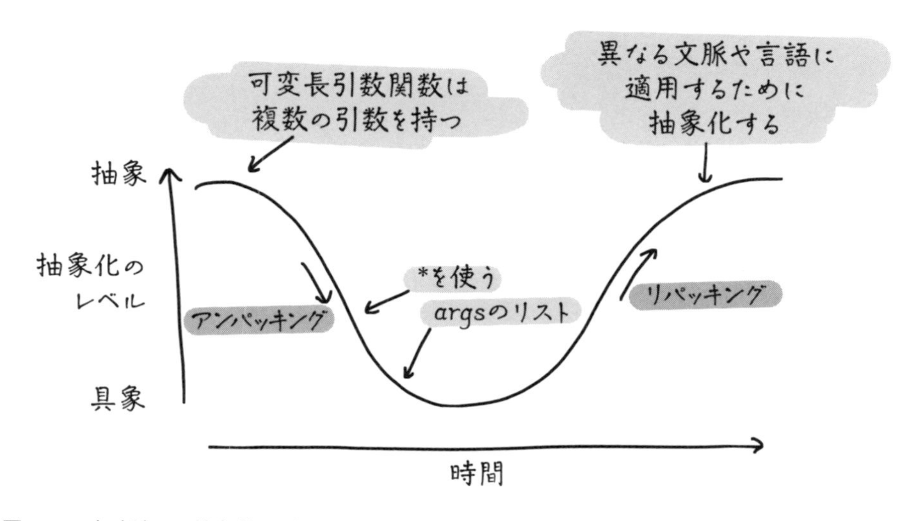

図13.2 意味波は、抽象的な説明から始まり、具体的な内容を経て知識を紐解き、学習した知識を長期記憶に再収納する理想的な学習の流れである。

初心者が熟達者から新しい概念を学ぶ際に陥りやすいアンチパターンは、図13.3に示すような3つがあります。最初のアンチパターンは、**ハイフラットライン**（high flatlining）と呼ばれ、初心者が抽象的な概念しか理解していない、つまり熟達者がそこしか教えていない場合に起こります。Pythonの初心者がPythonに可変長引数関数があることや、なぜそれが便利であるかを学んでいたとしても、実際の構文を知らなければ、まだまだ学ぶことはたくさんある状態だといえるでしょう。

2つ目のアンチパターンは**ローフラットライン**（low flatlining）、つまりハイフラットラインの逆です。熟達者の中には何かを説明する際に、その概念は一体どういったもので、なぜそれが便利なのかということを説明せずに、初心者に詳細な情報を大量に与えてしまう人がいます。そういう人は、いきなり「可変長引数は引数の定義を『*』で始めれば定義できて、すべての引数をリストで受け取れます」という説明をしてしまいますが、いつ可変長引数を使うかわからないのに、そういったことを初心者に伝えてもあまり意味をなさないでしょう。

3つ目、最後のアンチパターンは、抽象的な考え方から始まり、意味波に従って具体的なものへと降りていくもので、そこまでは問題はありません。しかし、このアンチパターンでは、具体的な詳細を理解した後、熟達者は初心者に意味を再度抽象化させることを忘れてしまった場合です。つまり、熟達者が初心者にその概念についての「Why」（なぜ重要なのか）と「How」（どう扱うのか）は教えているものの、リパッキング、つまり、その新しい知識を長期記憶に統合するチャンスを与えなかったときに起こります。リパッキングは、その新しい概念と、過去に知っている知識の間の共通点を明確に質問として尋ねることなどで後押しすることができます。これを**下降専用エレベーター**（downward escalators）と呼びます。

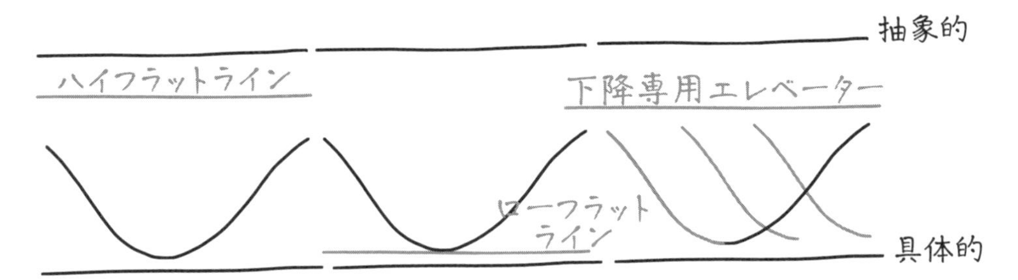

図13.3　3つのアンチパターン：ハイフラットライン（抽象的な説明のみ）、ローフラットライン（具体的な説明のみ）、下降専用エレベーター（抽象度の高い話から具体的な話に行くが、リパッキングを忘れている）

演習13.2

自分がよく知っている概念を1つ選び、図13.1に示したのと同様に、意味波についても3つの段階すべてに当てはまるような説明をしてみましょう。

13.3 オンボーディングプロセスを改善するための活動

ここから、オンボーディングプロセスを改善する方法について考えていくことにします。まず、最も重要なことは、オンボーディング対象となる人々の認知的負荷を正しく管理することです。それに加えて、もちろん新入社員が自分自身の認知的負荷を管理できるようになることも非常に有効です。記憶のタイプ（長期記憶、短期記憶、ワーキングメモリなど）、認知的負荷、チャンクなどの概念を導入すると、チームのコミュニケーションが円滑になります。新人が「よくわからなくなりました」というよりも「このコードを読む際の認知的負荷が高過ぎます」とか「自分にはPythonのチャンクが足りていないと思います」といったように話すことができるようになれば、やり取りがかなりスムーズになるでしょう。では、オンボーディングプロセス改善のためにできる3つの活動を紹介していきます。

13.3.1 タスクにおけるプログラミングに関する活動を1つに限定する

第11章で、コードベース上で開発者が行う5つの活動である転写、探索、理解、検索、増強について説明しました。オンボーディングの問題の1つは、新人がその中の少なくとも4つの活動を同時に行うように求められてしまうことです。つまり、新人は、機能を実装する適切な場所や関連情報を探し、新しいソースコードを理解し、理解を深めるためにコードベースを探索し、新しい機能でコードベースを増強する必要があります。

第11章でも述べたように、これらの活動は、それぞれに異なる認知的な処理をプログラマーとシステムの両方に要求するため、ある活動から別の活動に切り替えるのは、新しく参画したメンバーにはなかなか大変なことです。たとえ新人が、すでに使われているプログラミング言語やビジネス領域に関する知識があったとしても、それらの活動をまとめて行うのはかなり大変です。

したがって、オンボーディングプロセスにおいては、それらの5つの活動の中から1つを選び、新人には1つずつやってもらうのがよいでしょう。ここで改めて一度、それらの5つの活動を振り返って、それぞれの活動が新人のオンボーディングにどのように役立つのかを見てみましょう。

表13.3 プログラミングの活動の一覧。それらがどのようにプロジェクトの新規参画者のオンボーディングに有効であるか

活動	オンボード時の活用方法
探索	コードベースを見渡して、その全体像を把握する
検索	特定のインターフェイスを実装しているクラスを探す
転写	新人に作業の具体的な手順について明確な計画を与える
理解	特定のメソッドを自然言語で要約するなど、コードの内容を理解する
増強	既存クラスへの機能追加(計画の作成も含む)

それぞれの活動を順に行えば、新人はタスクをこなしていくことができます。たとえば、最初のタスクとして目的のクラスを検索し、次のタスクはそのコードを転写し、さらにはより難易度の高い方法で、増強、つまり機能追加のタスクを行うことができます。また、新しいプログラミングの概念を学ぶことに重点を置いたタスクと、対象とするビジネス領域を知ることに重点を置いたタスクを、新人の既存の知識に応じて、交互に実行することもできるでしょう。

演習問題 13.3

あるコードベースに初めて関わるプログラマーが、5つの活動をそれぞれ行うことができる具体的なタスクを考えてみましょう。

また、新規参入者がより参画しやすくするために、チームでドキュメントを作成し、管理することも検討してみましょう。たとえば、システムで使用するモジュール、サブシステム、データ構造、アルゴリズムなどを説明するようなコメントやドキュメントがあれば、探索がよりやりやすくなります。

13.2.2 新人の記憶をサポートする

すでに述べたように、新人のオンボーディングで理解すべきことは、オンボーディングというプロセスが簡単なものではないということです。第2章で取り上げたように、新人は熟達者とは異なるものを見て、記憶するからです。いうまでもありませんが、共感と忍耐が必要です。

認知科学の概念に関する語彙を説明して共有することだけではなく、プロセスを改善するために3つの段階を経ることになります。これは、第1章で学んだ、3つの混乱の形態に関係しているものです。

●長期記憶のサポート：関連情報を説明する

そのコードベースで作業する際に必要となる、関連するさまざまな情報をあらかじめ深く理解しておくことで、新人のためのオンボーディングプロセスを準備できます。これは、新人が到着する前に、現在のチームメンバーと一緒に行うことができるでしょう。

たとえば、コード内で遭遇する可能性のある重要なビジネス領域の知識や概念をすべてドキュメントにまとめておくとよいでしょう。また、コードで使用されているライブラリ、フレームワーク、データベース、その他の外部ツールも、関連する情報の1つなので、ドキュメントに詳しく書いておくことができます。「このWebアプリケーションにはLaravelを使っていて、Jenkinsを使ってHerokuにデプロイしています」というだけのドキュメントでも、既存の開発者にとっては当たり前のことで、読めばすぐに理解できます。しかし、それらのツールのいずれかを知らない新人が読んだとしたら、文章全体の意味がわからずに読み飛ばしてしまう可能性があります。新人がWebフレームワークや自動化のためのツールがどういうものかということを概念として知っている可能性はありますが、具体的なライブラリやツールの名前を知らなければ、意味を把握して記憶することは難しくなってしまいます。

ビジネス領域の学習とコードの探索を別々に行う

コード自体の理解とは別に、関連するすべてのビジネス領域上の概念を理解することで、コードについての学習がより簡単になります。これはそれほど重要なことではないように思えるかもしれませんが、大きな違いを生む可能性があります。新人が自分で学習できるように、関連するビジネス領域とプログラミングの概念を集めたフラッシュカードのデッキを作ることもできます。

ちなみに、オンボーディングプロセスとは別に、プロジェクトに関連するすべてのビジネス領域とプログラミングの概念を記した一覧表があって常に更新されていれば、それは既存の開発者にとっても役立つでしょう。

演習13.4

あなたが実際に作業しているプロジェクトを1つ選んでください。そして、新人をサポートするための2つのリストを作成してみましょう。1つはそのプロジェクトにおける重要なビジネス領域の概念とその説明、もう1つはコードベースが使用する重要なライブラリ、フレームワーク、プログラミングの概念を記したものです。

ビジネス領域の情報	プログラミングの概念／ライブラリ
概念	定義
概念／モジュール／ライブラリ	使われ方／定義

●短期記憶のサポート：小さくて1つのことだけに特化したタスクを用意する

オンボーディングプロセスで起こる出来事の中で、完璧にはいかないことがもう1つあります。それは、いきなり新人にコードを扱わせることです。チームリードがコードを開いて、関連部分を表示します。説明セッションの後、新人は、コードベースを「知る」ために、比較的単純な機能から実装を始めることを求められます。オープンソースのプロジェクトでも同じことが起こり、簡単な機能要求には「初心者向け（beginnerfriendly）」というラベルが付けられることもあります。これは、一見うまくいくように思えますが、認知上の問題を引き起こす可能性があります。

なぜなら、初心者は複数のプログラミングの活動を一度に行うことが要求されてしまうからです。初心者の脳は、コードを知ること、コードを検索すること、さらに機能を実装することといった複数の作業を一度に処理しなければなりません。新人はコードベースに対する理解があまり進んでいないので、そういった作業は短期記憶に過大な負荷をかけてしまう可能性があるのです。彼らはコードを探すのに多くの時間を費やし、コードを読むことで目の前の修正するというタスクから注意を逸らしてしまうかもしれません。したがって、タスクを細かく分解して、複数のフェーズに分けるべきなのです。

●理解は開発よりも歓迎すべきタスクである

新人にコードの特定の部分を理解させたいときには、実装のタスクを与えるよりも、理解するだけのタスクを割り当てましょう。たとえば、既存のクラスの概要をドキュメントとして書いてもらう、ある機能の実行に関わるすべてのクラスを書き出してもらうといったことが挙げられます。

ドキュメントを書くという、理解だけに集中したタスクを与えることで、初心者の短期記憶への負荷が減り、その結果、コードに関する重要な事柄を記憶するための負荷の余地が生まれます。そのことは、初心者にとって効果的なオンボーディングになるだけではなく、後でそのドキュメントが他の新人のオンボーディングの際にも役に立ちます。

新人に小さな機能を実装させるという選択肢も、もちろんあります。しかし、その場合は、認知的負荷をなるべく生み出さないようすることに注意を払いましょう。たとえば、関連するコードをあらかじめ用意しておくことで、検索のための負荷を減らせます。関連するコードをあらかじめ用意しておくのもよいでしょう。第4章で説明した、関連するコードをリファクタリングすることで実際に使いたいクラスに書き換えて、余分な検索を防ぐのもよい方法です。

●ワーキングメモリのサポート：ダイアグラムを描く

第4章では、ワーキングメモリをサポートするための手法として、ダイアグラムを使用する方法など、いくつかの提案をしました。とはいえ、コードベースに新に参加した人が、そうしたものをいきなり作るのは難しいかもしれません。そこで、オンボーディング担当者がそうしたダイアグラムを作り、新人のワーキングメモリをサポートすることを検討してもよいでしょう。

しかし、すでに述べたように、まったくの初心者はコードから離れて全体像を見ることに抵抗があるので、ダイアグラムは必ずしも役立つとは限りません。ダイアグラムが有効に機能するかをよく考え、（まだ）有効に機能しないと思ったら、一旦ダイアグラムを使うのはやめておいたほうがよいかもしれません。

13.3.3 コードを一緒に読む

オンボーディングに使えるもう1つのテクニックは、チームで一緒にコードを読むことです。第5章では、自然言語からコードリーディングに適用できる7つの戦略を紹介しました。

- **活性化**：関連する事柄を積極的に考え、過去の知識を活性化させる
- **重要性の判断**：文章のどの部分が最も関連性が高いかを判断する
- **推論**：文章にはっきりと書かれていない事実を補完する
- **監視**：文章の理解度を把握し続ける
- **可視化**：読んだ文章の内容を図解して理解を深める
- **自問自答**：その文章についての質問に回答する
- **要約**：文章の短い要約を作成する

第5章では、これらは開発者それぞれが1人でコードを読む際に行うべき手法として紹介しました。実は、コードベースに新しい開発者を参加させるときにも応用できるのです。チームでこれらの活動を行うと、新人の認知的負荷が下がり、その分ワーキングメモリを有効に使ってコードに集中できるようになります。

次に、7つの手法それぞれについて、コードを共同して読む場合に、どのようにすれば よいのかを見ていきましょう。

●活性化

コードリーディングのセッションを始める前に、コードの中にどのような概念が登場するのかをあらかじめ見ておきましょう。演習13.1を行っているなら、そこで示したリストもあらかじめ用意しておくとよいでしょう。それを新人に渡しておくことで、関連する概念を事前に把握してもらい、新しい概念に混乱を来すことを軽減できます。そうした概念について、コードを読む前に詳しく議論ができていると理想的です。たとえば、Model-View-Controller（MVC）のモデルを使っているコードを読む場合に、その概念の存在は知っておくべきで、コードを読み始めて初めてそれを理解するといった状況は避けたほうが好ましいでしょう。

こうした関連する概念を事前に伝える「活性化フェーズ」の後で、コードリーディングセッションを開始します。その際には、実行される活動は理解のみになります。つまり、他の4つの活動が発生しないようにしておくことができるのです。

●重要性の判断

何かについて、知識が少ない場合は、核となる重要な知識とあまり重要ではない知識をきちんと区別するのは非常に困難です。したがって、コードの中のどこが最も重要であるかを新人に伝えることは、彼らにとってのとてもよい助けになります。たとえば、チームメンバー全員で、コードの中で最も関連性が高い、あるいは重要だと思われる行を指摘しながらコードリーディングを進めることなどもできるでしょう。あるいは、以前のコードリーディングの結果として作成されたドキュメントがあるのなら、そこに何が重要であるかの手がかりが存在するので、新人はそれを先に読むことができます。

●推論

同様に、新人が記述されていない詳細な背景情報を埋めるのは大変なことです。たとえば、チームの既存のメンバーは、出荷には必ず少なくとも1つの注文が含まれていなければならないといったビジネス領域の個々の概念について、明確に理解しているでしょう。しかし、そのようなルールは、コード中では明示的に文章としては記述されていないかもしれません。コードリーディング中にそうしたルールを見付けた際には、積極的に指摘を行い、それらの重要性を判断したりして、新人と共有しましょう。

●監視

オンボーディングプロセスで最も重要なことは、新人自身が、現在どの程度の理解度にいるのかを把握し続けることです。ドキュメントに書かれている内容を定期的に復習したり、重要なビジネス領域の知識をまとめたり、コードで利用されているプログラミングの概念を読み返すなど、定期的に振り返りの作業をするように伝えましょう。

●可視化

本書の冒頭で述べたように、図を作ることには目的が2つあります。1つ目はワーキングメモリでの処理を助けることで（第4章）、もう1つは理解を促進することです（第5章）。新人のレベルに応じて、コードリーディングを手助けする図を作成するか、新人に自分で図を書かせることで、コードの理解を深められます。

●自問自答

チームでコードリーディングのセッションを行なっている際には、そのコードに関する質問をしたり答えたりといったやり取りが発生します。新人のレベルに応じて、彼らが答えられるようなレベルの質問を投げかけたり、あるいはあなたが答えることができる質問を受け付けたりできます。すでに開発の経験が十分にある開発者は、あなたの助けを借りて、質問したり答えを見付けたりできるかもしれせんが、こうしたタスクは明確な方向付けが難しいため、常に認知的負荷を監視しておいてください。新人が憶測で答え始めたり、意味のない結論を出し始めたときには、認知的負荷が高過ぎる可能性があります。

●要約

オンボーディングのためのコードリーディングの最後の締めくくりとして、一緒に読んだコードの内容を要約としてまとめることができます。図13.4に作成した要約の例を示します。コードベースのドキュメントがどれくらい充実しているのかにもよりますが、こうして作られた要約は、ドキュメントとしてコードベースにコミットすることもできるでしょう。そして、コードベースへのコミットの過程の中で、新人はコードベースがどのようなワークフローで管理されているのかを学ぶこともできます。たとえば、プルリクエストを作成し、レビューを依頼するなどを、コードそのものの変更ではなくドキュメントの追加という形で行うことで、あまり怖がらずに、ワーキングメモリに負担をかけない形で一連の流れを体験できるでしょう。

Hedyのトランスパイルは、段階的なプロセスで行われる。まずLarkでコードを解析し、ASTが生成される。そしてASTは、その中に無効なルールがないかをスキャンされる。もしツリーの中に無効なルールがあれば、そのHedyのプログラムは無効となり、エラーメッセージが生成される。次に、プログラム中に出現するすべての変数名を持つルックアップテーブルがASTから抽出される。そして最後に、ASTはPythonに変換され、その際に括弧などの必要な構文が追加される。

図13.4 コードの要約の例

本章のまとめ

- 熟達した開発者の考え方や行動は初心者とは異なります。熟達者はコードについて抽象的に考えることができ、コードそのものを参照せずに考える能力を有しています。それがない初心者は、コードの細部に注目する傾向があり、細部から一歩離れて全体像を把握することがあまりうまくできません。
- 中堅プログラマーであっても、新しい情報を学ぶときには初級レベルの思考に逆戻りしてしまうことがあります。
- 新しい概念を学ぶ人は、抽象的な情報と具体的な例の両方を知る必要があります。
- 新しい概念を学ぶには、その概念を既存の知識と結び付けて覚えるための時間が必要です。
- オンボーディングの際、新人が行うプログラミング活動は一度に1つだけにするべきです。
- オンボーディングの際には、新人の長期記憶、短期記憶、ワーキングメモリを補助するために、関係する情報をあらかじめ用意しましょう。

本書を締めくくるにあたって

本書を最後までお読みいただき、ありがとうございました。全文を読まれた方も、一部だけを読まれた方も、ここまで読んでいただけたことをうれしく思います。この本を書くことは、とても実りある経験でした。認知科学やプログラミングについて、これまで以上に深く掘り下げたので、私もそこから多くのことを学ぶことができました。そして同時に、私は私自身についても多くを学びました。本書から得たことの1つは、何かをしている時に訳がわからなくなったり、認知的に圧倒されたと感じることがあっても、それは問題ではなく、人生や学習の一部であるということです。認知について知る前は、複雑な論文を読んだり、見慣れないコードを探索したりするときに、自分の頭がよくないことに腹を立てていました。今は「これは認知的負荷が高過ぎたのかもしれないね」と、自分にもっと優しくなることができます。

また、私はプログラミング言語も作り始め、それは最終的にHedyという名前になりました。プログラミング言語の作成と本の執筆を同時に行うことはお勧めしませんが、私の中ではこの2つの過程は非常に関係が深く、テーマ的にもうまくかみ合っていたのです。認知的負荷を下げる方法や誤認識、意味波、間隔を置いての繰り返し学習などについて、本書で触れられている教訓の多くは、Hedyにも実装されています。もしあなたが子供たちにプログラミングを教えている立場であれば、ぜひHedyを試してみてくだされば光栄です。HedyのWebサイト（https://www.hedycode.com/）で詳細を知ることができます。Hedyはオープンソースのプロジェクトなので、無料で使うことができます！

本書を締め括るにあたり、プログラミングと認知の分野における偉大な科学者たちの研究を調査し、要約し、本書で取り上げることは非常に楽しい作業であったことを強調しておきたいと思います。自分自身で研究することも大変素晴らしい体験ですが、開発者の皆さんがこれまでなされた多くの研究を理解することをサポートするのは、とてつもなくやりがいがあることで、私自身のプロジェクトなどよりもよほど皆さんのこれからの開発に影響を与えることでしょう。もっとさまざまな研究内容を知りたいのであれば、お勧めできる書籍がありますし、動向を追いかけておきたい研究者も何人かお薦めできると思います。

自分の脳についてもっと知りたいという人は、ダニエル・カーネマン著『Thinking Fast and Slow』※1（Farrar, Straus, and Giroux, 2013）を読むことをお勧めします。この本は私の大好きな本で、本書よりも広く脳について理解することができます。同様に、ベネディクト・キャリー著『How We Learn』※2（Penguin, 2015）は、間隔を置いた反復と記憶に関するトピックに深く踏み込んでいます。特に数学の学習に興味のある読者には、デイビット・スーザ著

※1　訳は『あなたの意思はどのように決まるか？』（村井 章子 訳／早川書房／上：ISBN978-4-15-050410-6、下：ISBN978-4-15-050411-3）

※2　邦訳は『脳が認める勉強法 ―「学習の科学」が明かす驚きの真実！』（花塚 恵 訳／ダイヤモンド社／ ISBN978-4-478-02183-5）

『How the Brain Learns Mathematics』（Corwin, 2014）が、数学と抽象化の学習に関する研究を詰め込んだ本としてお勧めです。プログラミングの領域では、ジョン・オースターハウト著『A Philosophy of Software Design』※3（Yaknyam Press, 2018）という本がお勧めできます。決して読みやすい本ではありませんが、ソフトウェアをどのようにデザインするかについて、深い洞察に満ちています。またアンドレ・バン・デル・ホークとマリアン・ペトレによる書籍『Software Design Decoded』（MIT Press, 2016）も非常に気に入っています。この本にはプログラミングの専門家が考える66のテクニックがまとめられており、これは様々な場面で応用できるフラッシュカードのデッキとして使えると思います。この本については、SE Radioのエピソードでも取り上げたことがあります。

本書に関連する科学論文を読みたいという人には、私の考え方に多大な影響を与えた2つの論文をお勧めしておきましょう。1つ目はキルシュナーらによる「Why Minimal Guidance During Instruction Does Not Work（なぜ指導中の最小限のガイダンスではうまくいかないのか）」※4で、この論文により、私が知っている教師としての常識が覆されました。もう1つはレイモンド・リスターによる「Toward a Developmental Epistemology of Computer Programming（コンピュータ・プログラミングの発達論的認識論に向けて）」※5です。こちらの論文は、プログラミングの教え方が下手だった私の経験を活かして、どうすればもっとうまく教えることができるかを教えてくれました。

本書は、さまざまな素晴らしい科学者の仕事を取り上げていますが、たった数百ページでは彼らの素晴らしい仕事のすべてを網羅することは不可能です。もしあなたがプログラミングの理解に関する研究をもっと深く知りたくなったのであれば、以下に挙げた偉大な研究者をフォローするとよいでしょう。

- Sarah Fakhoury（@fakhourysm）
- Alexander Serebrenik（@aserebrenik）
- Chris Parnin（@chrisparnin）
- Janet Siegmund（@janetsiegmund）
- Britany Johnson（@DrBrittJay）
- Titus Barik（@barik）
- David Shepherd(@davidcshepherd)
- Amy Ko (@amyjko)

※3　2021年に2nd Editionが刊行されている。

※4　Paul A. Kirschnerほか『Why Minimal Guidance During Instruction Does Not Work: An Analysis of the Failure of Constructivist, Discovery, Problem-Based, Experiential, and Inquiry-Based Teaching』（Educational Psychologist, vol.41, no.2, pp.75–86, 2010）。https://www.tandfonline.com/doi/abs/10.1207/s15326985ep4102_1

※5　Raymond Lister『Toward a Developmental Epistemology of Computer Programming』（2010）。https://dl.acm.org/doi/10.1145/2978249.2978251

索　引

◉記号

◉A～C

◉D・E

◉F～H

◉I ～ K

◉L ～ N

◉ あ行

◉ か行

◉さ行

◉ た行

◉な行

◉は行

◉ま行

◉や行・ら行・わ行

カバーデザイン：spaicy hani-cabbage

プログラマー脳
〜優れたプログラマーになるための
認知科学に基づくアプローチ

発行日　2023年　2月20日　　第1版第1刷

著　者　Felienne Hermans
訳　者　水野　貴明
監訳者　水野　いずみ

発行者　斉藤　和邦
発行所　株式会社　秀和システム
〒135-0016
東京都江東区東陽2-4-2　新宮ビル2F
Tel 03-6264-3105（販売）Fax 03-6264-3094
印刷所　三松堂印刷株式会社　Printed in Japan

ISBN978-4-7980-6853-4 C3055